土球球 著

電子工業出版社
Publishing House of Electronics Industry
北京•BEIJING

内 容 简 介

《我的世界》(Minecraft) 是一款风靡全世界的沙盒游戏，是目前 PC 游戏中畅销的游戏之一。作为一款拥有很大自由度的游戏，在社区中也存在一些基于 Minecraft 本身的修改行为，并以一种被称为模组的方式广为传播。此外，通过编写 Java 程序的方式直接控制 Minecraft 的某些行为，在玩游戏中学习编程，能够大大提高青少年入门编程的兴趣。本书将聚焦于面向 Minecraft 模组的开发流程，读者在学习完本书后，将会拥有开发 Minecraft 模组的基本能力，如果读者对 Java 并不熟悉，那么读完本书后也将对 Java 有一个初步的认识。

本书可作为已经对 Minecraft 这款游戏有一定了解的玩家的模组开发入门教程，帮助玩家通过编程的方式实现自己梦想中的游戏特性。本书也可作为已经对模组开发有一定认识的开发者的参考用书，对于专注于旧版本模组开发的开发者，本书将介绍一些针对 Minecraft 新版本的全新特性。

图书在版编目（CIP）数据

我的世界：Minecraft模组开发指南 / 土球球著. —北京：电子工业出版社，2020.7

ISBN 978-7-121-35851-7

Ⅰ. ①我… Ⅱ. ①土… Ⅲ. ①游戏程序－程序设计 Ⅳ. ①TP317.6

中国版本图书馆CIP数据核字（2020）第084857号

责任编辑：孔祥飞　　　　特约编辑：田学清
印　　刷：固安县铭成印刷有限公司
装　　订：固安县铭成印刷有限公司
出版发行：电子工业出版社
　　　　　北京市海淀区万寿路173信箱　　邮编：100036
开　　本：787×1092　1/16　印张：18.5　字数：510千字
版　　次：2020 年 7 月第 1 版
印　　次：2025 年 4 月第 16 次印刷
定　　价：69.00元

凡所购买电子工业出版社图书有缺损问题，请向购买书店调换。若书店售缺，请与本社发行部联系，联系及邮购电话：（010）88254888，88258888。

质量投诉请发邮件至zlts@phei.com.cn，盗版侵权举报请发邮件至dbqq@phei.com.cn。

本书咨询联系方式：010-51260888-819，faq@phei.com.cn。

前言

作为一款总销量过亿份、PC 版销量突破三千万份的沙盒游戏，Minecraft 已经成为国内青少年群体中广泛流行的游戏之一。Minecraft 的最初版本由瑞典公司 Mojang AB 开发并在 PC 上运行，其使用 Java 进行编写，是目前世界上畅销的电子游戏之一。

作为一款拥有极大自由度的沙盒游戏，从 Minecraft 测试版发布就开始了针对 Minecraft 游戏本身的修改。这类改动通常被称为模组（Mod，由 Modification 的前三个字母得名）。当时的模组和现在的模组的安装方式不同，是通过替换 Minecraft 游戏本体的方式完成的，这样不仅不方便，还容易引起不同 Mod 之间的冲突。而现在的 Mod 安装方式十分方便，我们只需要把若干个带 jar 后缀的文件放进 mods 目录下，然后启动游戏就可以了。

这归功于一类被称为 ModLoader 的特殊 Mod。ModLoader 本身也经历了若干代演化，目前十分流行的 ModLoader 由一个被称为 MinecraftForge 的组织提供。与此对应的 ModLoader 的名称为 ForgeModLoader，简称 FML。当然，目前还有一些知名度比较高的 ModLoader，如 LiteLoader 等。本书只针对 FML 来讲。

包括 FML 在内的这些 ModLoader 的主要作用只有一个——把模组从 mods 目录中取出，然后按照一套约定俗成的方式加载，并执行其中的部分代码。即使这样，Mod 之间的冲突仍然经常发生。因此，MinecraftForge 同时也提供了一套接口（Application Programming Interface，API），以供 Mod 作者调用，大大减少了 Mod 之间的相互冲突，这套接口被称为 ForgeAPI。在通常情况下，玩家不会刻意去区分 FML 和 ForgeAPI，因为在大多数情况下，这两者都是同时被提及的。

通过本书的学习，读者能掌握编写 Minecraft 模组的基本方法，从而为进一步的模组开发打下基础。同时，这本书也可以帮助开发者对 Java 面向对象的编程语言有更深层次的了解。

这本书是做什么的

顾名思义，这本书是帮助Minecraft玩家入门模组开发的。本书不针对Minecraft的其他版本，如 Bedrock Edition 等。此外，对于不同的 Minecraft 版本，编写模组的方式也各不相同，为了不落后于游戏本身的发展，本书内容基于目前 Mod 社区十分流行的 Minecraft 版本——1.12.2 之上。

我不会 Java，这本书适合我吗

你完全可以阅读这本书。Minecraft 游戏是由 Java 编写的，因此，这本书讲解的编程知识将只会考虑 Java。考虑到这一点，这本书会在讲解过程中，穿插一些编程的基础知识，可以使对 Java 还不熟悉的开发者快速了解 Java 的基础框架。当然，编写模组有时会用到一些更高级的 Java 知识，在通常情况下，对 Java 不熟悉的开发者很难遇到这些知识。作者将会在本书第 10 章提醒读者阅读相关的资料。

我可以使用我熟悉的 C/C++/C#/Python/JavaScript 等语言吗

非常遗憾，不可以。使用 Java 编写模组是接触并修改 Minecraft 的内部逻辑很好的方式。其他语言或许可以编写模组，但在实际应用中会非常困难。当然，Java 作为一门语法相对简单的编程语言，我相信有一定编程基础的读者会很快学会它的。另外，有一些编程语言和 Java 有着千丝万缕的联系，实际上也可以用于 Minecraft 的模组编写，不过在这本书里不讨论这类语言。

这本书可以让我成为一名熟练使用 Java 的开发者吗

非常遗憾，也不可以。这本书虽然会介绍一些关于 Java 的知识，但这些知识只是为完成本书涉及的编写模组任务的，还没有完全覆盖编写 Java 代码所需要的所有知识。如果读者想要写出更好的模组，则需要阅读专门讲解 Java 的参考书。事实上，作者也不建议开发者在对 Java 还不熟悉的时候就试图规划编写一个成体系的模组。

在硬件方面，有什么需要准备的吗

实际上，作为一款游戏，编写 Minecraft 模组的确对你使用的计算机硬件有一定的要求。一个基本的要求是内存空间至少为 4GB，在这里建议读者使用 64 位的操作系统，并拥有至少 6GB 的物理内存。另外一个要求是你需要一个比较好的网络环境。大量与开发模组有关的资源都需要从网络上下载，这不可避免地会涉及一些资源，考虑到网络大环境，读者可能需要在编写模组之前，自行准备一些必要的网络工具。

目录

第 I 部分　整装待发

第 II 部分　小试牛刀

第Ⅲ部分 登堂入室

第 I 部分

整装待发

好的开头是成功的一半。作为本书的第 I 部分，作者深知这一部分对读者的重要程度。

作者在第 1 章概括性地引入了 Mod 开发和普通的代码开发的不同之处，以帮助读者在了解 Mod 开发前，对这一领域产生一定的感觉。如果读者在 Mod 开发的过程中有不清楚如何实现的地方，回头看看第 1 章，可能会带来不一样的想法。

作者在第 2 章尽可能详细地介绍了配置一个 Mod 开发环境的基本过程，以帮助读者在搭建 Mod 开发环境的过程中尽可能扫清障碍。虽然考虑到内部和外部的因素，配置的过程仍可能困难重重，但配置一旦完成，Mod 开发的大门就可以说是正式打开了。

以下是第 I 部分讲到的所有知识点。

Java 基础：

知道存储源代码的 `.java` 文件和存储字节码的 `.class` 文件在 Java 中的地位，以及两者之间的关系。

知道 JVM、JRE 和 JDK 等概念，以及它们在 Java 的生态系统中的地位。

知道如何安装 OracleJDK 及如何配置 `JAVA_HOME`、`Path` 和 `CLASSPATH` 等环境变量。

知道 IntelliJ IDEA 等集成开发环境在 Java 开发中的地位，以及如何下载安装一个集成开发环境。

知道如何设置诸如 IntelliJ IDEA 等集成开发环境等处的编码为 UTF-8 编码。

知道 Java 代码的基本组成单元是包，包在 Java 代码中的组织结构，以及包和子包的关系。

Minecraft Mod 开发：

知道 Minecraft 本身存在游戏主循环及游戏刻的概念。

知道 Mod 及 Mod 框架的本质是通过在游戏代码中添加钩子的方式实现的。

知道 Mod 框架会通过使用事件系统和注册系统等方式简化 Mod 开发的操作。

知道针对 Forge 的 Mod 开发中 MDK 的存在及其下载位置。

知道如何使用 `gradlew.bat` 或 `./gradlew` 等文件在命令行完成开发环境的配置。

知道如何在 IntelliJ IDEA 等集成开发环境中启动 Minecraft，同时知道如何使用命令行的方式启动。

知道一个 Mod 项目的组织结构及其与项目中的 Java 代码的组织结构的关系。

知道如何构建一个 Mod，以及如何清除构建的相关文件。

第 1 章

电子游戏与 Mod 开发

1.1 电子游戏的运行机制

在讲解 Mod 开发前，先讲讲 Mod 开发所特有的对象。

Minecraft 是一款十分成功的电子游戏。不过，既然和市面上的电子游戏一样，Minecraft 是由计算机程序组织而成的，那么它就逃不过计算机程序本身，换言之，摆脱不了 CPU、内存、显示器及硬盘等的限制。和主流的电子游戏一样，Minecraft 试图为玩家提供一种沉浸式的游戏体验，也就是让玩家在游戏中操控一个虚拟角色带来的体验，要尽可能和现实世界中的体验贴合。

模拟现实世界，一个无论如何都无法逃过的概念就是时间，计算机程序需要在特定的时间为玩家铺设特定的游戏场景，并为玩家设定特定的游戏目标。这听起来十分自然，但实现起来却极其困难，因为时间的概念是连续的，而计算机程序只能处理离散的数据。因此，计算机程序在模拟游戏场景时，需要将连续的时间**离散化**（Discretize），并为每个离散的时刻模拟游戏场景。基于这一理念，引入游戏主循环的概念。

1.1.1 游戏主循环

刻（Tick）是计算机程序模拟游戏场景的基本单位。当游戏加载并运行时，将开始模拟的场景所处的时刻称为第 1 刻，下一个场景称为第 2 刻，以此类推。假设游戏在第 *N* 刻时停止，我们把计算机程序分解为以下若干步骤。

第一步：初始化游戏

第二步：加载游戏存档

第三步：读取用户输入

第四步：模拟第 1 刻场景

第五步：读取用户输入

第六步：模拟第 2 刻场景

第七步：读取用户输入

……

倒数第三步：读取用户输入

倒数第二步：模拟第 N 刻场景

倒数第一步：保存游戏存档

在上面的步骤中，加粗的部分是核心的模拟过程。我们注意到其中有大段重复的步骤，可以引入一个计数器，将这些步骤合并起来。

第一步：初始化游戏

第二步：加载游戏存档

第三步：引入计数器 tick，赋初值为 0

第四步：将 tick 的值设置为旧值加 1

第五步：读取用户输入

第六步：模拟第 tick 刻场景

第七步：tick 大于或等于 N 吗？如果小于 N 则跳到第四步，如果大于或等于 N 则跳到下一步

第八步：保存游戏存档

可以注意到绝大多数游戏都处于第四步和第七步之间，这是一个循环，我们称之为**游戏主循环**（Game Loop）。几乎所有游戏，其对应的计算机程序内部都至少有一个游戏主循环的实现。

1.1.2 更新频率

保证游戏内两个相邻时刻之间的时间间距相等，对于计算机程序的实现有着极大的便利。这里举一个简单的例子：可以使用相差多少刻这样的方式，来实现事件延时功能。例如，如果希望玩家按下按钮后，约 1 秒后按钮回弹，而相邻两刻之间总是相差固定的 50 毫秒，那么可以在玩家按下按钮后，指定计算机程序在 20tick 后处理回弹。

相邻两刻之差的倒数，就是游戏的更新频率。在通常情况下，Minecraft 这款游戏相邻两刻之间正是相差 50 毫秒，因此更新频率就是 20Hz。这一数值在社区中对应一个更流行的概念：TPS（Ticks Per Second），Minecraft 这款游戏的 TPS 通常为 20。

考虑到相邻时刻之间的时间间距相等这一需求，需要在计算机程序中引入延时的概念，同时，还要引入一个计时器。

第一步：初始化游戏

第二步：加载游戏存档

第三步：引入计数器 tick，赋初值为 0

第四步：启动计时器 timer

第五步：将 tick 的值设置为旧值加 1

第六步：读取用户输入

第七步：模拟第 tick 刻场景

第八步：终止 timer 并重置，得到时间相差 t 毫秒

第九步：延时 (50 - t) 毫秒

第十步：tick 大于或等于 N 吗？如果小于 N 则跳到第四步，如果大于或等于 N 则跳到下一步

第十一步：保存游戏存档

需要注意上面的第九步。第九步基于一个假设：t 比 50 要小，换言之，**在 Minecraft 中，每次读取用户输入和模拟场景的过程，需要在短短的 50 毫秒内做完**。这并不是一个很容易达到的要求，尤其在游戏中添加的 Mod 非常多的时候。如果该要求无法达到，则游戏主循环执行一次的时间就会超过 50 毫秒，游戏的 TPS 就会低于 20，Minecraft 的后台日志就会出现这样一行“臭名昭著”的文字：

Can't keep up! Did the system time change, or is the server overloaded?

因此，在设计 Mod 时，我们需要格外小心位于游戏主循环内执行的代码，并尽量使执行效率达到最高。只有这样，才能让玩家将我们设计的 Mod 和其他数十甚至数百个 Mod 一起使用时，仍然保证执行一次游戏主循环的时间在 50 毫秒内。

1.1.3 游戏状态

从游戏存档本身推知其后任何一个 tick 的场景是不现实的，但是从某个 tick 的场景推知下一个 tick 的场景是很容易做到的。因此，我们会为游戏设置一个**状态**（State），它需要做以下几件事：

- 从存档读入（记为 `state.load()`）
- 写入存档（记为 `state.save()`）
- 处理用户输入（记为 `state.handleInput()`）
- 从上一 tick 更新到下一 tick（记为 `state.tick()`）

我们把计数器 tick 也整合到游戏状态中，同时将 tick 是否大于或等于 N 的比较过程内化进 `state.tick()`，使用一个标志来标记它。这样一来，这个游戏状态还多出了以下两个对象：

- 计数器（记为 `state.currentTick`）
- 是否接着运行游戏的标记（记为 `state.isRunning`）

重新分解游戏的运行步骤：

第一步：初始化游戏，得到游戏状态 state

第二步：加载游戏存档，也就是 state.load()

第三步：启动计时器 timer

第四步：将 state.currentTick 的值设置为旧值加 1

第五步：读取用户输入，也就是 state.handleInput()

第六步：模拟第 tick 刻场景，并更新 state，也就是 state.tick()

第七步：终止 timer 并重置，得到时间相差 t 毫秒

第八步：延时 (50 - t) 毫秒

第九步：state.isRunning 标记为真吗？如果为真则跳到第三步，否则跳到下一步

第十步：保存游戏存档，也就是 state.save()

这其实已经非常接近 Minecraft 游戏的运作机制了。当然，Minecraft 游戏本身的执行逻辑，还是有细小的差别的，比如第五步已经内化进了第六步，游戏也不是只有到游戏主循环结束后才保存存档。对 Java 非常熟悉的读者，可以通过检查 net.minecraft.server.MinecraftServer 类的 run 方法验证上面的所有步骤。

1.1.4　游戏状态的组织结构

游戏状态需能从存档读入，同时需能写入存档。这两点要求游戏状态本身应该包含能够导出成世界存档的全部信息。我们很容易想到游戏状态的内部：若干分立的维度，每个维度都有若干区块，区块里存储着方块状态及方块实体（Tile Entity）。当然，每个维度都会有大量实体，其中有一部分实体是特殊的——它们被称作玩家。对这些游戏元素来说，Java 等编程语言提供了一些非常有效的方式将它们组织起来，包括但不限于类、接口、列表、集合和映射等。

本节大致介绍了 Minecraft 游戏运行的主要框架。接下来，本书将从 Mod 开发者的基本需求出发，介绍对 Minecraft 而言，Mod 在其中扮演了什么样的角色。

1.2　Mod 在游戏程序中的地位

既然 Mod 修改的是游戏原版意料之外的游戏行为，那么就一定会在代码的某些地方发生改变。作为示例，我们考虑玩家进入世界的过程。

游戏主循环：

……

第一步：创建一个代表玩家的游戏元素

第二步：设置玩家的游戏进度、位置和面朝方向

第三步：在世界上生成玩家

……

如果想要在世界上生成玩家前执行一些 Mod 自己的代码，我们会这样做。

游戏主循环：

……

第一步：创建一个代表玩家的游戏元素

第二步：设置玩家的游戏进度、位置和面朝方向

第三步：执行我们 Mod 自己的代码

第四步：在世界上生成玩家

……

在代码中上述行为被称作添加**钩子**（Hook）。这种方法很容易想到，但是就 Minecraft 而言，

一个需要面对的问题是：如果很多个 Mod 希望同时在同一个地方下钩子呢？

游戏主循环：

……

第一步：创建一个代表玩家的游戏元素

第二步：设置玩家的游戏进度、位置和面朝方向

第三步：执行我们 Mod 自己的代码

第四步：执行 ModAlpha 的代码

第五步：执行 ModBeta 的代码

第六步：执行 ModGamma 的代码

……

第 *N* 步：在世界上生成玩家

……

这样的代码太过复杂，而突出的问题在于——它允许一个 Mod 直接修改 Minecraft 本体代码。如果每个 Mod 都私下直接修改 Minecraft 代码，那么每个 Mod 运行时所面对的代码，都将和编写 Mod 时期望的代码有一定差异。为了解决这个问题，世界上出现了各种各样的 Mod 框架，在通常情况下，Mod 框架为 ModLoader 本身，相对应的，在本书中是 FML。每个框架都会维护一个 Mod 的列表，在合适的时机加载 Mod，在 Minecraft 本体代码的合适位置添加钩子，并在钩子触发时告知 Mod 应该做什么。由于添加钩子的工作由 Mod 框架统一完成，因此 Mod 框架的出现，在避免 Mod 直接修改 Minecraft 本体代码的同时，允许 Mod 为 Minecraft 添加各种丰富的功能。为具体解释 Mod 框架的一部分实现细节，在此引入事件系统的概念。

1.2.1 事件系统

就**事件系统**（Event System）而言，Mod 框架会维护一个**事件监听器**（Event Listener）的列表，并在合适的时机**发布事件**（Post Event）。

首先定义事件监听器。如果 `listener` 是一个事件监听器，那么它被要求实现以下方法。

- 接收事件 `event`：`listener.accept(event)`

然后基于事件和事件监听器模拟事件系统的全过程。

初始化：

……

第一步：定义事件监听器的列表 `listenerList`

第二步：向列表添加事件监听器 `listener`：`listenerList.add(0, listener)`

……

游戏主循环：

……

第一步：创建一个代表玩家的游戏元素

第二步：设置玩家的游戏进度、位置和面朝方向

第三步：引入事件 event，代表玩家进入世界的事件

第四步：引入索引 index，赋初值为 0

第五步：index 大于或等于 listenerList.size() 的返回值吗？如果大于或等于则跳到第十步，否则跳到第六步

第六步：引入 listenerList 的第 index 的元素 listener：listener = listenerList.get(index)

第七步：向 listener 发布事件 event：listener.accept(event)

第八步：将 index 赋值为旧值加 1：index = index + 1

第九步：跳到第五步

第十步：在世界上生成玩家

……

在上面的步骤中，只有初始化的第二步，也就是向 listenerList 添加 listener 这一步，是和特定的 Mod 相关联的，剩下的步骤全部可以由 Mod 框架完成。由于这一步是在初始化阶段完成的，因此 Mod 框架完全可以在加载 Mod 时完成这件事，事实上大部分 Mod 框架就是这么做的。我们注意到，对于任何一个钩子，事件监听和触发的机制都是类似的。将事件监听器的列表包装起来，在此引入事件总线的概念。

如果 eventBus 是一个**事件总线**（Event Bus），那么它被要求实现以下方法。

- 注册事件监听器 listener：eventBus.register(listener)
- 发布事件 event：eventBus.post(event)

我们把和玩家登录事件有关的全过程，使用事件总线简化如下。

初始化：

……

第一步：定义事件总线 eventBus

第二步：向事件总线添加事件监听器 listener：eventBus.register(listener)

……

游戏主循环：

……

第一步：创建一个代表玩家的游戏元素

第二步：设置玩家的游戏进度、位置和面朝方向

第三步：引入事件 event，代表玩家进入世界的事件

第四步：向事件总线发布事件 event：eventBus.post(event)

```
第五步：在世界上生成玩家
……
```

实际的事件总线实现和上述实现略有差别，但本质上是一样的。很多Mod框架都会在Minecraft代码中塞入大量的钩子，并提供大量的事件，其中，我们很容易想到的是游戏运行时，在游戏主循环中触发的事件，那么是否有必要在游戏初始化时触发事件呢？答案是肯定的。

1.2.2 注册系统

现在考虑Minecraft中的游戏元素，比如物品种类。在之前的部分我们得知，Minecraft使用一个字符串到物品类型的映射存储所有物品种类。如果想要添加新的物品种类，就要向该映射里添加新的键值对。

整理以下初始化过程。

```
初始化：
    第一步：注册Minecraft的游戏元素
      ……
      注册方块
      注册状态效果
      注册附魔
      注册物品
        - 定义字符串到物品类型对象的映射map
        - 向map添加键为"minecraft:air"，值为空物品的键值对
        - 向map添加键为"minecraft:stone"，值为石头的键值对
        - ……
      ……
    第二步：进行Minecraft引擎的初始化工作
```

现在考虑Mod框架存在的情况。可能会这样修改Minecraft的初始化流程。

```
初始化：
    第一步：初始化Mod框架
    ……
    定义事件总线eventBus
    将所有Mod的事件监听器添加到eventBus
    ……
    第二步：注册Minecraft的游戏元素
    ……
    注册物品
```

```
  - 定义字符串到物品类型对象的映射map
  - 向map添加键为"minecraft:air"，值为空物品的键值对
  - 向map添加键为"minecraft:stone"，值为石头的键值对
  - ……
……
第三步：触发Mod游戏元素的注册事件
……
注册Mod物品
  - 定义Mod物品注册事件event
  - 向事件总线发布事件event：eventBus.post(event)
……
第四步：进行Minecraft引擎的初始化工作
```

Mod框架的做法是在Minecraft的游戏元素注册完成后，Minecraft引擎初始化开始前加入钩子，并触发不同游戏元素的注册事件，从而让Mod在事件监听器中注册物品等Mod提供的第三方游戏元素。

就Minecraft 1.12.2而言，FML为很多不同种类的游戏元素都提供了注册事件，包括但不限于方块类型、物品类型、状态效果、药水类型、附魔类型和村民类型等。不过，Minecraft体系庞杂，游戏元素种类繁多，FML不可能面面俱到，那么怎么办？

FML除注册事件外还提供了**生命周期**（Life Cycle）事件。生命周期事件有很多种，不过对Mod开发来说，常用的生命周期事件只有三种，分别被称为Pre-Initialization事件、Initialization事件和Post-Initialization事件。这三种生命周期事件都会在游戏初始化时触发，其中，Pre-Initialization事件安插在Minecraft引擎初始化前，而Initialization事件和Post-Initialization事件安插在Minecraft引擎初始化后。就Mod开发而言，何时使用什么生命周期事件往往有一些不成文的惯例，读者将会在本书的后续章节慢慢了解到一些这样的惯例。

现在再将添加了生命周期事件的初始化流程整理如下。

```
初始化：
  第一步：初始化Mod框架
  ……
  定义事件总线eventBus
  将所有Mod的事件监听器添加到eventBus
  定义生命周期事件总线lifeCycleEventBus
  将所有Mod的生命周期事件监听器添加到lifeCycleEventBus
  ……
  第二步：注册Minecraft的游戏元素
```

```
第三步：向生命周期事件总线发布 Pre-Initialization 事件
定义 Pre-Initialization 事件 event
发布 Pre-Initialization 事件：lifeCycleEventBus.post(event)
第四步：触发 Mod 游戏元素的注册事件
第五步：进行 Minecraft 引擎的初始化工作
第六步：向生命周期事件总线发布 Initialization 事件
定义 Initialization 事件 event
发布 Initialization 事件：lifeCycleEventBus.post(event)
第七步：向生命周期事件总线发布 Post-Initialization 事件
定义 Post-Initialization 事件 event
发布 Post-Initialization 事件：lifeCycleEventBus.post(event)
```

需要注意的是，在 FML 中，生命周期事件所使用的事件总线和其他事件不同，因此在后续章节的代码中，读者将会注意到监听器的声明方式也有所不同。本书在这里提个醒，希望读者在阅读后续章节实现事件监听器时，务必注意生命周期事件和其他事件的差别。

读者读到这里，虽然一行代码都未曾编写，但也应能清楚地意识到一点——整个 Mod 开发都是围绕着事件监听器进行的。考虑到一个普通的 Mod 不能也不应直接修改 Minecraft 本体代码，包括但不限于 FML 等大量 Mod 框架都引入了事件系统和注册系统的概念，以方便 Mod 开发者基于 Mod 框架编写扩展 Minecraft 本体特性的代码。

1.3 本章小结

电子游戏从出世至今，一直面临着前所未有的挑战。而为电子游戏编写 Mod，更是极度考验 Mod 开发者在已有的框架体系下，最大程度发挥创意的能力。Mod 开发者面临的挑战主要有以下三种：

- 几百个 Mod 都要在极短的时间间隔内完成 Mod 新添加的游戏逻辑。
- 和成熟的第三方库不同，Mod 开发必须深入挖掘 Minecraft 本身，从代码的每一个片段入手。
- Mod 通常无法直接修改 Minecraft 本体代码，因此所有新添加的游戏特性均要以 Mod 框架提供的事件为基础实现。

因此，读者在本书的后续章节的引导下编写 Mod 时，一定会有一种“戴着镣铐跳舞”的感觉。这种感觉是正常的，同时也是作为一个 Mod 开发者无法避免的。只有不断适应这样的开发氛围，才能逐渐成为一个熟练的 Mod 开发者。

第2章

开发环境的准备工作

2.1 配置 Java 开发环境

Java是随着20世纪80年代企业对快速开发和迭代的需要产生的。与当时主流的语言，如C、C++等相比，Java的语法相对简单，编写起来不易出错，所以发布后很快得到了普及。Java主要用于编写桌面应用、嵌入式系统和Web应用等，其中也包括Minecraft这款游戏。

Java代码由一系列后缀为`.java`的源代码文件组成，Java代码不能直接在计算机上运行，需要经过**编译**（Compile）后产生若干后缀为`.class`的文件，这些文件和源代码文件不同，不能直接打开编辑，这些文件属于二进制文件，通常被称为**字节码**（Bytecode），以供特定的程序读取执行。

用于执行Java字节码的程序被称为Java虚拟机，其英文简写为JVM（Java Virtual Machine）。JVM有一个官方实现，被称为HotSpot VM。除此之外，JVM还有一些第三方企业的实现，如Zing VM等。

JRE（Java Runtime Environment）包含一个JVM，一些Java代码库，还有用于启动JVM并读取Java字节码的包装代码，被用于运行基于Java编写的程序。常见的JRE有Oracle官方提供的JRE，开源的OpenJDK JRE等。大部分JRE中包含的JVM都是HotSpot VM。几乎在所有情况下如果你的计算机能够启动Minecraft，那么计算机上一定安装了一个JRE。

JDK（Java Development Kit）是JRE的超集，除JRE提供的功能外，JDK同时还提供一些方便开发者的工具，比如编译Java代码到Java字节码的工具就属于JDK。换言之，JDK对开发者而言是必不可少的。

截至本书完稿前，Java的最新版本是Java 12。不过在本书撰写时，Java 9及更高版本和MinecraftForge的兼容性并不佳。而Minecraft 1.12.2不支持Java 7及以下版本，因此本书将只基于Java 8。不同版本的Java提供的语法特性也有所不同，高版本的Java提供更多的语法特性，对应的JRE或JDK中的程序往往也有一些差别。本书基于Windows 10 build 1607 Home edition，使用的JDK为Oracle官方提供的OracleJDK，版本为1.8.0_144。除了Oracle官方提供的OracleJDK，读者也可以基于OpenJDK进行开发，常见的OpenJDK下载服务有AdoptOpenJDK等，其配置方式和OracleJDK大同小异，本书不再赘述。

2.1.1 配置 OracleJDK

可以去Oracle的官方网站下载OracleJDK，尽量不要使用官方网站之外的第三方渠道下载

OracleJDK。这里需要注意的是，下载的应该是 **OracleJDK 的 Java 8 版本**，并尽可能使用 64 位版本。

在下载 OracleJDK 前，读者可能需要完成一些包括但不限于同意协议、登录账户等操作。如果你是 Windows 用户，那么在下载完成后，直接安装即可。不过，和 JRE 不同的是，如果 JDK 想要正常使用，那么在安装后，还需要一些额外的工作。这项工作需要配置计算机上的环境变量。

现在需要打开环境变量配置界面。如果读者使用 Windows 10 系统，那么可以右击“此电脑”，然后在弹出的菜单中选择“属性”→“高级系统设置”，然后在弹出的“系统属性”窗口中选择“环境变量”。

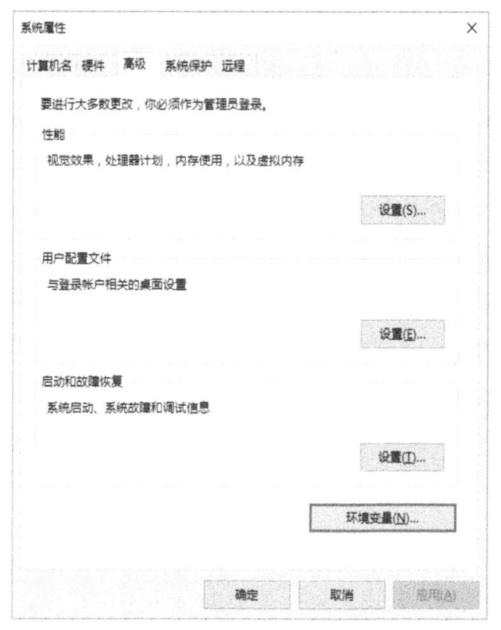

添加变量名为 JAVA_HOME（java_home、Java_Home 等名称均可，不区分大小写）的变量，其值为安装 JDK 的位置。

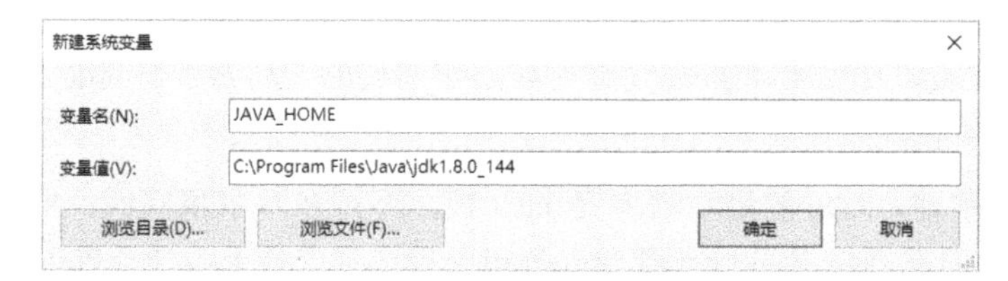

打开 Path（同样不区分大小写）变量，在变量值的最前面添加 %JAVA_HOME%\bin;（注意最后的分号）。

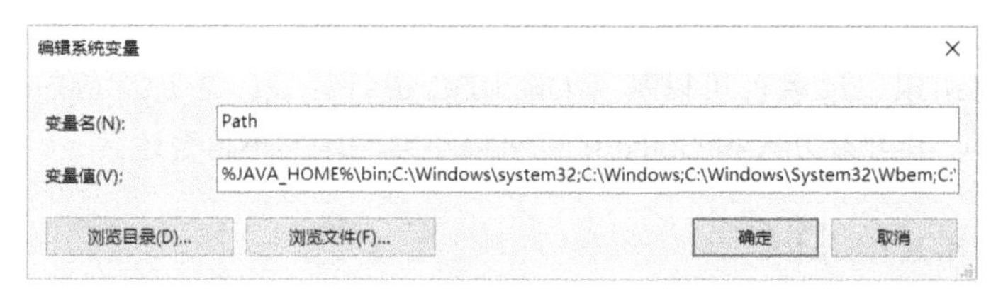

新建一个名为 CLASSPATH（同样不区分大小写）的变量，其值只有一个小数点“.”。

新建系统变量

变量名(N): CLASSPATH

变量值(V): .

浏览目录(D)... 浏览文件(F)... 确定 取消

现在打开控制台（打开任意一个目录，然后按 Shift 键并右击，在弹出的菜单中选择“在此处打开命令窗口”），然后输入 javac -version。

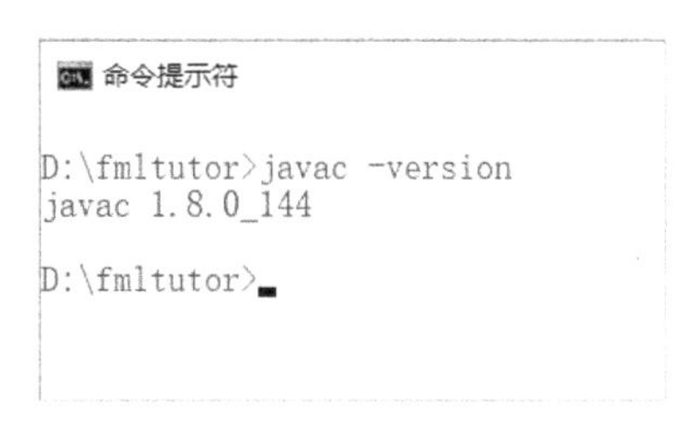

如果出现 javac 1.8.0_xxx 的字样，则说明安装成功了，否则说明读者在应用上面若干步骤的时候出现了问题。

如果你是 Linux 或者 macOS 用户，那么请按照下载下来的压缩包内部的说明进行安装就可以了。

2.1.2 配置集成开发环境

对 Java 来说，一个好的集成开发环境（Integrated Development Environment，IDE）是十分必要的。由于 Java 本身的特性，集成开发环境将会省去编写 Java 代码中的大量无意义工作。

对 MinecraftForge 而言，官方支持的 IDE 有两个，分别是 Eclipse 和 IntelliJ IDEA。Eclipse 由一个名为 Eclipse 基金会的开源社区管理，是一款开放源代码的 Java IDE，自发布以来，受到了大量 Java 开发者的好评，目前 Eclipse 仍然是 Java IDE 的最佳选择之一。IntelliJ IDEA 是 JetBrains 公司的产品，本身属于商业软件，分为 Community 和 Ultimate 两个版本，Community 是免费版本，面向开源社区和个人开发者，Ultimate 需要付费，面向企业用户并提供更多针对企业级应用开发的特性。IntelliJ IDEA 被公认为是很好的 Java 开发工具之一，拥有很多智能的特性。

本书将基于 IntelliJ IDEA 进行讲解，本书也建议读者使用 IntelliJ IDEA 进行 Mod 开发。如果读者本身就是熟练的 Eclipse 用户，那么也可以使用 Eclipse 进行 Mod 开发，本书也会适当提及基于 Eclipse 的开发环境配置。本书基于的 IntelliJ IDEA 版本为 2017.2.3。只需要在 JetBrains 官方网站上下载 IntelliJ IDEA 即可。

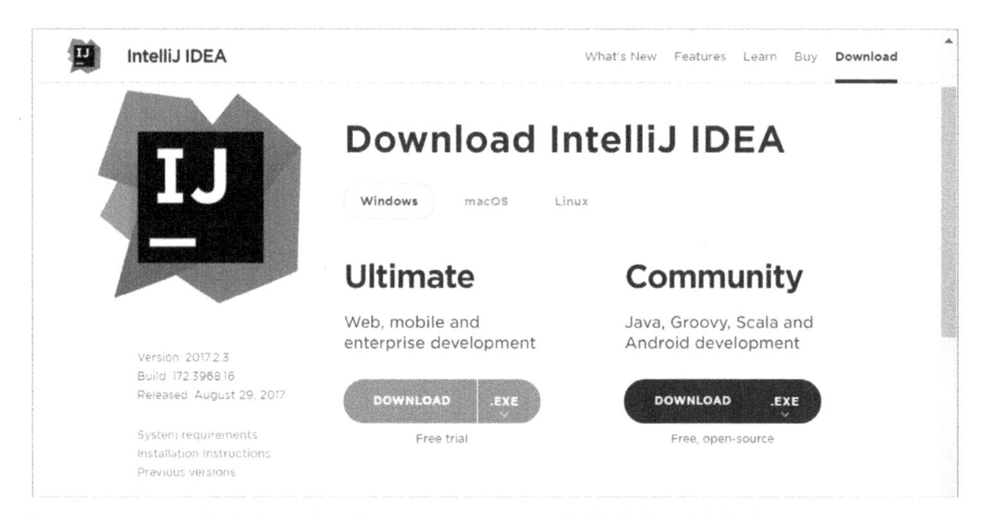

在 IntelliJ IDEA 的官方网站下载 Community，即免费的社区版本就可以了。

如果你是 Windows 用户，那么在下载安装程序后直接安装就可以了。如果你是 Linux 或者 macOS 用户，那么请自行按照指示完成解压等安装步骤。安装完成后，打开 IDE，完成自己想要的配色等配置，直到出现下面的界面，就说明安装完成了。

2.2　配置 MinecraftForge 开发环境

2.2.1　下载并解压

从 MinecraftForge 的官方网站上下载 **MDK** 类型的压缩文件。可能会看到 `Latest` 和 `Recommended` 两个版本。在大部分情况下，作者的建议是下载最新 `Recommended` 版本，比如作者目前能够下载到的最新 `Recommended` 版本为 `1.12.2-14.23.2.2611`。

在开始下载前，可能会经过一个“adfocus”的广告页面，然后单击右上角的按钮就可以下载了。如果打开该页面有困难，那么可以在下面 `All Version` 列表里找到想要下载的版本，并单击 Mdk 旁边的字母 i，然后单击 Direct Download 就可以直接下载了。不过作者建议尽量不要使用 Direct Download 这一方式下载，因为这会减少 Minecraft Forge 团队的广告收入。

下载后的文件名应该是 forge-1.12.2-xxxxxxxxxxxx-mdk.zip 的形式，作者下载到的文件名为 forge-1.12.2-14.23.2.2611-mdk.zip。把该下载文件中的所有内容解压到一个你想要作为主开发目录的文件夹下。这里对于主开发目录有一点建议，就是这个**目录的绝对路径不要出现非 ASCII 字符，不要出现空格，同时目录名尽量只使用英文字母、数字和下画线**。不满足这些条件的目录，有可能会导致未知的问题。

如无特殊说明，本书接下来所有文件的位置都是基于该主开发目录的相对路径。

2.2.2 配置开发环境

在解压完成后，进入主开发目录（作者将自己的主开发目录定为 D:\fmltutor），确定名为 gradlew.bat 的文件在该目录下，然后在该目录打开控制台，并输入以下命令。

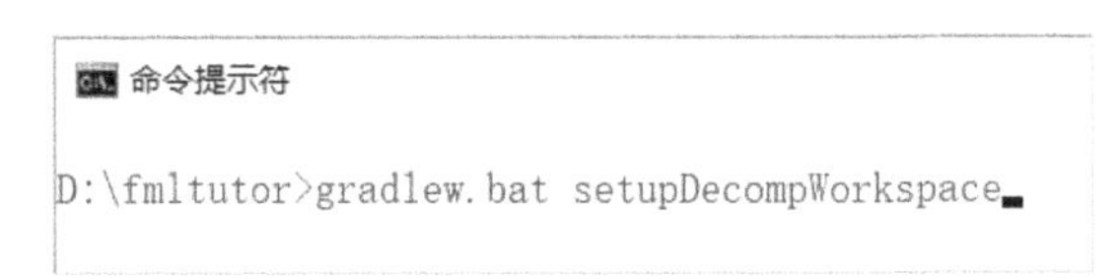

按下 Enter 键，保持网络畅通，并耐心等一段时间。如果使用 Linux 或者 macOS，那么请把 gradlew.bat 替换为 ./gradlew。经过一段时间后，应该能够看到下图的画面。

```
命令提示符 - gradlew.bat setupDecompWorkspace
Download https://jcenter.bintray.com/trove/trove/1.0.2/trove-1.0.2.pom
Download https://jcenter.bintray.com/org/apache/httpcomponents/httpcore/4.3.2/httpcore-4.3.2.pom
Download https://jcenter.bintray.com/org/apache/httpcomponents/httpcomponents-core/4.3.2/httpcomponents-core-4.3.2.pom
Download https://jcenter.bintray.com/commons-logging/commons-logging/1.1.3/commons-logging-1.1.3.pom
Download https://jcenter.bintray.com/org/apache/commons/commons-parent/28/commons-parent-28.pom
Download https://jcenter.bintray.com/commons-codec/commons-codec/1.6/commons-codec-1.6.pom
Download https://jcenter.bintray.com/org/apache/commons/commons-parent/22/commons-parent-22.pom
Download https://jcenter.bintray.com/org/apache/apache/9/apache-9.pom
Download http://files.minecraftforge.net/maven/net/minecraftforge/gradle/ForgeGradle/2.3-SNAPSHOT/ForgeGradle-2.3-201803
24.034213-26.jar
Download https://jcenter.bintray.com/com/google/guava/guava/18.0/guava-18.0.jar
Download https://jcenter.bintray.com/net/sf/opencsv/opencsv/2.3/opencsv-2.3.jar
Download https://jcenter.bintray.com/com/cloudbees/diff4j/1.1/diff4j-1.1.jar
Download https://jcenter.bintray.com/com/github/abrarsyed/jastyle/jAstyle/1.3/jAstyle-1.3.jar
Download https://jcenter.bintray.com/net/sf/trove4j/trove4j/2.1.0/trove4j-2.1.0.jar
Download https://jcenter.bintray.com/com/github/jponge/lzma-java/1.3/lzma-java-1.3.jar
Download https://jcenter.bintray.com/com/nothome/javaxdelta/2.0.1/javaxdelta-2.0.1.jar
Download https://jcenter.bintray.com/com/google/code/gson/gson/2.2.4/gson-2.2.4.jar
Download https://jcenter.bintray.com/com/github/tony19/named-regexp/0.2.3/named-regexp-0.2.3.jar
Download http://files.minecraftforge.net/maven/net/minecraftforge/forgeflower/1.0.342-SNAPSHOT/forgeflower-1.0.342-20171
208.041249-7.jar
Download https://jcenter.bintray.com/org/apache/httpcomponents/httpclient/4.3.3/httpclient-4.3.3.jar
Download https://jcenter.bintray.com/org/apache/httpcomponents/httpmime/4.3.3/httpmime-4.3.3.jar
Download https://jcenter.bintray.com/org/jvnet/localizer/localizer/1.12/localizer-1.12.jar
Download https://jcenter.bintray.com/commons-io/commons-io/1.4/commons-io-1.4.jar
Download https://jcenter.bintray.com/trove/trove/1.0.2/trove-1.0.2.jar
Download https://jcenter.bintray.com/org/apache/httpcomponents/httpcore/4.3.2/httpcore-4.3.2.jar
Download https://jcenter.bintray.com/commons-logging/commons-logging/1.1.3/commons-logging-1.1.3.jar
Download https://jcenter.bintray.com/commons-codec/commons-codec/1.6/commons-codec-1.6.jar
> Configuring > 0/1 projects > root project
```

这说明目前 Forge 正在下载相关的文件，这也是配置开发环境时要求网络畅通的原因。直到 BUILD SUCCESSFUL 的字样出现，这代表配置开发环境的工作已经完成第一步了。

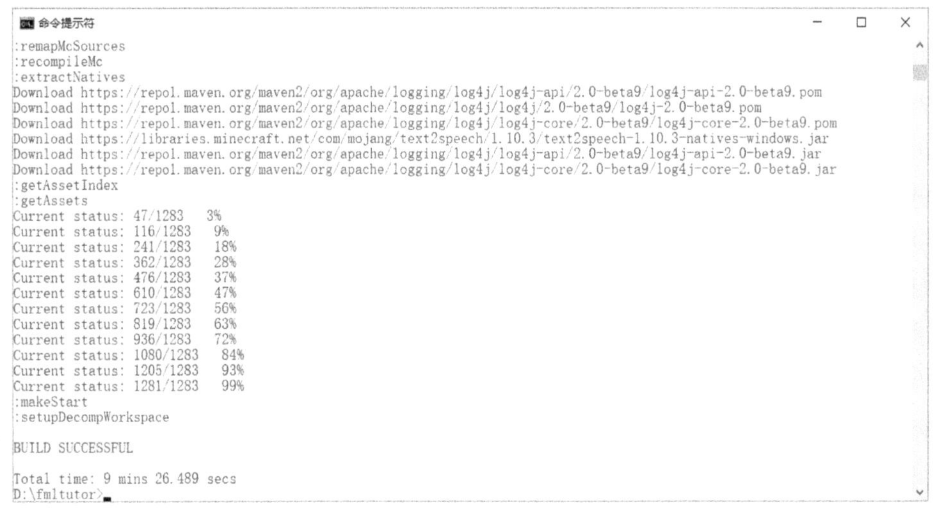

当然，在很多情况下，可能并不会等到出现上图所示的字样，取而代之的是 BUILD FAILED。

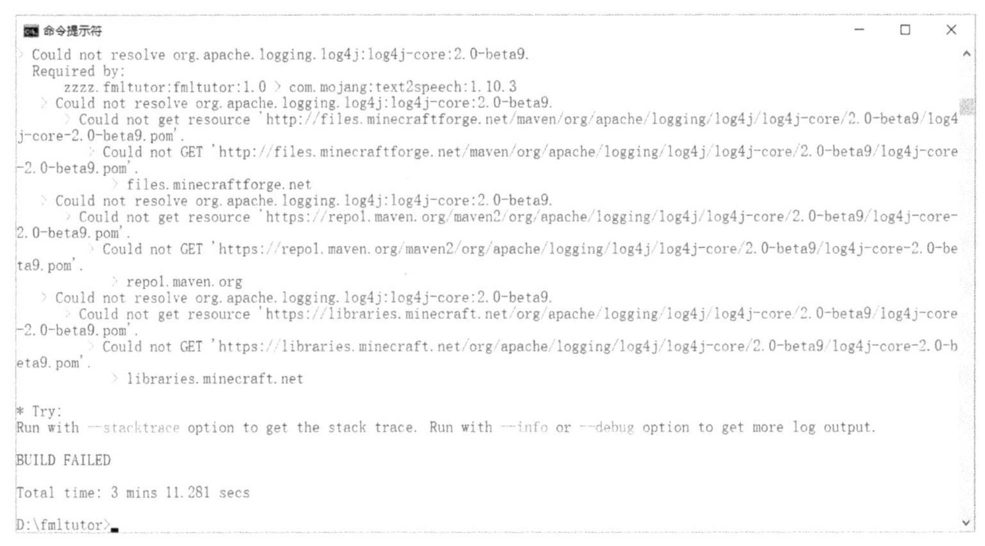

这通常是以下两种情况导致的：

- 内存不够用（配置开发环境需要至少 3GB，建议有 4GB 的内存空间）。
- 网络条件差（无法顺畅地下载到国外的某些资源）。

对于第一种情况，作者只能希望读者能够为自己的计算机增加内存。

对于第二种情况，读者可以尝试找一些访问国外网站速度更快的网络，必要时可以采取一些辅助措施。

重复执行上面的操作，直到 BUILD SUCCESSFUL 的字样出现，就可以使用 IDE 打开整个 Mod 开发项目了。如果使用的是 IntelliJ IDEA，那么打开主界面后选择 Import Project（导入项目），并选择项目的根目录打开，然后在选项框内选择 Gradle，单击下一步按钮直到 IntelliJ IDEA 配置完成。

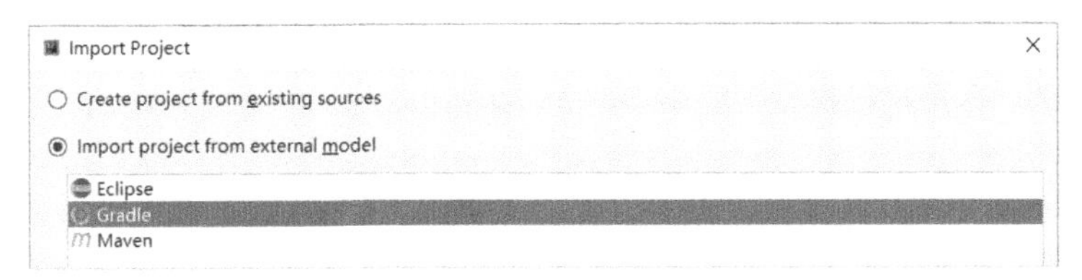

可能还需要指定 JDK 的位置。如果使用的是 IntelliJ IDEA，那么请在菜单栏执行 `File→Project Structure` 命令。

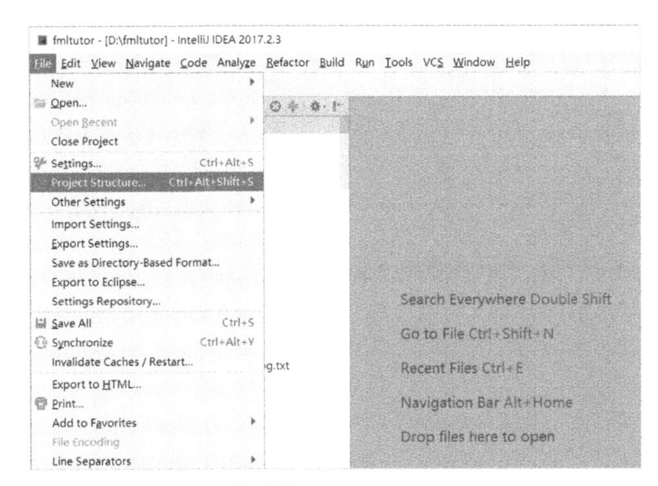

然后在 `Set up Project SDK` 中选择 `JDK`。

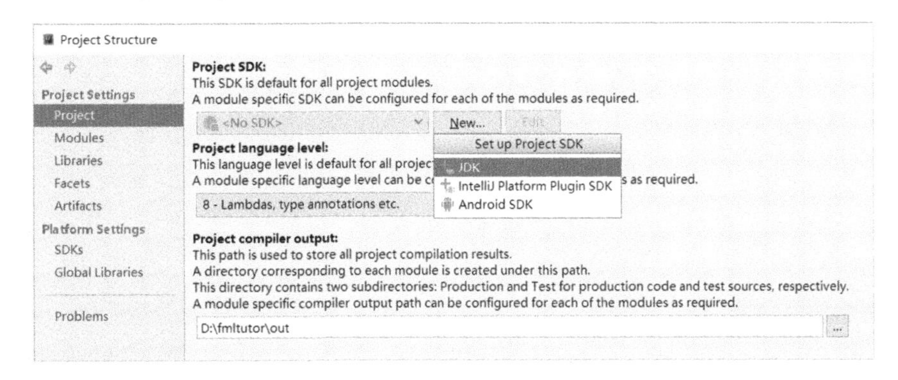

2.2.3 设置 UTF-8 编码

如果你是 Linux 或者 macOS 用户，那么操作系统的默认编码应该已经是 UTF-8 了，请忽略这一部分。如果你是 Windows 用户，则应该需要把在开发中遇到的所有编码都设置成 UTF-8。

首先新建一个名为 `GRADLE_OPTS` 的变量其值为 `-Dfile.encoding=utf-8`。

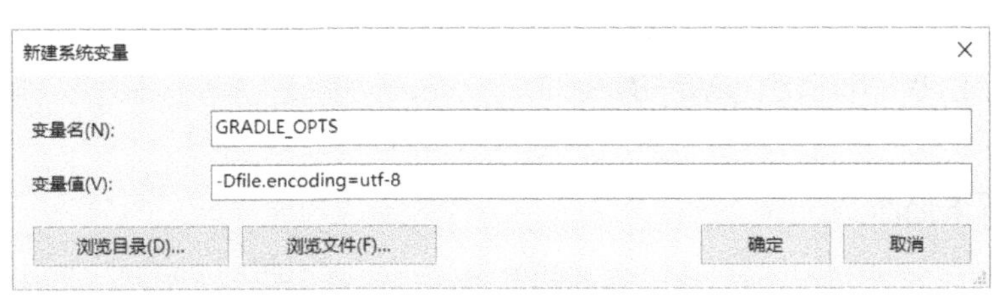

这样做的目的是在下一节讲述如何生成模组时，相关的编码将全部都是 UTF-8 的。然后打开 IntelliJ IDEA，在菜单栏执行 `File→Settings` 命令。

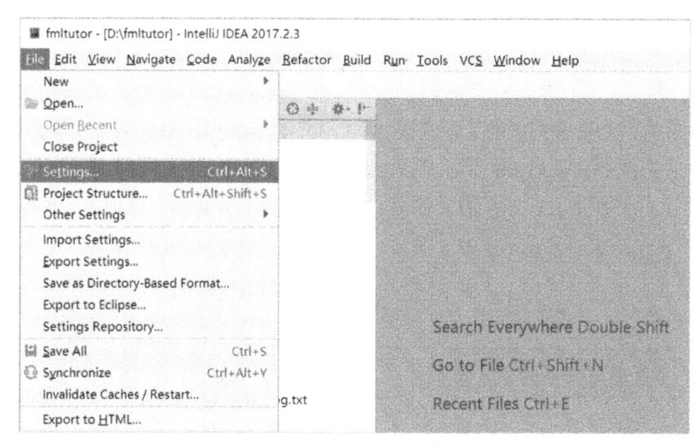

接着执行 `Editor→File Encodings` 命令，把所有可见范围内的编码（Encoding）全部设置为 UTF-8。

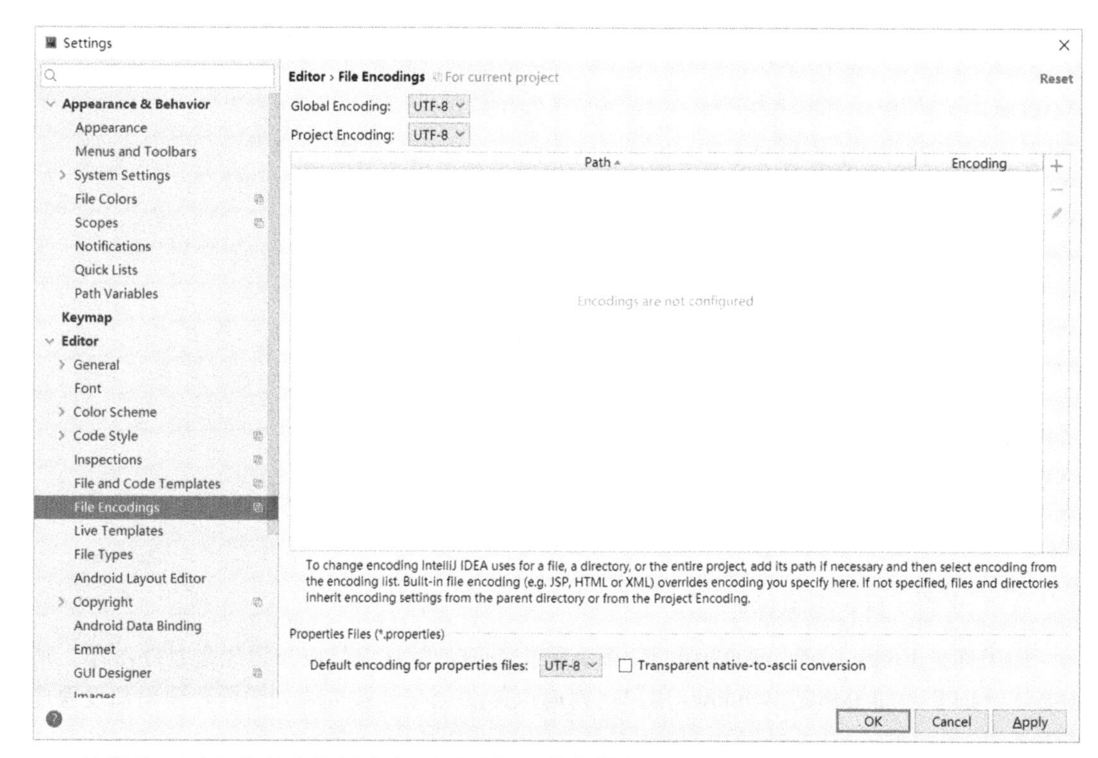

这样就可以在代码中使用中文而不用担心兼容性的问题了。

2.3　第一个 Mod 的构建与运行

2.3.1　运行 Mod

众所周知，在通常情况下，一个 Mod 的发布，往往要支持多人联机（即服务端）。因此运行 Mod 也有两个选择：依赖 Minecraft 客户端启动，或者依赖 Minecraft 服务端启动。

在控制台输入下面两个命令中的一个：

```
gradlew.bat runClient
gradlew.bat runServer
```

`runClient` 用于启动客户端，`runServer` 用于启动服务端。如果你使用的不是 Windows 系统，而是 Linux 或者 macOS，那么同样请把 `gradlew.bat` 换成 `./gradlew`。

依赖控制台，除了使用命令行启动，也可以在 IDE 中启动。IntelliJ IDEA 支持基于 IDE 本身直接执行相关任务，Eclipse 的相关操作也应大同小异。按下 Ctrl+Shift+A 组合键，打开执行相关任务的选项框，并在搜索框中输入 Execute 并选择 `Execute Gradle Task`（执行 Gradle 任务）。

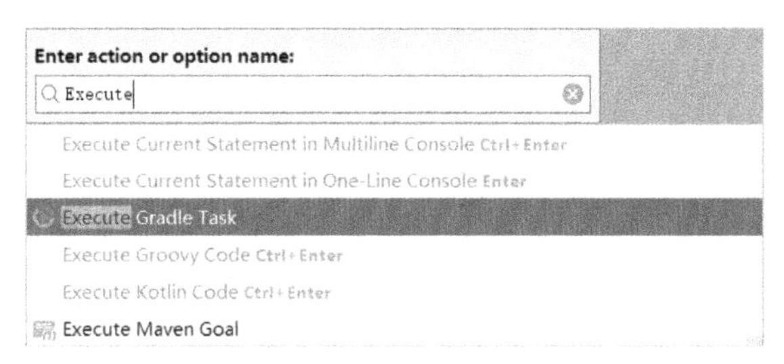

然后我们会看到 IntelliJ IDEA 弹出一个界面。在其中 `Command line` 处输入待执行的任务，也就是 `runClient` 或者 `runServer`。

耐心等待就能看到 IntelliJ IDEA 启动游戏了。

只要执行过一次相关的任务，IntelliJ IDEA 便会在其主界面右上角的选项框自动添加相关的选项和相应的快捷按钮。选项本身是可以编辑的。

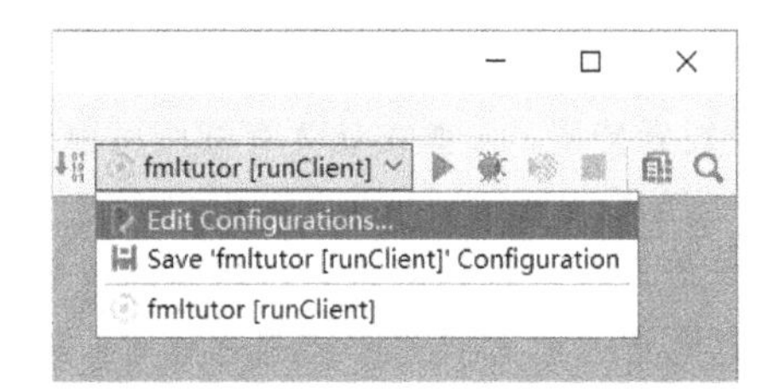

可以给执行任务选项换个诸如 `Minecraft Client` 等更有意义的名字。

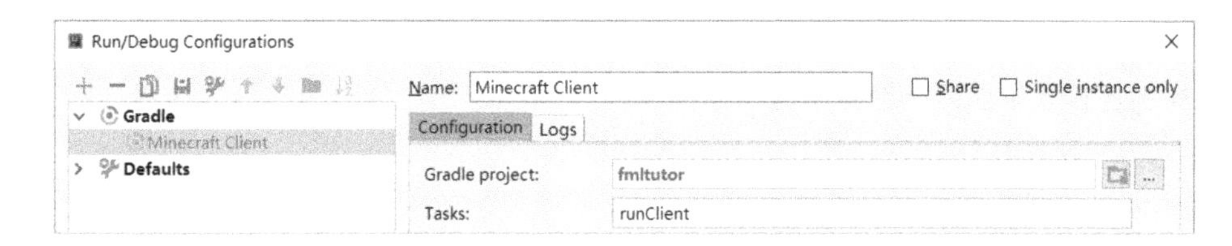

2.3.2 Mod 源文件的文件结构

我们这次把目标投向 IntelliJ IDEA 的 `Project` 栏，并注意其中的 `src` 目录。Mod 的源代码、资源文件等描述 Mod 行为逻辑和外观的文件将全部位于这个目录下。

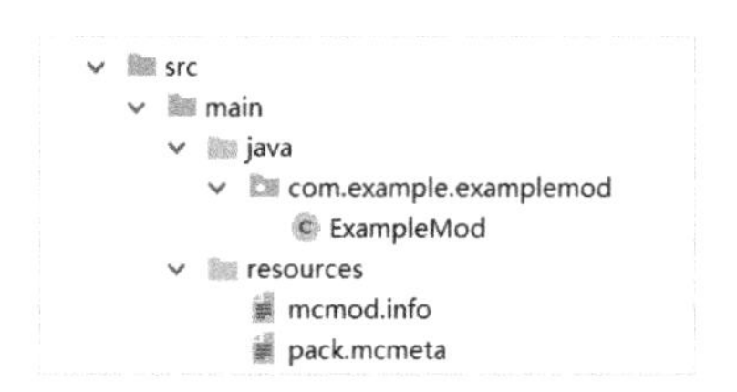

`src/main/java` 目录存放 Mod 的 Java 源代码。

`src/main/resources` 目录存放 Mod 的资源文件。

Mod 的资源文件包括但不限于方块物品材质、模型、声音、语言文件（方便国际化）等，大部分的文件结构和材质包的结构差不多。资源文件中有一个名为 `mcmod.info` 的文件，位于资源文件夹的根目录，是描述 Mod 的关键文件，里面存放着 Mod 的若干相关信息，后续章节会再次提到。这个目录中还有一个名为 `pack.mcmeta` 的文件，这是由于 FML 是将 Mod 中的资源文件以材质包的方式加载的，这个文件是材质包的描述文件。

再来讲 Java 源代码。Java 源代码是以**包**（Package）的形式来组织的。包的通常表现形式就是由小数点分隔的一系列字符串的集合。比如上图中 `com.example.examplemod` 就是一个包。包可以是其他包的**子包**（SubPackage），比如 `com.example.examplemod` 就是 `com.example` 的子包，而 `com.example` 就是 `com` 的子包。包之间通过子包的关系形成一个树形结构，这个树形结构在源代码中是以文件目录树的形式展现的。如包 `com.example.examplemod` 代表 `com/example/examplemod` 目录。

在 Java 中，大量的代码都是以包的形式组织的，比如：

- Java 官方提供的很多代码都位于 `java` 包下，作为 `java` 包的子包，如 `java.lang`、`java.util` 等。
- 所有和 Minecraft 有关的代码都位于 `net.minecraft` 包下，而所有和 MinecraftForge 有关的代码都位于 `net.minecraftforge` 包下，其中有一个名为 `net.minecraftforge.fml` 的子包，存放的是所有 FML 的代码。

在通常情况下，为方便开发者使用，一些被认为有通用用途的，位于若干个包中的代码会打包压缩，形成了我们熟知的 **JAR**（Java Archive，Java 归档文件），并被开发者作为第三方代码库引用，在通常情况下，位于同一个 JAR 里的包都是同一个包的子包。实际上，读者也很容易想到，写出来的 Mod 代码也会以 JAR 的形式打包压缩。对于包的命名，为尽可能避免两部分功能不同的代码包名相同，包名通常以倒置的域名开头，比如：

- Minecraft 官方网站的域名是 minecraft.net，其包名均以 net.minecraft 开头。
- MinecraftForge 官方网站的域名是 minecraftforge.net，其包名均以 net.minecraftforge 开头。
- Google 提供的一些第三方库的包名均以 com.google 开头，后面偶尔能够遇到在这一包名下的代码。
- Forge 提供的示例 Mod 包名以 com.example 开头，因为 example.com 是专门作为示例网站使用的保留域名。

如果不存在域名，或者不方便使用域名，那么通常包名会以项目名称开头，如刚刚提到的包名以 java 开头的代码。有时会以“作者名称 / id + 项目名称”开头，实际上，大量的 Mod 使用的就是这两种方式。

包名通常有以下规定：

- 包名不应该使用数字和小写字母之外的字符，包名由小数点分隔的每一节的第一个字符不应该是数字。
- 如果包名的每一节中有多个单词，那么应该简单地拼接在一起，而不应使用下画线等字符分隔。

比如，blusunrize.immersiveengineering 就是一个很好的包名，代表这个 Mod 名为 ImmersiveEngineering（沉浸工程），其作者是 BluSunrize。而 Reika.RotaryCraft，就是不合适的包名，因为其出现了大写字母。

那么，把包名修改为一个更合适的名字显然会更好。作者使用的是 zzzz.fmltutor。这时候我们使用 IDE 的一个简单的功能：修改名字。这里以 IntelliJ IDEA 为例，Eclipse 的使用方法大同小异。

右击出现 com.example.examplemod 的地方，然后把鼠标移动到 Refactor（重构）。

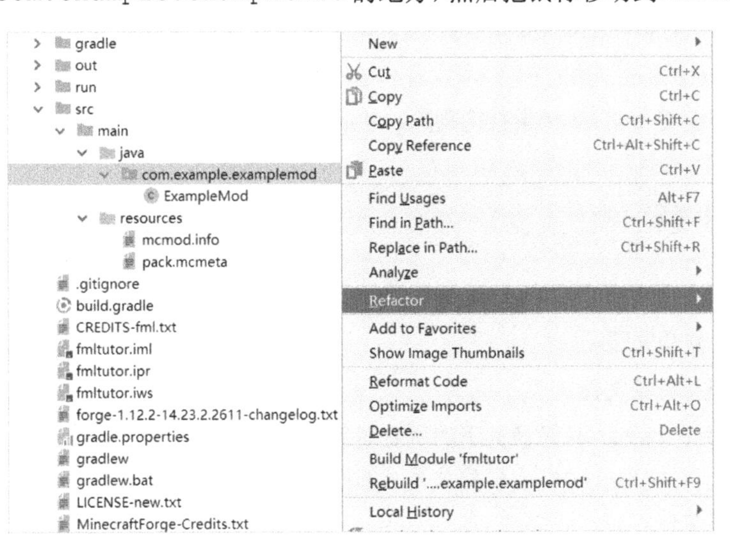

能够在 Refactor 的下级菜单中找到 Rename（重命名），单击 Rename，在弹出的对话框中输入想要修改的包名就完成了。

Rename

Rename package 'com.example.examplemod' and its usages to:

zzzz.fmltutor

☑ Search in comments and strings ☑ Search for text occurrences

Refactor Preview Cancel

可能还有一个名为 com.example 的空包，删除（Delete）就可以了。

能够察觉到 IDE 在这里的优势：把一些常用的、十分频繁的，但完成步骤特别多的，而且还容易出错的操作集中起来，变成只要单击几下鼠标，敲敲键盘就可以搞定的。在大部分情况下，这些操作的主要目的是让代码结构更清楚，条理更清晰。这类操作有一个统称：**重构**（Refactor），在后面还会遇到更多这样的操作。

2.3.3 构建 Mod

打开控制台，输入下面这一命令：

```
gradlew.bat build
```

当然，如果你不是 Windows 用户，那么同样按照前面提到的做法，把 gradlew.bat 换成 ./gradlew。直到出现 BUILD SUCCESSFUL 的字样时去 build\libs 目录下查看：

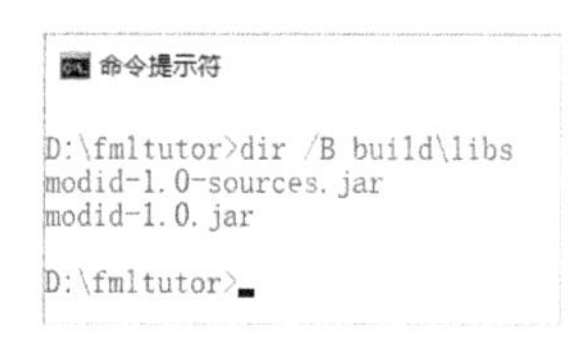

理论上应该有两个文件，以 source.jar 结尾的是源代码，不需要发布，而另一个文件，就可以发布并且放进 mods 目录下作为 Mod 运行。如果想把这两个文件和一些相关的生成文件清除，那么请执行以下的命令：

```
gradlew.bat clean
```

该命令通常会将 build 目录直接删除，从而实现文件清除。

2.4 本章小结

到这里，第一个可以说得上是 Mod 的项目，就已经构建起来了。总体来说，项目中的如下这些文件是十分必要的。

项目源代码和资源文件。

- src/main/java/ 目录及其下的所有对象：项目的 Java 代码。
- src/main/resources/ 目录及其下的所有对象：项目的资源文件。

项目的配置文件。

- build.gradle：描述项目的配置文件。在后续章节我们将涉及其中的部分内容。
- gradle.properties：描述项目时用到的一些参数。本书不会修改这个文件。

项目的构建工具。

- `gradlew.bat`：Windows 平台用于引导构建工具启动的文件。
- `gradlew`：Linux/macOS 平台用于引导构建工具启动的文件。
- `gradle/` 目录及其下的所有对象：构建工具的核心文件。

剩下的所有文件，要么是能够由构建工具和 IDE 自动生成的，要么是解释说明用的文本文件。读者可自行决定这些文件的去留。

第Ⅱ部分

小试牛刀

本书第Ⅱ部分介绍了一些常用的 Java 开发常识及一些在 Mod 开发中非常常见的需求。这一部分的目标是相对明确的——对于已经熟练掌握Java的读者来说，通过以下四个章节的学习，读者应该能掌握一些 Mod 开发的基础操作和常见套路，编写一些可玩性较高的 Mod 了，而对于 Java 尚不熟练的读者来说，照猫画虎，仿照书中的源代码实现一些类似的 Mod，也应该不成问题。

因此，作者在第 3 章首先从 Java 的基础知识讲起，并较为详细讲解了 Forge 的事件系统的大概框架和使用方式。这部分的目的是希望读者在代码上对 Mod 的开发流程和大致框架有一个相对清晰的认识。

接着，作者在第 4 章从基础的 Mod 行为，也是玩家感兴趣的 Mod 行为开始介绍。在 Mod 中新添加物品和方块，往往是玩家在开发 Mod 时最希望做到的事情，因此本书最先介绍的游戏元素也是这两个。

然后，作者在第 5 章展开介绍了创造模式物品栏、工具、盔甲、合成配方等玩家同样相当感兴趣的几个游戏元素，通过新添加这些游戏元素，读者应该对 Minecraft 的部分游戏机制有了一个大概的认知，并应能对类似的游戏元素举一反三，使用相似的方式解决问题。

接下来，作者在第 6 章引入了一些能够带来相对不同的游戏体验的游戏机制，包括但不限于烧炼配方、燃料、附魔、村民交易、药水效果等。这些游戏机制能够为Mod带来更高的可玩性，因此实现起来也相应更复杂一些，但思考并完成类似的实现，恰恰是 Mod 开发者主要在做的事情。

在 Mod 开发中，面临的主要问题，就是试图向原版 Minecraft 添加特性，但是却不能直接修改原版 Minecraft 代码。对于这类问题，通常有以下几种思路：

对于某些特定的游戏元素，如方块、物品、附魔、药水及其效果、村民及其交易等，Forge 已经形成了一套自己的系统，如果我们想要添加新的游戏元素，我们可以直接创建特定类型的新实例，并监听特定类型的注册事件，使用 Forge 的注册系统注册它们。

对于某些没有被 Forge 特殊处理的游戏元素，如烧炼配方、药水配方等，Forge 虽然没有特殊处理，但是通过检索，我们能够注意到 Minecraft 原版有一些特定的方法可以供我们添加游戏元素，Forge 有时也会改良，甚至自己添加一些这样的方法，因此我们可以通过在生命周期触发（在通常情况下，和数据有关的游戏元素应使用 `FMLPreInitializationEvent`，和游戏机制有关的游戏元素应使用 `FMLInitializationEvent`）时调用这些方法完成目标。这些方法有时并不总是那么明显，因此本书会对部分经常用到的方法加以介绍。

对于游戏机制，如果游戏机制涉及新添加的游戏元素，往往相对应的类型会有一些特定的方法描述特定情况的游戏机制，我们有时可以继承并覆盖特定的方法，从而修改游戏机制。本书只会在必要的时候介绍一小部分特定的方法，剩下大部分的方法，往往需要读者自己翻阅代码进行分析。

对于一些和原版联系紧密的游戏机制，我们往往没有办法覆盖原版类的一些方法，那么在通常情况下，Forge 会在特定方法调用时触发一些特定的游戏事件，可以通过监听这类事件的方式修改这类游戏机制。选取和使用事件往往是整个 Mod 开发过程中很困难的部分，但也恰恰是 Mod 开发过程中很有趣的部分，甚至说整个 Mod 建构在事件监听和处理上都不为过。本书只会在必要的时候介绍一小部分特定的事件，剩下大部分的事件，也需要读者自行翻阅代码分析。

在后续章节中，将从某些特定的游戏系统出发，针对性介绍开发 Mod 时的一些常用方法及经验思路等。

第3章

基础知识

3.1 类型、字段、方法和注解

3.1.1 类与类型

与 JavaScript、Python 等语言不同，Java 是一门**静态类型**（Statically Typed）的编程语言，与之对应的是**动态类型**（Dynamically Typed）的语言。静态类型编程语言的一大特征，就是在代码中，或者在程序运行时出现的所有**值**（Value），都有其特定的类型。有时，我们还会说一个值是一个类型的**实例**（Instance）。Java 中出现的所有类型共分为两种，**值类型**（Value Type）和**引用类型**（Reference Type）。值类型和引用类型的名称，在其背后有很深刻的原因，这里略过不提。

值类型又称**基本数据类型**（Primitive Type），这种类型在计算机中处于底层，它们的实例通常能够和计算机的内存一一对应。基本数据类型有八种：

- `int`，代表一个介于 -214748648 ～ 2147483647 的整数。
- `short`，代表一个介于 -32768 ～ 32767 的整数。
- `byte`，代表一个介于 -128 ～ 127 的整数，它有一个别称，即**字节**（Byte）。
- `long`，代表一个介于 -18446744073709551616 ～ 18446744073709551615 的整数。
- `float`，代表一个较低精度的浮点数（也就是小数点后可以不为零的数）。
- `double`，代表一个精度更高的浮点数。
- `char`，代表一个字符，通常能够代表绝大多数 Unicode 字符。
- `boolean`，代表一个布尔值，也就是只有“真（`true`）”和“假（`false`）”两个值的类型。

在通常情况下，还会把 `int`，`short`，`byte`，`long` 统称为**整型**（Integer Type），把 `float` 和 `double` 统称为**浮点型**（Floating Point Type）。`float` 通常被称为**单精度浮点数**（Single-precision Floating-point Number），`double` 通常被称为**双精度浮点数**（Double-precision Floating-point Number）。

引用类型通常是基本数据类型的组装，这种类型的实例通常被称为**对象**（Object），所有对象都是引用类型的实例。

在 Java 代码中，一种常见的引用类型被称为**类**（Class）。所有对象都是以类的形式组织和管理的。一个类代表的是一个分类。类这个概念不容易理解，在此列举几个来自生活和计算机的例子：

- 大千世界，有一类生物能够制作并使用工具，这一类生物被统称为人类。如果说“人类”是一个类，那么正在阅读这本书的你，撰写出这本书的作者等，都属于“人类”的实例。
- 当然，如果你是一个 Minecraft 玩家，那么也属于“Minecraft 玩家”这个类的实例。一个对象可以同时属于多个类的实例，在后面的章节中将会对这种情况进行进一步探讨。
- 在计算机中，一串文本被称为**字符串**（String）。在 Java 中，所有字符串都是一个类的实例。这个类就是 `java.lang.String`。`java.lang.String` 代表它从属于 `java.lang` 包，并且其名称为 `String`。

另一类引用类型被称为**接口**（Interface）。一个对象可以同时是多个类的实例，也可以是多个接口的实例。接口代表的是一种约定，或者代表一种能力，在此列举几个来自生活和计算机的例子：

- 自然界中的绝大多数植物，都可以通过叶绿体直接吸收太阳发出的特定波长的光，并获取其中的能量，这一现象被称为光合作用。如果把“能够光合作用”称为一个接口，那么毫无疑问，几乎所有植物都应该是这个接口的实例。
- 一台电脑上有各种各样的插口，比如 USB 插口，PS/2 鼠标键盘的插口等。如果把“拥有 USB 插口”称为一个接口，那么读者家里的电脑很可能就是这个接口的实例，这个接口代表了一种可以和 USB 设备交互的能力，很明显，所有这个接口的实例都拥有或看起来拥有这一能力。Java 中“接口”的概念和现实生活中“接口（插口）”的概念是重合的。

对于接口的声明及其与类的关系，后面的章节将会有更具体的介绍和讲解。

在通常情况下，一个描述 Java 源代码的文件内部，包含一个或多个类或者接口的声明和描述。这些源代码文件都以 `.java` 为后缀，并分门别类地放置在一些特定的目录下，正如前面章节提到的那样，这些特定的目录代表的就是一个 Java 项目的包。换言之，包是 Java 代码的最大一级组成单元，而类和接口是包的下一级组成单元。

还有一类十分特殊的类型被称为**数组**（Array），数组相当于若干相同类型的对象的有序排列，能够存放的最多的元素个数被称为数组的长度，换言之，一个数组相当于一个长度无法变化的列表。特定类型的数组的长度可以有所不同，但是特定的数组对象的长度是不可变的，当讨论数组时，我们不知道它们的长度是多少，不过针对一个特定的数组，就可以说它的长度是固定的某个数字。数组遇到的场合相对较少，在后面如有遇到，将会有更详细的说明。

值类型和引用类型，换言之，基本数据类型、类、接口和数组类型，共同组成了 Java 的类型系统。由于在 Java 中，除八种基本数据类型之外，其他都基于类和对象，类同时还是 Java 代码的基本组成单位之一，因此，通常称 Java 是一门**面向对象**（Object Oriented，简称 OO）的语言。

打开目前源代码中唯一的类，`ExampleMod.java`。先看第一行：

```
package zzzz.fmltutor;
```

这一行代码声明了这个类所属的包，这个包名要和目录树一致。然后是接下来几行：

```
import net.minecraft.init.Blocks;
import net.minecraftforge.fml.common.Mod;
import net.minecraftforge.fml.common.Mod.EventHandler;
import net.minecraftforge.fml.common.event.FMLInitializationEvent;
```

这几行代码声明了需要从别的包里引用的类。不过细心的读者可能会注意到，我们并没有把 `java.lang.String` 等类引用进来，这是因为 Java 规定所有 `java.lang` 包下的类都是已经被默认引用的，不需要再引用。

现在应该知道在修改一个包的包名时，IDE 还额外做了什么了。因为 `package` 和 `import` 开头的行里的包名，也是需要进行相应的更改的。实际上，这几行代码的内容，开发者几乎不需要去管，因为在大多数情况下 IDE 会自动填充。然后我们来看下面几行：

```
@Mod(modid = ExampleMod.MODID, name = ExampleMod.NAME, version = ExampleMod.
VERSION)
public class ExampleMod
```

第 10 行以 `@` 开头的被称为**注解**（Annotation），注解在 Java 代码中有特殊的用途，这里被用于修饰一个类。

ExampleMod.java

```
1  package zzzz.fmltutor;
2
3  import net.minecraft.init.Blocks;
4  import net.minecraftforge.fml.common.Mod;
5  import net.minecraftforge.fml.common.Mod.EventHandler;
6  import net.minecraftforge.fml.common.event.FMLInitializationEvent;
7  import net.minecraftforge.fml.common.event.FMLPreInitializationEvent;
8  import org.apache.logging.log4j.Logger;
9
10 @Mod(modid = ExampleMod.MODID, name = ExampleMod.NAME, version = ExampleMod.VERSION)
11 public class ExampleMod
12 {
13     public static final String MODID = "examplemod";
14     public static final String NAME = "Example Mod";
15     public static final String VERSION = "1.0";
16
17     private static Logger logger;
18
19     @EventHandler
20     public void preInit(FMLPreInitializationEvent event)
21     {
22         logger = event.getModLog();
23     }
24
25     @EventHandler
26     public void init(FMLInitializationEvent event)
27     {
28         // some example code
29         logger.info( message: "DIRT BLOCK >> {}", Blocks.DIRT.getUnlocalizedName());
30     }
31 }
32
```

接下来的第 11 行就是类的声明了。这里以 `class` 为分界线分析：

- `class` 前面的 `public` 被称为**修饰符（Modifier）**。一个类的修饰符可以有多个，它们的作用各不相同，后面的章节会详细讲解。
- `class` 后面就是类的名称了。和包名一样，类的名称也有一些规定。
  - 虽然理论上，类名允许出现其他字符，但是不建议出现数字、大写字母和小写字母之外的字符。

- 类名应该采用大写驼峰式（Upper Camel Case），大写驼峰式指的是每个单词只有首字母大写，然后把它们直接拼合起来，比如 `ImmersiveEngineering` 等。
- 对于缩写单词，所有字母全部大写或者只有首字母大写往往都可以，比如 `FMLTutor` 和 `FmlTutor` 都是可以的。

- 然后是一个左大括号，对于一部分类，在类名和左大括号之间还会有其他对象，不过这里先不讨论这种情况。
- 里面的内容就是类的主体了，最后以一个右大括号结束。
- 一个 `.java` 文件中，以这种方式声明的类只能有一个，而且它的类名必须要与文件名相同。

在 Java 中，除了字符串内部，所有空白字符（空格、Enter 和 Tab 符等）都是等价的。因此与之对应的大括号通常有两种写法：

```
public class ExampleMod
{
    // 类的主体
}
public class ExampleMod {
    // 类的主体
}
```

实际上两种写法都在被广泛使用着。不过由于 MinecraftForge 大多采用第一种写法，因此本书也只采用第一种写法。

现在把 `ExampleMod` 改成我们想要的名称：`FMLTutor`。这对 IDE 来说其实很简单。单击出现 `ExampleMod` 字符串的任何地方，然后右击，把鼠标光标移动到 `Refactor`，然后移动到 `Rename`：

```
ExampleMod.java
1  package zzzz.fmltutor;
2
3  import net.minecraft.init.Blocks;
4  import net.minecraftforge.fml.common.Mod;
5  import net.minecraftforge.fml.common.Mod.EventHandler;
6  import net.minecraftforge.fml.common.event.FMLInitializationEvent;
7  import net.minecraftforge.fml.common.event.FMLPreInitializationEvent;
8  import org.apache.logging.log4j.Logger;
9
10 @Mod(modid = ExampleMod.MODID, name = ExampleMod.NAME, version = ExampleMod.VERSION)
11 public class ExampleMod
12 {                exampleMod
13     public s     examplemod                 ";
14     public s     ExampleMod                 ";
15     public sPress Shift+F6 to show dialog with more options
16
17     private static Logger logger;
18
19     @EventHandler
20     public void preInit(FMLPreInitializationEvent event)
21     {
22         logger = event.getModLog();
23     }
24
25     @EventHandler
26     public void init(FMLInitializationEvent event)
27     {
28         // some example code
29         logger.info( message: "DIRT BLOCK >> {}", Blocks.DIRT.getUnlocalizedName());
30     }
31 }
32
```

把它重命名为我们想要的名字就可以了，也可以在 IntelliJ IDEA 中使用 Shift+F6 组合键完成重命名行为。

3.1.2 字段和方法

现在进入类的主体部分：

```
public static final String MODID = "examplemod";
public static final String NAME = "Example Mod";
public static final String VERSION = "1.0";

private static Logger logger;

@EventHandler
public void preInit(FMLPreInitializationEvent event)
{
    logger = event.getModLog();
}

@EventHandler
public void init(FMLInitializationEvent event)
{
    // some example code
    logger.info("DIRT BLOCK >> {}", Blocks.DIRT.getRegistryName());
}
```

这里涉及两个部分：前三行和之后的一行代码声明了四个**字段**（Field），有时又称**属性**（Property），而接下来几行代码声明了一个**方法**（Method）。

字段是什么？字段其实就是一个容器——容纳某种特定类型的容器。这种类型可以是八种基本数据类型，也可以是类。这里的两个字段，存储的对象都属于 `java.lang.String` 类。换言之，它们都是这个类的实例，是一个字符串。方法是什么？我们之前说到，Java 是一门面向对象的语言，因此作为一个对象，总要有一些行为。

计算机中的字符串，往往会有一些额外的操作，比如把所有的字母都变成小写的，取第一个字符，把前几个字符删掉等，这些都是 `java.lang.String` 类的方法。

很多方法都会接收一个或多个**参数**（Parameter），比如想获取一个前几个字符删掉后的字符串，就可以向删去前几个字符的方法中传入一个类型为 `int` 的参数，这个参数代表需要删去多少个字符。然而有的方法是没有参数的。有一些方法会有返回值，比如字符串操作，我们就需要相应的方法返回一个新的被操作过的字符串。不过有一些方法也没有必要有返回值。实际上，这里看到的方法，就没有返回值，在 Java 代码中，没有返回值的方法会在相应位置使用 `void` 作为占位符。一个方法可以接收多个参数，但是只能返回一个值，或者使用 `void` 占位符代表不返回值。

定义了三个类型都是 `String` 的字段，分别为 `MODID`、`NAME` 和 `VERSION`。第一个字段代表一个 `"examplemod"` 的字符串，第二个字段代表 `"Example Mod"`，第三个字段代表的是 `"1.0"`。还定义了一个 `preInit` 方法，这个方法传入一个 `FMLPreInitializationEvent` 的实例，把它命名为 `event`。定义这个方法的返回值处填的是 `void`，也就是没有返回值。接着定义了一个 `init` 的方法，并让该方法接受一个 `FMLInitializationEvent`。

读者可以把这些结论和上面的代码进行一一对比。也许读者对其中的一些细节可能有一些茫然，不过没关系，在后面的模组编写中，我们将不断强化相关的认识。

3.1.3　不可变字段

我们注意到 String 和 void 之前有一些修饰符。这些实际上与类的修饰符类似，只不过是针对字段和方法的修饰符：

- 方法 init 拥有名为 public 的修饰符。
- 字段 logger 拥有名为 private 和名为 static 的修饰符。
- 字段 MODID、NAME 和 VERSION 各自均同时拥有三个修饰符 public、static 和 final。

这里首先讲述的是针对不可变字段添加的 final 修饰符。其他修饰符在后续章节如有出现，都会逐一介绍。

被 final 修饰符修饰的字段，在通常情况下，其值一经设置就会被冻结，从而被认为在未来永远不会发生变化。比如对于 MODID 字段，其值永远都是 "fmltutor"，而对于 NAME 和 VERSION 字段，其值永远都是 "Example Mod" 和 "1.0"。然而，logger 字段是可变的，因为它没有名为 final 的修饰符来修饰。

在未来我们看到的绝大多数字段都属于不可变字段，因此它们都将带有 final 修饰符。

3.1.4　表达式

作为一门计算机编程语言，其主要任务就是把一些基础的东西，通过一些特定的方式，变换组合起来，然后输送出去。

现在先定义一些“基础的东西”，也就是不需要运算直接就应该给出的东西。

一些数字比如 1，2，450，-1，-999999999 等。这些数字都是 int 类型的，在部分情况下也可以当作 byte 和 short 类型。

long 的使用范围要比 int 要大，表示的数字范围要更大一些，因此为了表示这个数字是一个很大的数字，需要在其后加上字母 L；-999999999 没有超过 int 的范围，因此可以不加字母 L。-9999999999 就超过了 int 的范围，需要加上字母 L，变成 -9999999999L 的形式。虽然在后面加上小写 l 亦可，但是这个字母很容易和数字 1 混淆，因此不建议这样做。

当然，还有浮点数，比如 3.14159265，987654721.33，1E-12 等（最后一个是科学记数法），它们都可以当作 float 或者 double 类型，不过有时使用 float 类型会损失一定的精度，而且要加上 F 的后缀（3.141592650F，987654721.33F，1E-12F），小写 f 同样也可以。

对于 char 类型，Java 的表示方式是使用单引号（'）把一个字符引进来，比如 'c'、'h'、'a'、'r' 等。

对于 boolean 类型，只有两个值，在 Java 中分别表示为 true（真）和 false（假）。

这些不需要通过运算得到，并可以直接在代码中给出的被称为**字面量**（Literal）。对于基本数据类型，这些就是字面量。不过对于引用类型，String 类有一种特殊的字符串字面量（String Literal），这种字面量的写法是把一个字符串用双引号（"）引起来，前面已经见过了

"examplemod" 和 "1.0" 两个字符串字面量。当然，还有其他字面量对象，这里暂且不讨论。

把这些字面量通过变换组合，常见的方式就是数学运算，比如：

2 + 3 => 5

2 - 1 => 1

-2 * 5 => -10

还有比较运算：

2 < 7 => true

3 >= 4 => false

5 == 6 => false

注意比较两个基本数据类型是否相等用的是 == 而不是 =，= 是用来赋值的，比如下面的三行代码：

```
public static final String MODID = "examplemod";
public static final String NAME = "Example Mod";
public static final String VERSION = "1.0";
```

其中第一行代码把 MODID 赋值为 "examplemod"，而第三行代码把 VERSION 赋值为 "1.0"。

字符串有一种特殊的加法运算，两个字符串相加代表把它们拼合：

```
"example" + "mod" => "examplemod"
```

不过这里有两种运算，与面向对象有关，它们分别是获取字段和调用方法。这两种运算都要用到一个标点符号：小数点（.）。例如，ExampleMod.MODID 代表获取 ExampleMod 类的 MODID 字段。这两个运算在什么地方用到了呢？

```
@Mod(modid = ExampleMod.MODID, name = ExampleMod.NAME, version = ExampleMod.
VERSION)
```

这个代码与：

```
@Mod(modid = "examplemod", name = "Example Mod", version = "1.0")
```

是完全等价的。

如果想要调用方法，比如 Foo 类的 bar 方法，那么它的写法如下：

```
Foo.bar()
```

如果还想传入一个参数 baz，再传入一个参数 42 的话，那么它的写法如下：

```
Foo.bar(baz, 42)
```

运算后的结果也可以接着应用到其他运算中，必要的时候可以加上括号，它们和数学运算是类似的：

2 + 3 * 4 => 14

(2 + 3) * 4 => 20

ExampleMod.MODID + ":" => "examplemod:"

字面量本身或者它们的各种运算统称为**表达式**（Expression）。

3.1.5　深入方法内部

这里以 `init` 方法为例。我们先看方法内部的第一行：

```
// some example code
```

这是一行**注释**（Comment）。注释本身和程序的执行结果没有关系，只是为了方便开发者理解，起到解释说明的作用。注释分为两种，第一种是行注释，以 // 开头，就是上面的代码中所表现出的形式。行注释前的 // 标记代表直到该行结束的部分都是注释。如果注释非常长，需要跨多行，那么每一行注释的开头都要加上 // 标记：

```
// some
// example
// code
```

Java 支持的另一种注释叫做块注释，块注释以 /* 开头，以 */ 结尾，其中的所有字符，包括 Enter 都将被认作注释，比如：

```
/* some
example
code */
```

然后看这一行：

```
logger.info("DIRT BLOCK >> {}", Blocks.DIRT.getRegistryName());
```

在这一行中看到了表达式的身影，来逐点分析：

- `logger` 代表获取了这个类本身的 `logger` 字段。
- `"DIRT BLOCK >> {}"` 本身是一个字符串字面量。
- `Blocks.DIRT` 代表获取 `net.minecraft.Blocks` 类的 `DIRT` 字段。
- `Blocks.DIRT.getRegistryName()` 代表调用上面那个字段的 `getRegistryName` 方法，并获取其返回值。
- `logger.info("DIRT BLOCK >> {}", Blocks.DIRT.getRegistryName())` 代表调用最开始那个 `logger` 字段的 `info` 方法，然后传入两个参数，第一个参数是字符串字面量，而第二个参数是一个方法的返回值。

最后还多出来了一个分号（;）。这个分号十分重要，它把一个表达式变成了一个**语句**（Statement）。在一个表达式后添加一个分号形成的是简单的语句，还有一些语句十分复杂，后面的章节也会有提及。一个方法内部可能有很多个语句，它们将会按照出现的先后顺序来执行。语句和注释共同构成了一个方法的主体。

最后证明一下这段代码的确执行了。运行一下客户端或服务端，在控制台上找到下面这一行：

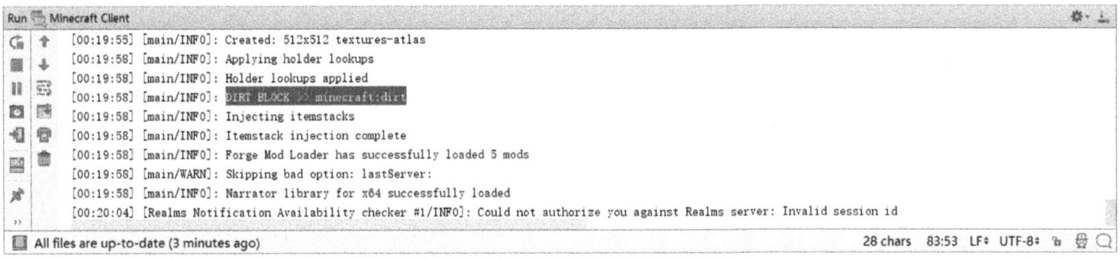

```
Run  Minecraft Client
[00:19:55] [main/INFO]: Created: 512x512 textures-atlas
[00:19:58] [main/INFO]: Applying holder lookups
[00:19:58] [main/INFO]: Holder lookups applied
[00:19:58] [main/INFO]: DIRT BLOCK >> minecraft:dirt
[00:19:58] [main/INFO]: Injecting itemstacks
[00:19:58] [main/INFO]: Itemstack injection complete
[00:19:58] [main/INFO]: Forge Mod Loader has successfully loaded 5 mods
[00:19:58] [main/WARN]: Skipping bad option: lastServer:
[00:19:58] [main/INFO]: Narrator library for x64 successfully loaded
[00:20:04] [Realms Notification Availability checker #1/INFO]: Could not authorize you against Realms server: Invalid session id
All files are up-to-date (3 minutes ago)    28 chars  83:53  LF  UTF-8
```

从字面含义理解，`Blocks.DIRT.getRegistryName()` 的返回值理应是一个名称，且该名称应该代表泥土方块，也就是 Blocks.DIRT，也即泥土方块的名称，因此这里输出 minecraft:dirt 也是合理的。

3.1.6 日志系统

再来看 preInit 方法。以下是该方法中唯一出现的语句：

```
logger = event.getModLog();
```

调用了 event 对象的 getModLog 方法，并将调用得到的返回值给 logger 字段赋值。logger 字段存储的对象，代表的是 Mod 的日志系统。本书接下来所有需要向控制台输出内容的代码，都会用到这一字段。

3.1.7 注解和 FML 启动 Mod 的方式

注解是一种特殊的类，这种类的实例通常会挂靠在某些地方，比如已经挂靠在类和方法上，而不单独存在。

之前说过，Mod 的 JAR，本质上就是一些包含 Java 代码的包组合在一起，不过一个 Mod 可能有很多包，一个包也可能有很多类，那么多的包和类，从哪儿开始执行代码呢？

FML 的做法是：在 FML 的 API 中提供一个名为 @Mod 的注解，然后它会检索所有含有 @Mod 注解的类，并构造出它们的实例。因此，这个带有 @Mod 注解的代表 Mod 的类被称为 Mod 的主类（Main Class），而且一个 Mod 只会有一个主类。

至于如何在 JAR 里找到注解，构造出一个对象，并调用相应的方法，这件事十分复杂，涉及的概念很多，也超出了这本书的范围。感兴趣的读者可以自己查找相关的资料阅读。

3.1.8 生命周期

在之前的章节中提到过生命周期事件。实际上，当生命周期事件触发的时候 FML 就会去通知 Mod，并调用 Mod 主类下带有 @EventHandler 的特定方法。不过，如果一个 Mod 的多个方法都添加上了 @EventHandler 注解，那么 FML 到底应该调用哪个呢？

这时候，起决定性作用的就是 Mod 主类方法的不同参数了。FML 规定，只有 Mod 主类中含有 @EventHandler 注解的方法才会被调用，同时该方法只能有一个参数。而决定 FML 什么时候调用该方法的，正是这个参数的参数类型。换言之，每个生命周期事件在 FML 中都有一个唯一的类型。通过阅读代码我们能够看到，在 Forge 的示例 Mod 中，使用了 FMLPreInitializationEvent 和 FMLInitializationEvent。

Mod 最常用的生命周期事件有三个：FMLPreInitializationEvent、FMLInitializationEvent 和 FMLPostInitializationEvent。这三个事件会在 Minecraft 游戏启动时依次触发。不过，对 Minecraft 游戏本身来说，它的很多初始化工作都出现在 FMLPreInitializationEvent 和 FMLInitializationEvent 之间，因此，这为 FMLPreInitializationEvent 赋予了十分特殊的地位。当然，除此之外，FMLInitializationEvent 和 FMLPostInitializationEvent 也在一些场合有重要的用途。

对 Mod 来说，生命周期事件通常用于在 Minecraft 启动前对 Minecraft 进行一些调整，以及 Mod 之间的交互等。对于旧版本 Minecraft，尤其是 1.10 版本之前的 Minecraft，生命周期事件往往还用于注册方块、物品等。不过对于 1.12.2 版本的 Minecraft，包括但不限于方块和物品等很多游戏元素，都有专用的注册方式，不再需要生命周期事件了，因此在本书的最初几章，都是用不到生命周期事件的。不过随着本书讲解内容逐渐深入，我们能够注意到一些游戏元素的注册，仍然要放到生命周期事件中完成。

3.2 ModID 和其他信息

```
@Mod(modid = ExampleMod.MODID, name = ExampleMod.NAME, version = ExampleMod.
VERSION)
```

前面章节说过，这行代码和下面的代码是等价的：

```
@Mod(modid = "examplemod", name = "Example Mod", version = "1.0")
```

注解也是类的一种，而上述代码就是声明注解的实例的方式。

我们注意到，有的注解的实例没有后面的括号，这是因为它没有字段需要赋值，或者说它的所有字段都有默认值，比如之前看到的 `@EventHandler` 注解，但目前这个 `@Mod` 注解后面需要指定一些字段。现在打开 Mod 类的声明，先对一个注解的字段及其默认值有一个直观的认识。

按住 Ctrl 键，同时把鼠标指针移动到 `@Mod` 的位置，然后单击，便能打开下面的画面：

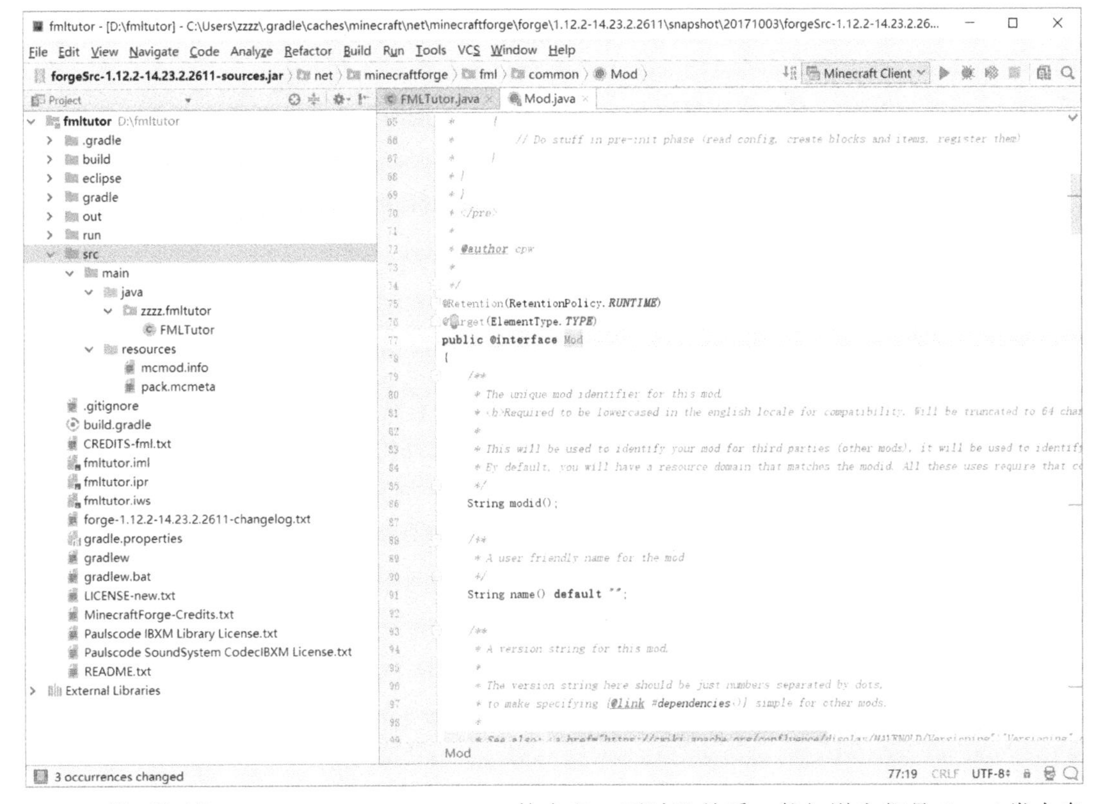

目前不知道 `@Retention`，`@Target` 的含义，不过没关系，能知道它们是 `@Mod` 类本身的两个注解。我们也可以容易地猜出来 `public @interface Mod` 这一行的作用是声明一个

名为 Mod 的注解，而 @interface 的作用是声明注解的特殊标志。

这个以 /* 开头，*/ 结尾的（注：严格来说，这个是以 /** 开头，以 */ 结尾的，这里我们不讨论两者细微的差别）就是注释，这个注释说明的就是下面这一行代码：

```
String modid();
```

很明显，这里声明的是一个被称为 ModID 的对象，将它和主类对比，可以得出：为针对 Mod 主类的 @Mod 注解定义了 modid，它的值是 examplemod。

如果读者并不了解 Java，那么可能不理解这里讲的内容。先看上图中的注释写了什么，如下所示。

The unique mod identifier for this mod.

Required to be lowercased in the english locale for compatibility. Will be truncated to 64 characters long.

This will be used to identify your mod for third parties (other mods), it will be used to identify your mod for registries such as block and item registries.

By default, you will have a resource domain that matches the modid. All these uses require that constraints are imposed on the format of the modid.

把这段话翻译成中文，再进行归纳。

- ModID 是一个 Mod 的标识符，也就是说，是一个 Mod 的身份。
- ModID 中的英文字母需要全部是小写，最长的长度也不得超过 64 个字符。
- ModID 可能会被用于其他 Mod 来识别 Mod，同时为 Mod 添加的新物品、方块等都将有 ModID 的标识。
- ModID 将会有一个自动分配的 Resource Domain，同时所有的用途都将受到 ModID 的限制。

这里提到了一个概念：Resource Domain，后面章节将提到它的使用方法。

把 ModID 改成想要的名字，比如将其设置为 fmltutor：

```
public static final String MODID = "fmltutor";
```

能够很容易得知，这个字段决定的正是 ModID 的值。我们接着往下看：

```
String name() default "";
```

这里指定了一个 Mod 的名称（Name），一个会直接暴露给玩家看的 Mod 名称。Mod 的名称可以出现很多字符，大写英文字母、横线、空格也都可以。

指定一个名称，并将它设置为 "FMLTutor"：

```
public static final String NAME = "FMLTutor";
```

我们注意到和 name 有关的声明后面还有一个 default，这是在指定 name 的默认（Default）值，也就是说，下面两行代码是等价的：

```
@Mod(modid = "fmltutor", version = "1.0")
@Mod(modid = "fmltutor", name = "", version = "1.0")
```

换言之，之前为 name 指定的是空字符串，现在指定的是有意义的名字。然后再看后面的内容：

```
String version() default "";
```

这个指定的是 Mod 的版本号（Version Number），默认值是空字符串，我们指定的是 1.0。

对于版本号，可以施行的标准有很多，不过有一个名为**语义化版本**（Semantic Versioning）的标准十分流行，感兴趣的读者可以自行查找语义版本的相关资料。后面的内容在这里就不再赘述了，只叙述几个重点的问题：

- `dependencies` 指的是 Mod 所要求的和其他 Mod 的关系，默认值为空字符串，代表没有要求，本书不涉及。
  - 在相应的要求不被满足时，FML 也会抛出一个错误而不是继续加载这个 Mod。
  - 实际上在生成 Mod 时，Forge 会默认添加一个要求：运行 Mod 的版本必须不低于当前使用的 Forge 版本。
- `clientSideOnly` 决定 Mod 是否只会在客户端加载，这通常用于客户端专用的 Mod，默认为 `false`，代表在客户端和服务端都加载。
- `serverSideOnly` 决定 Mod 是否只会在服务端加载，这通常用于服务端专用的 Mod，默认为 `false`，代表在客户端和服务端都加载。
- `acceptedMinecraftVersions` 指的是 Mod 接收的 Minecraft 版本，当版本不符时，FML 会抛出一个错误而不是继续加载这个 Mod。
  - `1.12.2`（本书）表示该 Mod 只支持 Minecraft 1.12.2 版本。
  - `[1.9,1.10.2]` 表示该 Mod 支持从 1.9（包含）到 1.10.2（包含）的所有 Minecraft 版本。
  - `[1.11,1.12)` 表示该 Mod 支持从 1.11（包含）到 1.12（不包含）的所有 Minecraft 版本，也就是 1.11、1.11.1 和 1.11.2 三个版本。
  - `[1.9,)` 表示该 Mod 支持从 1.9（包含）之后出现的所有 Minecraft 版本。
  - `(,1.7.10],[1.10,)` 表示该 Mod 支持 1.7.10（包含）之前出现的所有 Minecraft 版本和从 1.10（包含）之后出现的所有 Minecraft 版本。

可以指定本书所针对的 Mod 只支持 1.12.x 的版本，也就是 `[1.12,1.13)`：

```
@Mod(modid = FMLTutor.MODID, name = FMLTutor.NAME,
    version = FMLTutor.VERSION, acceptedMinecraftVersions = "[1.12,1.13)")
```

现在就已经整理完成 `@Mod` 注解了。

3.2.1　mcmod.info

原则上一个 `@Mod` 注解，能把自己的 Mod 和其他 Mod 区分开已经可以了，但如果仅使用这一注解会遇到什么样的问题？

- 缺少必要的解释说明信息，比如一个 Mod 的简介说明，以及它的作者（或作者们）。
- 如果想要通过一个 Mod 的 JAR 获取到 Mod 的基本信息，那么就需要检查其中的所有包中的所有的类，然后一个一个地找是否带有 `@Mod` 注解，这样十分麻烦而且效率也低。

在前面的章节中也已经提到过了，在通常情况下一个 Mod 会有一个对应的 `mcmod.info` 文件，这个文件位于资源文件夹的根目录，是描述 Mod 的关键文件，在生成 Mod 之后，它位于 JAR 的根目录。这样，如果想要了解一个 Mod 的相关信息，只需要检查这个 Mod 的 `mcmod.info` 文件就可以了。我们现在用 IntelliJ IDEA 打开这个文件：

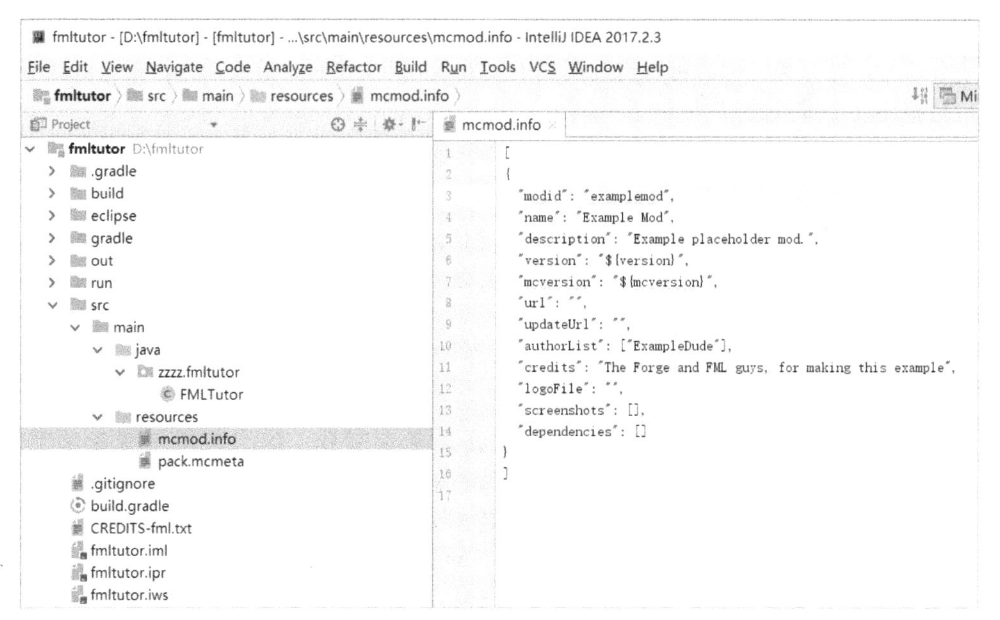

这是一个 JSON（JavaScript Object Notation）文件。JSON 文件是一种十分简单的用于存储信息的文件。在 Minecraft 和 Forge 中会被大量用到。如果读者之前有过制作资源包的经历，那么对这个文件应该有一些印象。这个文件的格式十分简单，想要详细了解的读者可以自行前往相关网站查阅相关的资料，如 JSON 标准的维护方所提供的介绍网站等，这里不再赘述。

- 首先要修改 modid，使它和之前在 @Mod 注解里的 modid 一致（fmltutor）。
- 然后把 name 修改成和 @Mod 注解里一样的值（FMLTutor）。
- 后面的内容就可随意了，只不过需要注意的一点是，version 和 mcversion 的值千万不要修改，因为它们将会在生成 Mod 的 JAR 时被自动替换。下面的代码是本书针对 Mod 所使用的 mcmod.info：

```
[
{
"modid": "fmltutor",
"name": "FMLTutor",
"description": "Minecraft Forge & FML Mod Tutorial.",
"version": "${version}",
"mcversion": "${mcversion}",
"url": "",
"updateUrl": "",
"authorList": ["zzzz"],
"credits": "The author, zzzz, and those who are now seated in front of the book.",
"logoFile": "",
"screenshots": [],
"dependencies": []
}
]
```

这个文件将在什么时候用到呢？启动 Minecraft 客户端，然后单击“Mods”按钮，找到自己的 Mod。

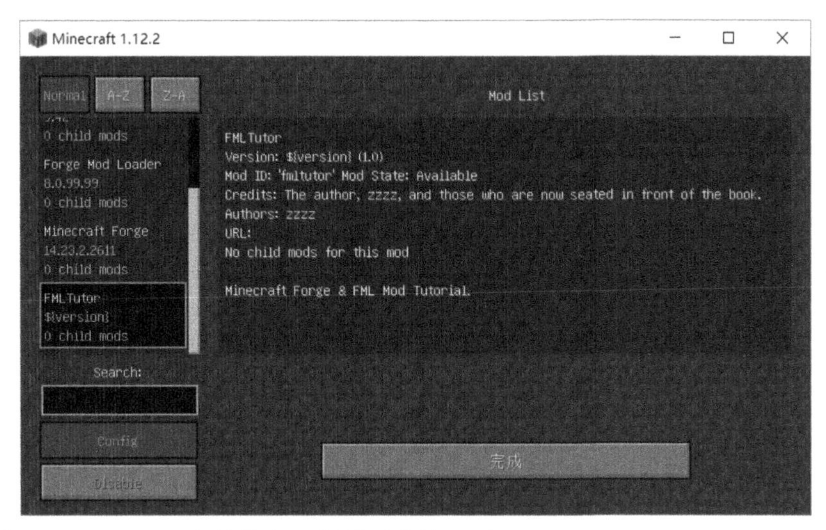

大部分 mcmod.info 中的信息，都显示在这里了。

3.2.2　构建 Mod 的相关选项

现在虽然修改了 ModID，但是可以注意到生成的文件的默认名称仍然是 modid-1.0.jar。需要修改这个名称。

打开 build.gradle 这一文件，并找到以下三行代码。

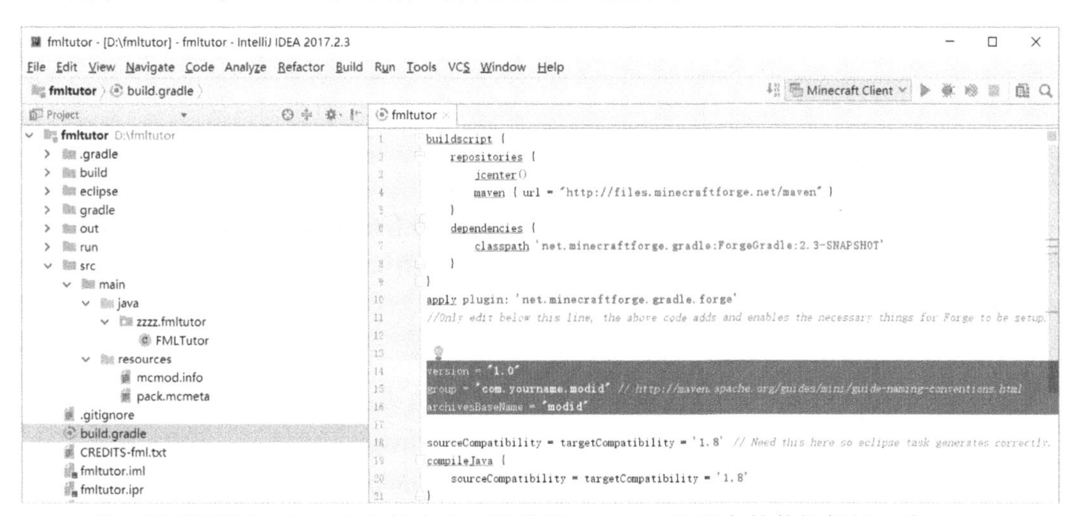

- 第一行代码设置了 Mod 的版本号，请将其与 @Mod 注解中的数据保持一致。
- 第二行代码设置了 Mod 的包名，虽然这个包名的用途已经超出了本书的范围，但是仍然建议设置一下。
- 第三行代码设置了 Mod 在构建完成后的文件名前缀，在大部分情况下，它的名称应该和 Mod 的名称保持一致。

以 // 开头的部分是注释，IntelliJ IDEA 也设置成了浅灰色以提醒开发者。因此可以直接删掉注释。

将这三行代码修改成下面这种形式：

```
version = "1.0"
group = "zzzz.fmltutor"
archivesBaseName = "FMLTutor"
```

```
buildscript {
    repositories {
        jcenter()
        maven { url = "http://files.minecraftforge.net/maven" }
    }
    dependencies {
        classpath 'net.minecraftforge.gradle:ForgeGradle:2.3-SNAPSHOT'
    }
}
apply plugin: 'net.minecraftforge.gradle.forge'
//Only edit below this line, the above code adds and enables the necessary things for Forge to be setup.


version = "1.0"
group = "zzzz.fmltutor"
archivesBaseName = "FMLTutor"

sourceCompatibility = targetCompatibility = '1.8' // Need this here so eclipse task generates correctly.
compileJava {
    sourceCompatibility = targetCompatibility = '1.8'
}
```

现在再执行 `gradlew.bat clean`，然后执行 `gradlew.bat build`，我们就可以看到最后生成的 Mod 文件名已经发生变化了：

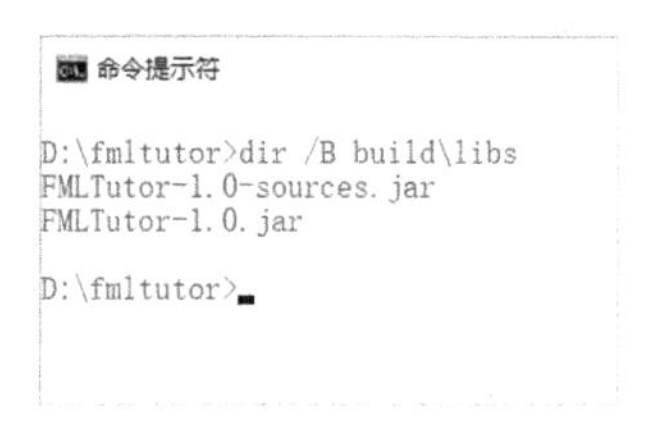

3.2.3 资源管理

狭义上的资源指的是只有在 `resources` 目录下才会有的资源文件，这些文件大多可以和资源包里的文件对应起来，比如贴图材质、方块物品模型和合成表等。广义上的资源指所有 Minecraft 中有独立意义的概念，比如方块、物品和生物等。

无论是哪一种资源，在 Minecraft 中都是通过 `ResourceLocation` 管理的，它在代码中对应的是 `net.minecraft.util.ResourceLocation` 类。一个 `ResourceLocation` 通常会有一个**资源域**（Resource Domain）和一个**资源路径**（Resource Path）。对于资源域，每个 Mod 的所有资源的资源域都和 ModID 是一致的，而对于 Minecraft 游戏本体（有时它被称为 Vanilla），它的所有资源的资源域都以 `minecraft` 开头。

通常表示一种 `ResourceLocation` 的方式是把资源域和资源路径通过冒号连接起来的，比如：

- `minecraft:lava` 代表一个岩浆方块。
- `minecraft:feather` 代表一个羽毛物品。
- `minecraft:polar_bear` 代表一个名为北极熊的生物。
- `immersiveengineering:ore` 代表沉浸工程里的矿物方块。

对于资源文件，特定的 ResourceLocation 会对应着资源文件中的特定位置。

- 资源域决定了资源将位于的目录下，如果 resource_domain 是资源域，那么资源应位于 assets/resource_domain 目录下。
- 资源路径决定了资源的文件名，如果 resource_path 是资源路径，那么资源的名称可以是 resource_path.json，或者是 resource_path.png，或者直接就是 resource_path，这将视情况而定。

可以翻看 Minecraft 资源包，或者直接打开游戏本体文件（versions/1.12.2/1.12.2.jar），就能很容易地知道它们的所有资源都位于 assets/minecraft 目录下，而且大量文件的文件名和方块物品生物等的名字都是重合的。

对于 ResourceLocation，其资源域和资源路径都应该采用所有字母均为小写，单词之间也通过下画线连接的形式。有时简单地把单词连接起来，不使用下画线分隔也是可以的（比如 immersiveengineering，它和 immersive_engineering 都是可以的）。一个明显的推论是，由于 ModID 和资源域相同，因此也应该遵守这一约定。当然，fmltutor 是满足这种形式的。

如果读者之前有制作过资源包的经验，那么应该对 resources 目录下的另一个文件并不陌生，这个文件就是 pack.mcmeta。前面的章节也提到过，该文件是用来描述资源包的。可以直接打开：

```
{
    "pack": {
        "description": "examplemod resources",
        "pack_format": 3,
        "_comment": "A pack_format of 3 should be used starting with Minecraft 
1.11. All resources, including language files, should be lowercase (eg: en_us.lang). 
A pack_format of 2 will load your mod resources with LegacyV2Adapter, which requires 
language files to have uppercase letters (eg: en_US.lang)."
    }
}
```

- _comment 是注释，与具体内容无关。
- description 就是这个资源包的描述，虽然这个描述根本看不到，而只有相关内容出错时，才会用到这个描述，但是也可以把它进行整理。
- pack_format 指的是这个资源包的版本，在 Minecraft 1.8.9 及之前是 1，Minecraft 1.9 到 1.10.2 是 2，而 Minecraft 1.11 及以后就是 3 了。至于不同的版本号有什么不同，_comment 已经解释清楚了，这里就不再赘述了。

把 pack.mcmeta 修改成想要的形式：

```
{
    "pack": {
        "pack_format": 3,
        "description": "Resources for FML Tutor"
    }
}
```

到此，所有和 Mod 相关的描述性信息都已经修改完了。

3.3 Forge 的事件系统

3.3.1 Minecraft 游戏事件

除了在之前提到的生命周期事件，Mod 开发中经常遇到的就是 Forge 为 Minecraft 提供的游戏事件，比如说玩家进入了世界，玩家破坏了一个方块、捡起了一个物品等，如果 Mod 想要在其中做些什么，为了考虑兼容性，不想直接修改 Minecraft 的源代码，那么这些修改源代码的工作就由 Forge 进行，然后 Forge 便会在相应的代码中触发事件。

Minecraft 游戏事件的触发机制和生命周期事件是类似的。不过，对于 Minecraft 游戏中的事件，为了与生命周期事件区分，使用的注解也不一样。对于 Minecraft 游戏事件的监听器，需要为代表监听器的类添加 `@EventBusSubscriber` 注解，从而指示这个类中包含若干事件监听器，而在这个类中，`@SubscribeEvent` 注解取代了 `@EventHandler` 的位置，用于具体指明哪些方法是真正的事件监听器。在本书中，所有 Minecraft 游戏事件都可以使用 `@EventBusSubscriber` 和 `@SubscribeEvent` 两个注解的方式监听。也有一小部分事件不能使用这种方式监听，不过这部分事件已经超出了本书的讨论范围。

首先新建一个事件监听器类。右击 `zzzz.fmltutor` 这一包名，然后依次单击 New → Java Class：

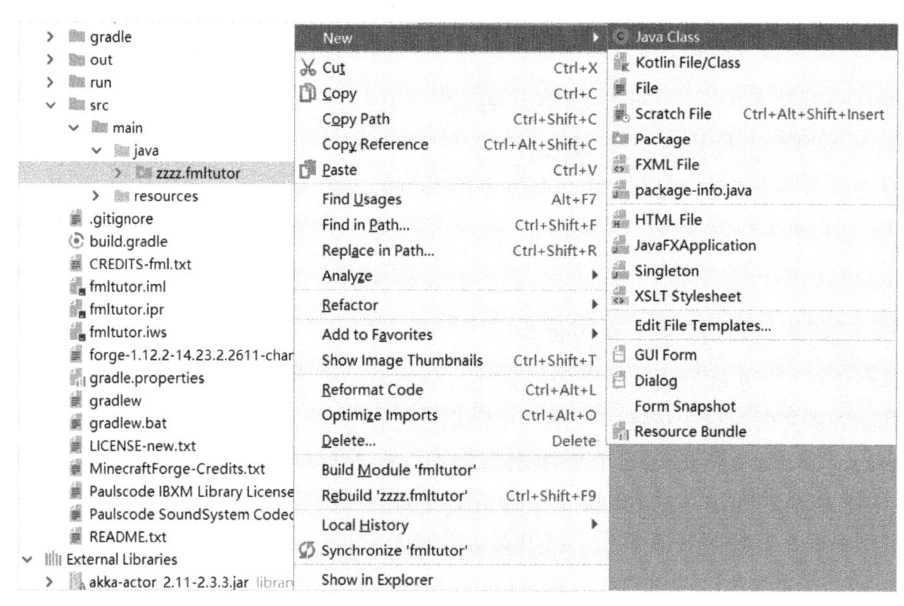

在弹出的对话框内输入 `event.EventHandler`：

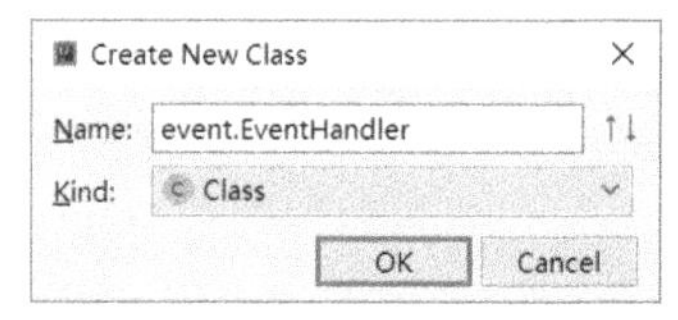

建立了一个名为 `zzzz.fmltutor.event` 的子包，并在其中建立了一个名为 `EventHandler` 的类。

这个类的完整名称应该是 zzzz.fmltutor.event.EventHandler，然后写出下面的代码。在本书后面的章节中，作者将逐一介绍每一行代码的用途：

```
package zzzz.fmltutor.event;

import net.minecraft.entity.Entity;
import net.minecraft.entity.player.EntityPlayer;
import net.minecraft.util.text.TextComponentString;
import net.minecraftforge.event.entity.EntityJoinWorldEvent;
import net.minecraftforge.fml.common.Mod.EventBusSubscriber;
import net.minecraftforge.fml.common.eventhandler.SubscribeEvent;

@EventBusSubscriber
public class EventHandler
{
    @SubscribeEvent
    public static void onPlayerJoin(EntityJoinWorldEvent event)
    {
        Entity entity = event.getEntity();
        if (entity instanceof EntityPlayer)
        {
            String message = "Welcome to FMLTutor, " + entity.getName() + "! ";
            TextComponentString text = new TextComponentString(message);
            entity.sendMessage(text);
        }
    }
}
```

需要注意的是，package 部分和 import 部分不需要去完成。比如当我们写下 @EventBusSubscriber 注解时：

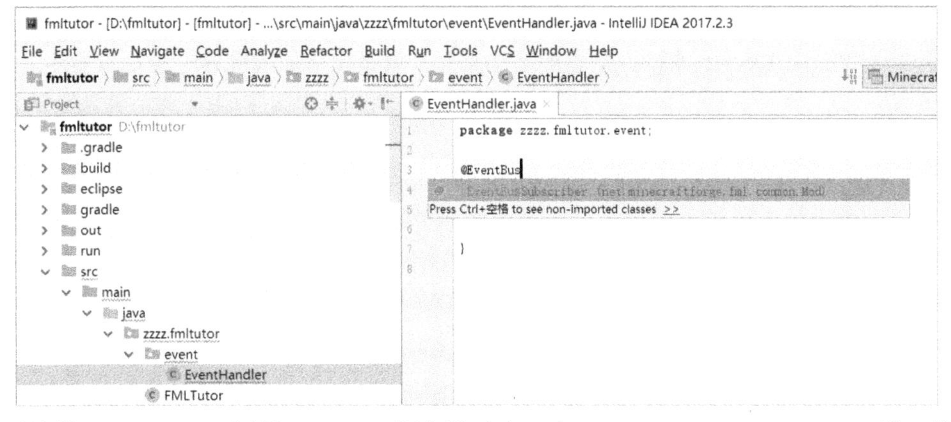

无论是 IntelliJ IDEA 还是 Eclipse，都会提示有一个 @EventBusSubscriber 类，然后这时直接按 Enter 键。

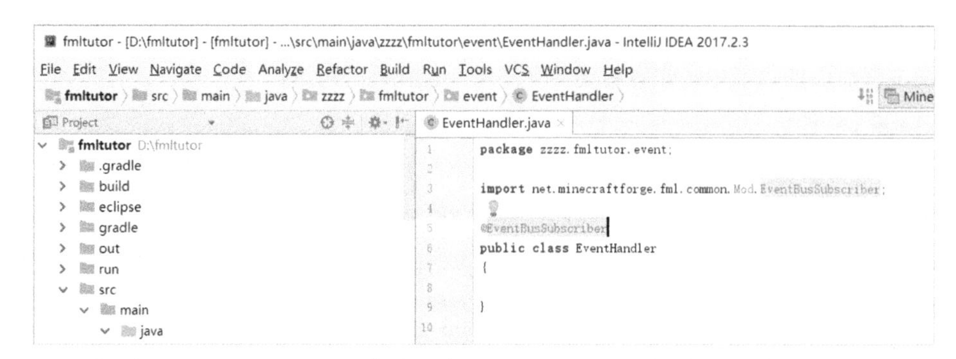

可以注意到，IntelliJ IDEA 已经自动添加了 import，并把输入一半的注解自动补全了。在添加方法时也会用到自动补全：

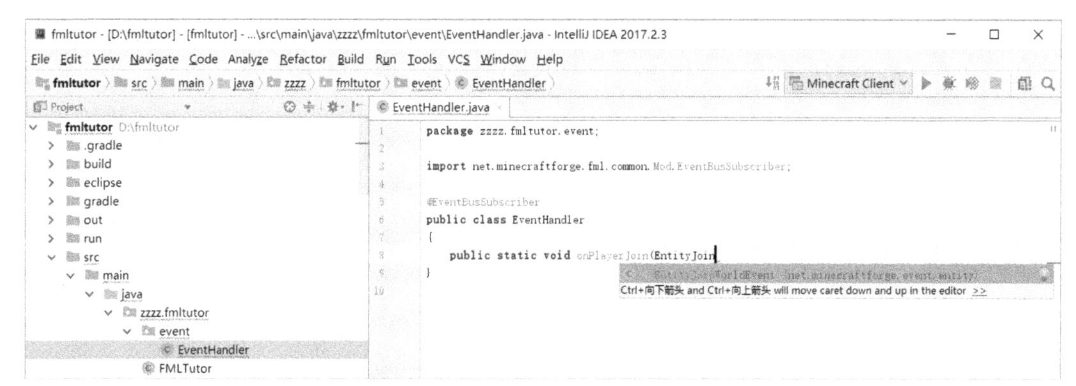

后面几乎所有类似的情况都是如此。在绝大多数情况下，import 开头的代码都可以由 IntelliJ IDEA 或者 Eclipse 等工具自动生成。

通过阅读代码可以猜到，我们监听了 net.minecraftforge.event.entity.EntityJoinWorldEvent 事件，从它的名字来看，就是实体加入世界时触发的事件。

3.3.2　静态字段和静态方法

仔细看这个方法的声明（也就是不包含大括号里的部分），并把它和之前在 Mod 主类中的 init 方法比较：

```
@SubscribeEvent
public static void onPlayerJoin(EntityJoinWorldEvent event)
@EventHandler
public void init(FMLInitializationEvent event)
```

除使用的注解和事件的类型不同之外，读者应该很容易发现：这次使用的方法多了一个 static。static 修饰符代表这个字段是**静态**（Static）的。静态是指这个字段归属于这个类，而不是归属于这个类的实例。把这句话应用到两个方法上：

- 为 FMLTutor 类定义了一个**非静态**（Non Static）的，名为 init 的方法。
- 为 EventHandler 类定义了一个静态的，名为 onPlayerJoin 的方法。

现在再把在 Mod 主类中定义的几个字段进行验证。

```
@Mod(modid = FMLTutor.MODID, name = FMLTutor.NAME,
    version = FMLTutor.VERSION, acceptedMinecraftVersions = "[1.12,1.13)")
```

- 调用了 FMLTutor 类的 MODID、NAME 和 VERSION 字段，之所以调用的是类的字段而不是类的实例的字段，是因为这个字段是静态的。

```
logger.info("DIRT BLOCK >> {}", Blocks.DIRT.getRegistryName());
```

- 调用了 Mod 主类的 logger 字段和 Blocks 类的 DIRT 字段，这两个字段都是静态的。
- 调用了 logger 字段对应的对象的 info 方法和 DIRT 字段对应的对象的 getRegistryName 方法，这两个方法都是非静态的。

通过查找这些方法的声明，就可以非常容易地验证它们是静态的还是非静态的。这里以 DIRT 字段为例，把鼠标指针放在 DIRT 上，按 Ctrl 键并单击，然后就可以得到下图的画面：

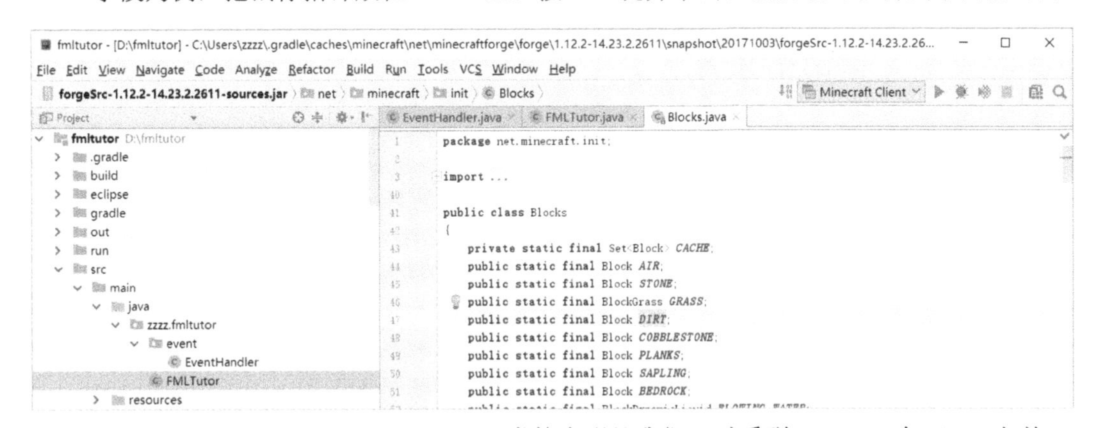

在 net.minecraft.init.Blocks 类的声明处我们可以看到 static 在 DIRT 之前。

然后再回到 Mod 主类，把鼠标指针放在“getRegistryName”上，按 Ctrl 键并单击：

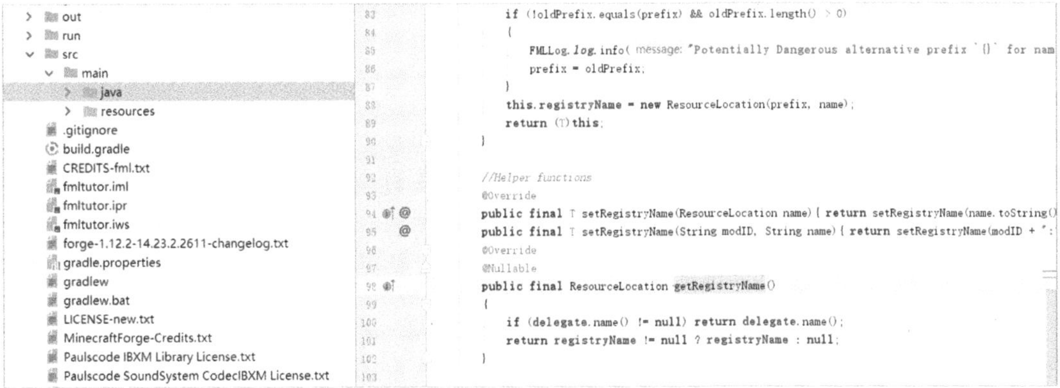

我们可以看到，Block 类声明了一个名为 getRegistryName 的，其返回值为 ResourceLocation 的实例的非静态方法。在前面章节，输出的正是 ResourceLocation 代表的内容。

3.3.3　方法和字段的命名惯例

在之前的代码中，已经接触了不同的方法和字段，在通常情况下，它们有两种命名风格：

- 小写驼峰式（Lower Camel Case），小写驼峰式指的是只有第一个单词全部小写，第二个开始的单词的所有字母中只有首字母大写，然后把它们直接拼合起来，比如 getRegistryName 方法等。
- 全大写加下画线（Upper Snake Case），即将所有字母大写，然后单词之间使用下画线分隔，比如我们在 Blocks 类看到的所有字段，在 Mod 主类添加的 MODID 和 VERSION 两个字段等。

在通常情况下，Java 规定，只有同时被 final 和 static 两个修饰符修饰的字段，即不可变静态字段，才应该使用全大写加下画线的命名风格命名，而在其他情况下的方法和字段，都应该使用小写驼峰式命名。

包含 Java 官方代码在内的大量 Java 项目都遵循这套命名惯例，虽然这套命名惯例并非强制，但是自觉地遵守这一惯例会大大增加代码可读性。在本书的后续部分出现的代码中，所有方法和字段也都将遵循这样的惯例。

3.3.4　对象的继承关系

现在再回到 EventHandler 类，也就是它目前监听的唯一事件——EntityJoinWorldEvent。

```
@Cancelable
public class EntityJoinWorldEvent extends EntityEvent
{
    private final World world;

    public EntityJoinWorldEvent(Entity entity, World world)
    {
        super(entity);
        this.world = world;
    }

    public World getWorld()
    {
        return world;
    }
}
```

上述代码省去了 import 和 package 声明及注释之后的 EntityJoinWorldEvent 类。读者可以通过按 Ctrl 键并单击 EntityJoinWorldEvent 后看到这段代码。

@Cancelable 注解的作用是表示这个事件是可以取消的，不过现在还用不到这一点。

现在来看这个类的声明，与之前对类的声明不同，这一声明在类名后又出现了 extends 和 EntityEvent。

先把结论给出：EntityJoinWorldEvent 的声明代表它**继承**（Inherit）了 EntityEvent 类，同时，还会把 EntityJoinWorldEvent 类称为 EntityEvent 类的**子类**（Subclass）或**子类型**（Subtype），而 EntityEvent 类又被称为 EntityJoinWorldEvent 的**父类**（Superclass）或**父类型**（Supertype），又可以说，一个 EntityJoinWorldEvent 类的实例，同时也是

EntityEvent 类的实例。

虽然严格上说，即使不考虑基本数据类型，子类和子类型，父类和父类型，也是在描述两类不同的概念，但是由于在 Java 中，在大部分情况下它们描述的事情是一致的，因此本书也不会探讨两者的区别，相关的内容也已经超出了本书的讨论范围。

点开 EntityEvent 类，还会注意到它还是 net.minecraftforge.fml.common.eventhandler.Event 类的子类。因此，EntityJoinWorldEvent 类同时是 EntityEvent 类和 Event 两个类的子类，它的实例同时也是 EntityEvent 类和 Event 类的实例。实际上，所有被 @SubscribeEvent 注解修饰的方法，都只能监听 Event 类的实例，也就是其唯一的参数类型都只能是 Event 类的子类。

对于一个类本身，它只能继承一个类，不过它却可以被多个类继承，因此如果把所有的继承关系集合到一起，则可以形成一个**继承树**（Inheritance tree）。那么所有类是不是都是同一个类的子类（除了这个类本身）呢？答案是肯定的。对于所有声明中没有声明 extends 的类，Java 规定，它们都将直接继承 java.lang.Object 类（除 Object 类本身），换言之，**除 Object 类本身之外，所有类都是 Object 类的子类**。Event 的所有子类代表所有可以监听的事件。如果我们想看 EntityEvent 类都有哪些子类呢？在 IntelliJ IDEA 中，可以右击 EntityEvent 这个字符串，然后选择“Find Usages”（默认组合键是 Alt+F7）：

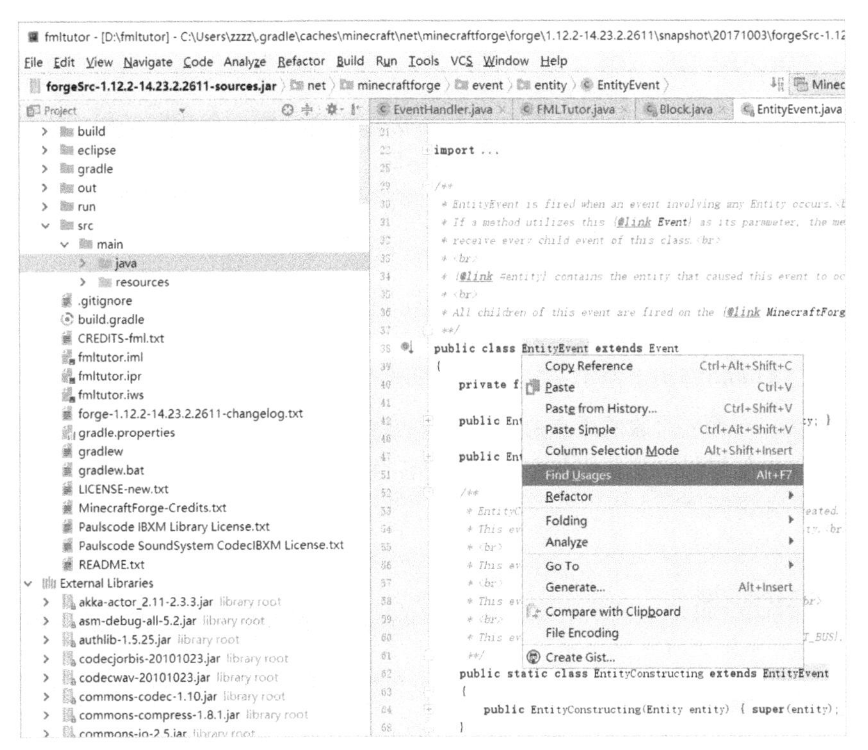

在出现的字样中找到 Usage in extends/implements clause，就可以看到它的所有子类了：

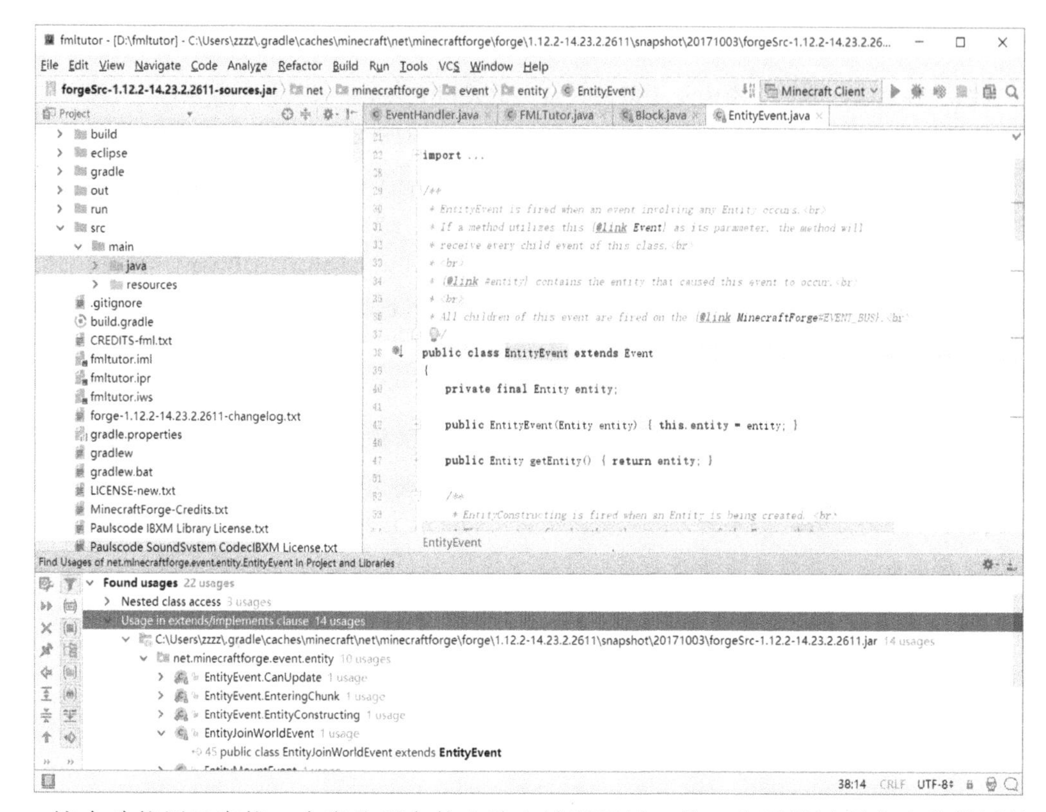

这个功能用于查找一个类分别在什么地方被引用过，是一个开发过程中十分常用的功能。对于 Eclipse，不同的用途查找的方式各不相同，对于查找继承类，Eclipse 中的组合键是 Ctrl+Shift+H，至于其他引用如何在 Eclipse 中查找，感兴趣的读者可以自行去网上搜索相对应的资料。

实际上，在主类中所有监听生命周期事件的方法，其方法参数类型都必须是 `net.minecraftforge.fml.common.event.FMLEvent` 类的子类，比如我们的 Mod 主类中监听的 `FMLInitializationEvent` 类。感兴趣的读者可以自己分析继承关系。

继承是作为一个面向对象的语言的至关重要的特性之一，至于继承会带来什么编写代码上的优势，方法体内部的代码又是什么意思，如何转换一个类的实例和其不同的父类的关系，将在后续章节中具体讲解。

3.4 状态和控制

3.4.1 变量声明

以下是在上一节中编写的代码：

```
Entity entity = event.getEntity();
if (entity instanceof EntityPlayer)
{
    String message = "Welcome to FMLTutor, " + entity.getName() + "! ";
    TextComponentString text = new TextComponentString(message);
```

```
    entity.sendMessage(text);
}
```

先从第一行代码开始：

```
Entity entity = event.getEntity();
```

如果与之前声明字段的代码对比，会注意到它们有一部分十分相似：

```
public static final String MODID = "fmltutor";
public static final String NAME = "FMLTutor";
public static final String VERSION = "1.0";

private static Logger logger;
```

上面两行代码声明了四个字段，并为其中三个字段提供了值。

之前的章节中曾经讲过，字段相当于为一个对象提供了一个容器，或者说提供了一个可以控制的状态。实际上，计算机本身就是一个存储并控制若干状态的设备，若干状态存储在内存中，CPU 通过存取内存中的数据完成状态的切换。而程序就是用来描述状态是如何被控制的。如果状态不够用，就需要在程序中添加额外的状态，只不过在 Java 中，这一类额外的状态是在方法中添加的。与针对类的字段对应，我们称这类状态为**变量**（Variable）。

如果读者理解上面的描述有一定困难，那么只需要知道声明了一个名为 entity、类型为 net.minecraft.entity.Entity 的变量就可以了。

实际上，Java 允许编写代码时省略赋值部分，而仅声明一个变量：

```
Entity entity;
```

一个变量也可以先声明再进行赋值，比如：

```
Entity entity;
entity = event.getEntity();
```

这与 Entity entity = event.getEntity(); 这一行代码是等价的。

此外，多个类型相同的变量可以合并声明，如：

```
Entity entity = event.getEntity(), entity2, entity3;
```

这与以下的代码是等价的：

```
Entity entity = event.getEntity();
Entity entity2;
Entity entity3;
```

3.4.2　条件语句

在前面的章节中已经看到了一种简单的语句，它由一个表达式加上分号组成，这里看到的语句被称为**条件语句**（Conditional Statement）。

条件语句的形式如下：

```
if (conditionalExpression)
{
    statement1
    statement2
    statement3, etc.
}
```

conditionalExpression 是一个表达式，其值的类型应为 boolean，就是只可能是 true 或 false 的布尔类型。当表达式的值为 true 时，执行括号里的所有语句，若为 false，则把这些语句全部跳过。

当大括号里的语句只有一句时，大括号可以省略，换言之，下面三种写法是等价的：

```
// 位于同一行
if (2 < 3) logger.info("3 is greater than 2");

// 换行并省略大括号
if (2 < 3)
    logger.info("3 is greater than 2");

// 换行并添加大括号
if (2 < 3)
{
    logger.info("3 is greater than 2");
}
```

还有一种条件语句，在相应的表达式为 true 时执行第一个括号里的所有语句，否则执行第二个括号里的所有语句，它含有关键词 else，具体形式如下：

```
if (conditionalExpression)
{
    // 当 conditionalExpression 为 true 时进入该分支
}
else
{
    // 当 conditionalExpression 为 false 时进入该分支
}
```

再比如下面这段代码：

```
boolean twoIsGreaterThanThree = 2 > 3;
if (twoIsGreaterThanThree)
{
    logger.info("2 is greater than 3");
}
else
{
    logger.info("2 is less than or equal to 3");
}
```

在正常情况下，一个方法里的语句都是按顺序执行的，但是条件表达式的出现，在部分情况下，使一个方法里的部分语句被跳过，而不再被执行。我们称条件语句调整了程序的**控制流**（Control Flow）。

正是因为大括号内的语句只有在特殊的情况下才会执行，因此它们的地位和大括号外的语句不同，因此很多 Java 代码中，大括号内的语句出现时，它们的前面有若干空格，以便看清程序的结构。我们称这些空格为**缩进**（Indent）。实际上在为一个类添加字段和方法时，添加的字段和方法也存在缩进。作为可读性较强的程序的源代码，相同层级之间的缩进空格数应该保持一致，而且应该是某个整数的倍数，比如一个类的所有方法的缩进应该一致，大括号里的每一条语句的缩进也应该一致，后者的缩进空格数应该比前者多出某个特定整数值。对于这个整数，不同的项目会采取不同的数值，有的是 2，有的是 4，有的是 8，或者其他数字，对于本书，一层缩进增加的空格数是 4。

大括号里可以有其他语句，当然也可以有条件语句，一种常见的方式是在 else 下面的语句中添加条件语句，比如下面这段代码：

```
if (conditionA)
{
    // do something A
}
else
{
    if (conditionB)
    {
        // do something B
    }
    else
    {
        if (conditionC)
        {
            // do something C
        }
        else
        {
            // do something D
        }
    }
}
```

else 处的大括号可以省略，因此可以写成下面的形式：

```
if (conditionA)
{
    // do something A
}
else if (conditionB)
{
    // do something B
}
else if (conditionC)
{
   // do something C
}
else
{
   // do something D
}
```

这种把 else if 放在一起的写法，在代码中也是相当常见的，比如下面这段代码：

```
boolean twoIsEqualToThree = 2 == 3;
boolean twoIsGreaterThanThree = 2 > 3;
if (twoIsGreaterThanThree)
{
    logger.info("2 is greater than 3");
}
else if (twoIsEqualToThree)
{
    logger.info("2 is equal to 3");
}
```

```
else
{
    logger.info("2 is less than 3");
}
```

3.4.3 使用 new 运算符直接构造对象

先从条件语句的内部开始分析。

```
String message = "Welcome to FMLTutor, " + entity.getName() + "! ";
```

声明了一个 String 类型的实例，调用了 entity 的 getName 方法获得了实体的名字（对玩家来说这就是玩家的游戏名），并使用了加号将这一名字和其他字符串拼接在了一起，形成了一个新的字符串。

然后使用这个字符串进行以下操作。

```
TextComponentString text = new TextComponentString(message);
```

这里使用了 new 运算符。new 运算符是一种用于直接构造某种类型的实例的方式，在 Java 代码中十分常见。

new 运算符的组成形式为：

- new 及随后的空格。
- 想要直接使用 new 运算符生成实例的类名。
- 一对小括号及其中的参数，可以有零个、一个或多个。

传入 new 运算符的参数是由相应的类本身决定的。打开 TextComponentString 类，会看到以下一段代码：

```
private final String text;

public TextComponentString(String msg)
{
    this.text = msg;
}
```

这段代码除了定义了一个名为 text 的字段，还声明了一个方法，但是只要把之前编写过的方法稍加比较，就会发现不同之处：

```
public void init(FMLInitializationEvent event)
```

实际上，这里定义的是一个**构造方法**（Constructor Method）。与普通的方法不同的是，构造方法的方法名称和类名一致，同时没有声明返回值。这个构造方法的声明中有一个名为 String 的参数，因此它决定了当使用 new 运算符构造一个 TextComponentString 时，需要传入一个参数，而这个参数的类型也应该为 String。

最后使用了 entity 对象的 sendMessage 方法将这条消息显示在聊天栏。这是一个在 Mod 开发中相对常用的方法。

```
entity.sendMessage(text);
```

3.4.4 对象类型的判断

我们希望在一个实体加入世界时判断它是不是玩家，如果是就向其客户端聊天栏发送消息。代表玩家的类是 net.minecraft.entity.player.EntityPlayer。换言之，希望检查的是这个 Entity 类的实例是否是 EntityPlayer 类的实例，要使用的是代码中出现的

instanceof 运算符：

```
entity instanceof EntityPlayer
```

上面的表达式会在 entity 变量是 EntityPlayer 类的实例时返回 true，否则为 false。

现在运行客户端，然后新建并进入一个世界，读者应该能看到聊天栏出现这样的内容：

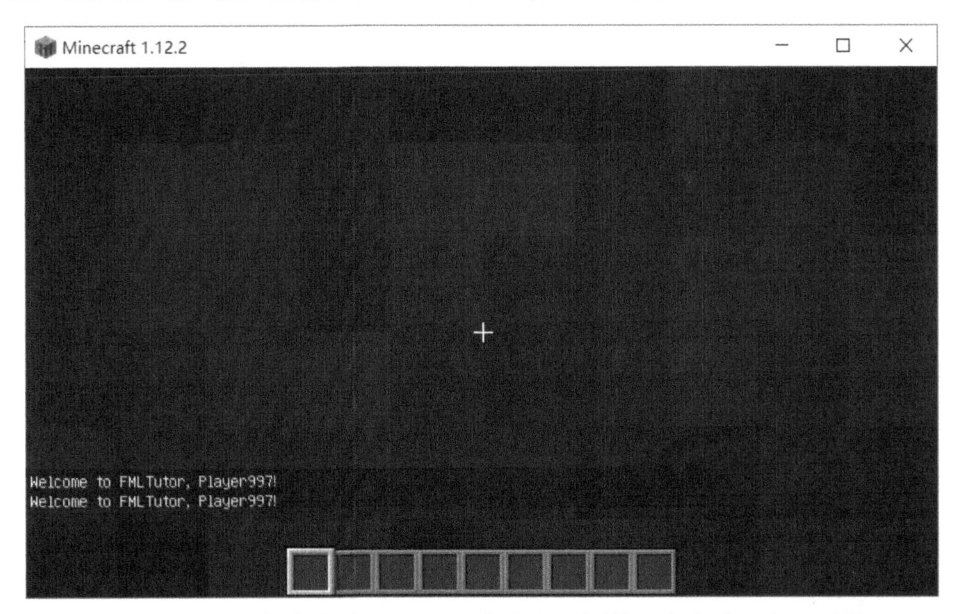

Player997 便是启动客户端时 Minecraft 为作者设置的玩家名称，它可以是 Player0 和 Player999 之间的名字中的任何一个。

不过有一点似乎比较奇怪：为什么这条消息出现了两次？难道这个玩家刚刚进了两次世界？事实当然不是这样的。实际上是因为玩家在进入世界时，这个事件分别在客户端线程和服务端线程各触发了一次，所以事件总共触发了两次，因此产生了两条输出。至于客户端线程和服务端线程到底是什么，为什么开启一个客户端也会有服务端线程存在等各种问题，将放到后面的章节来讲述。

3.5 本章小结

下面总结了这一章讲到的所有知识点，以及前面章节中提到的部分知识点。

虽然通过对本章的学习，读者不能立刻写出一个可以使用的 Mod，但是大致讲述了 Mod 的加载机制和相关模块的作用，以及编写 Mod 的基本框架，这些对编写一个 Mod 来说是至关重要的，因此读者不能忽视这一章的作用。

Java 基础：

知道 Java 是一门面向对象的静态类型语言，每一个值都有其类型，都是一个或多个类型的实例。

知道 Java 的类型分为值类型（基本数据类型）和引用类型两种。

知道 Java 的八种基本数据类型并能够分清它们的使用场合，并能够在合适的时候使用。

知道 Java 的引用类型分为类、接口和数组，引用类型的实例被称为对象。

知道 Java 源代码文件中的代码是如何组织的，能够使用 IntelliJ IDEA 等工具自动创建其中的 `package` 和 `import` 部分。

知道 Java 代码中包的基本组成单元是类和接口，能够利用 IntelliJ IDEA 等工具创建一个包，并在包中创建类。

知道如何利用 IntelliJ IDEA 等工具创建一个包的子包，并在包中创建类。

知道一个类的声明方式，一个类代码的主体是方法和字段，并能够自己声明一个类中的方法和字段。

知道类、方法和字段分别的名称使用什么惯例命名。

知道类、方法和字段有修饰符及 `final` 和 `static` 两个修饰符在方法和字段中的作用。

知道如何在字段声明处赋值，方法可以接收零个、一个或多个值作为参数，但只能不返回或返回一个参数。

知道方法不返回参数时使用 `void` 作为占位符。

知道有一种特殊的类叫作注解类，它的实例依附其他类、方法、字段等存在。

知道如何为注解实例中的字段赋值。

知道 Java 中有哪些常用的字面量，包括所有的基本数据类型字面量，以及字符串字面量。

知道 Java 中字面量通过一些运算组成表达式，表达式可用于字段和变量的赋值。

知道获取字段和调用方法两种重要的运算并能够在代码中使用。

知道 Java 中的方法内部由语句和注释两部分构成，其中注释有两种写法。

知道表达式加上分号是一种简单的语句。

知道 Java 中的变量的作用，并能够自己声明变量并为变量赋值。

知道 Java 中的一种特殊语句：条件语句，并能够在代码中使用条件语句。

知道 Java 中的类存在继承关系，一个类的实例同时也是它的父类的实例。

知道 Java 中所有类都是 `Object` 类的子类，所有类的实例都是 `Object` 类的实例。

知道一个类只能声明一个父类继承，但一个类可以有多个子类，因此 Java 中的类继承关系是树形的。

知道如何使用 `new` 关键字，传入相应的参数，调用构造方法直接构造生成一个类的实例。

知道如何判断一个表达式的值是否是一个类的实例。

Minecraft Mod 开发：

知道 ModID 是 Mod 的唯一标识符，以及 ModID 在命名上的限制。

知道 Mod 项目的组成，Java 源代码和资源文件的位置。

知道 `mcmod.info` 和 `pack.mcmeta` 在 Mod 中的地位。

知道 FML 是通过 @Mod 注解识别一个 Mod 的主类，进而加载 Mod 的。

知道 @Mod 注解中一些常用字段的用途。

知道 FML 会在合适的时机触发生命周期事件，进而调用 Mod 主类的特定非静态方法。

知道FML根据方法是否含有 @EventHandler 注解及方法的参数类型决定什么时候调用。

知道 Minecraft 中使用资源域和资源路径标识一个资源的方式。

知道 Forge 通过修改 Minecraft 源代码的方式插入触发事件的代码，从而使 Mod 监听。

知道事件总线和监听器的概念及一个事件从产生到相应方法调用的全过程。

知道 Mod 通过被 @EventBusSubscriber 注解修饰的类监听游戏中事件。

知道 Mod 监听事件的类中的监听器方法是使用 @SubscribeEvent 注解修饰的。

知道所有游戏事件都是 Event 类的子类。

第 4 章

面向方块和物品

4.1 新的物品

在 Minecraft 中，物品是被大量用到的游戏元素，也是实现起来相对简单的游戏元素。在 Minecraft 的源代码中，每一个物品类型都是一个 net.minecraft.item.Item 类的实例。对于 Mod 开发者，一个通常的做法是继承 Item 类，创建自己的 Item 类的子类，并实现自己的逻辑。本节将以制作一个像雪球一样的泥土球为例，带领读者实现一个物品从无到有的过程。

4.1.1 物品类

新建一个 zzzz.fmltutor.item 的子包，然后新建一个 ItemDirtBall 类（New → Class）：

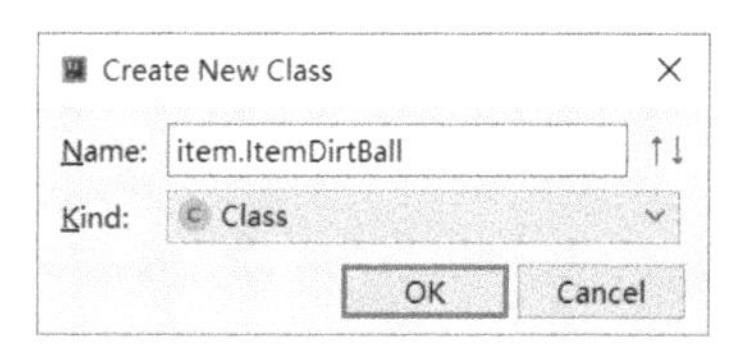

在 class ItemDirtBall 后面补上 extends Item，然后按下 Enter 键，这时 IntelliJ IDEA 应该自动添加上了 import 语句，如果没有添加上，应该会出现下面的错误：

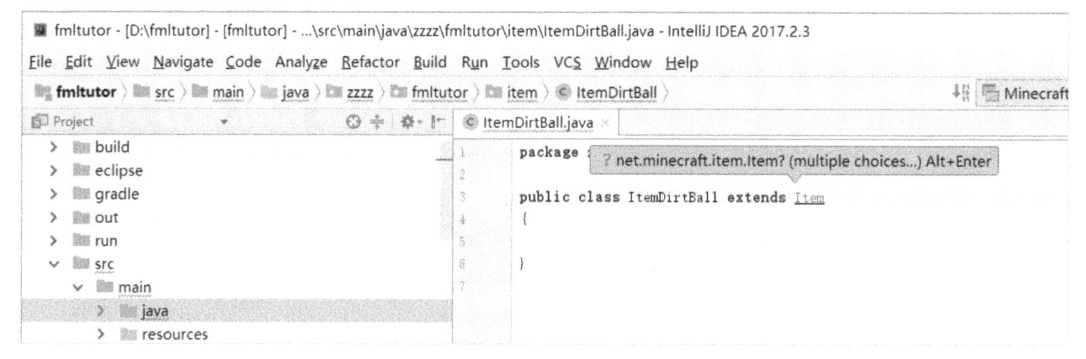

这时只需要把鼠标移到 Item 处，按 Alt+Enter 组合键，并选择 Import Class 即可：

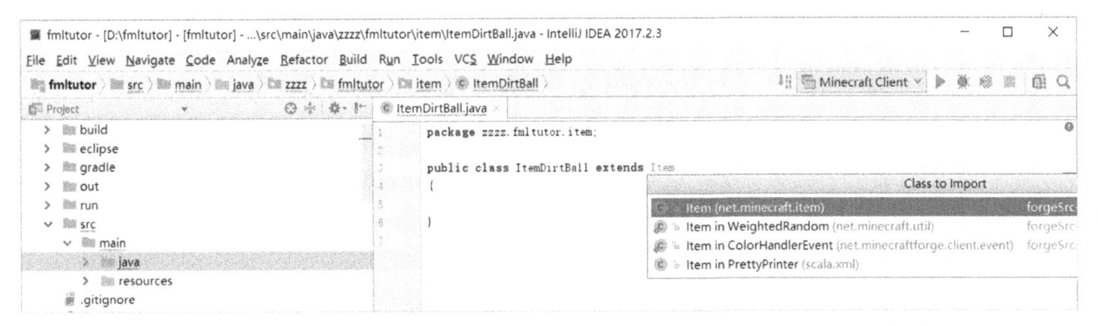

如果弹出一个列表，那么在列表中选中 `net.minecraft.item.Item` 类即可。

在 IntelliJ IDEA 中 Alt+Enter 组合键是非常常用的，通常用于在遇到问题时使用 IntelliJ IDEA 的推荐建议。我们遇到的问题是 `Item` 类没有正确导入，也就是缺少相应的 `import` 语句，Java 不知道代码中的 `Item` 是哪一个类。如果一切正常，那么源代码目前应该是这种形式：

```
package zzzz.fmltutor.item;

import net.minecraft.item.Item;

public class ItemDirtBall extends Item
{

}
```

先在类的主体代码中添加一段代码，使整个类的代码变成这种形式：

```
package zzzz.fmltutor.item;

import net.minecraft.item.Item;
import zzzz.fmltutor.FMLTutor;

public class ItemDirtBall extends Item
{
    public ItemDirtBall()
    {
        this.setUnlocalizedName(FMLTutor.MODID + ".dirtBall");
        this.setRegistryName("dirt_ball");
        this.setMaxStackSize(16);
    }
}
```

我们开始逐行解释代码的含义。

```
public class ItemDirtBall extends Item
```

在之前的章节中我们知道，`public class ItemDirtBall` 代表声明了一个名为 `ItemDirtBall` 的类，而刚刚通过向类名后添加 `extends` 关键字的方式，声明了这个类继承的父类，也就是 `Item` 类。

在之前的章节中也提到，一个类只能继承一个父类，因此，**`extends` 后只能出现一个类名。** 后面讲到接口的时候，会再次提到这个关键字。

这里只定义了一个构造方法。构造方法是什么呢？我们要从 Java 中一个对象的生存周期开始说起。

4.1.2　对象的生存周期

在 Java 中，每当创建一个对象，JVM 都会**分配**（Allocate）一段内存给这个对象，那么这个内存中包含什么？一个类中有什么？

一个类中有若干字段和方法，这些字段和方法可能是静态的，也可能是非静态的，如果这个类继承了什么，那么或许还有父类的字段和方法。很显然，分配的内存不应该包含静态的方法或字段，因为这些是属于类的，而不是属于这个对象本身的。

此外，分配的内存是否应该包含方法呢？我们换个角度来想：

所谓方法，也就是一个对象的行为，那么不同对象的行为有什么不同呢？我们仔细想一想，除执行方法的对象本身不同外，其他没什么不一样。举一个生活中的例子：每天中午你或许都要下楼去吃饭，对于下楼这个行为，是不是每个人都要准备一部楼梯呢？显然是不需要的，所有人共用一部楼梯下楼就可以。所以，方法本质上虽然是对象的方法，但它本身是类负责管理的，不应该为其单独分配一块内存。

我们尚未考虑的还有：一个类中的非静态字段，它的父类的非静态字段等，现在可以得出一个结论：**Java 中对象所占内存的大小由对应类及其所有父类的非静态字段决定**。这句话是有一定指导意义的。每个人都希望自己编写的程序占用较小的内存，毕竟计算机的内存价格还是比较高的。

很多时候这块内存并不是我们想要的样子，从 Java 的角度说，对应类的非静态字段不是我们想要的样子，因此需要进行一些赋值等操作，有时这种操作还会有一些附加影响，涉及别的类等。这一操作称其为**初始化**（Initialize）。

在 Java 中，**绝大多数的初始化工作都是在构造方法中进行的**。当我们想要新建一个对象时，JVM 在分配一块内存后就是初始化的工作，从而便会调用构造方法。

一个对象初始化后，很可能就不会再有谁去使用它了，比如，代码中经常会有在一个方法中新建一个对象，方法调用完成后对象就不再使用了的行为出现。那么这个对象就不应该接着占有内存，应该把内存腾出来留给其他对象，否则 JVM 占有的内存便会越来越大，直到计算机的内存满为止。这时我们称这个对象的内存被**释放**（Release）了。在释放前可能还需要有一些收尾的工作，执行这些工作的阶段被称为对象的**析构**（Destruct），对应的方法被称为**析构方法**（Destruction Method）。如果读者之前用过诸如 C++ 等编程语言，那么应该对析构方法并不陌生，不过在 Java 中，我们不建议实现析构方法，后面章节会讲到具体原因。

一个对象的生存周期从分配内存到初始化使用，再到析构，最后释放内存，整个流程我们目前已经很清楚了。在 Java 中，通过 `new` 运算符新建一个对象，我们很快就能够看到这个运算符。而实际上，在 Java 中是无法直接执行对象的析构的，直至内存被释放的操作，这到底是为什么呢？

实际上，与 C++ 等语言不同，Java 默认是通过一种名为**垃圾回收**（Garbage Collection），简称 GC 的机制析构对象的。JVM 运行时会内置一个**垃圾回收器**（Garbage Collector，同样简称 GC），并在特定时机检查 JVM 中部分对象或所有对象，判断其是否仍在被使用或可能被使用，如果 GC 发现一个对象未来永远用不到了，那么它就会把这个对象回收掉，也就是释放相应的内存。GC 本身就有很多种方案，具体的实现机制十分复杂，也超出了本书的讨论范围。

因此，我们在编写 Java 程序时，是预料不到 JVM 什么时候会把不用的内存释放的。绝大多数时候不应该依赖 Java 的析构方法，本书也不会讨论 Java 的析构方法如何实现。

4.1.3　this 对象

我们说到不同的方法实际上唯一的区别就是执行方法的对象不同，那么如何获取到这个对象本身呢？这便是 this 对象的用武之地了，this 代表的正是这个对象本身。我们看一看构造方法内部：

```
this.setUnlocalizedName(FMLTutor.MODID + ".dirtBall");
```

调用了这个对象本身的 setUnlocalizedName 方法（部分版本为 setTranslationKey 方法），并传入了一个 FMLTutor.MODID + ".dirtBall"，也就是 fmltutor.dirtBall。当然我们自己的类没有实现这个方法，这个方法是由父类实现的。按住 Ctrl 键，然后单击这个方法，看看它在父类中的实现：

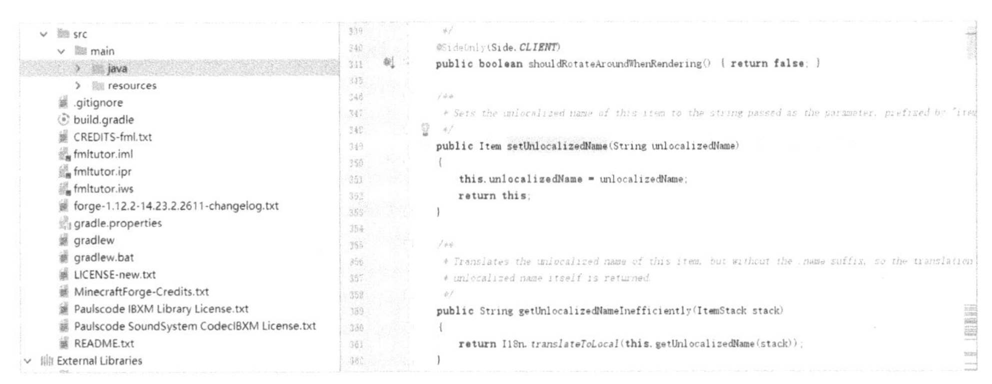

我们注意到，在父类的方法声明中，把 unlocalizedName 字段的值设置成了传入的参数值，也就是 fmltutor.dirtBall。

在后面的代码中，还调用了 setRegistryName 和 setMaxStackSize 两个对象本身的方法。setMaxStackSize 方法指定的是物品的最大堆叠，我们把它设置成和雪球一样，一组只有 16 个。前两个方法指定的 unlocalizedName 和 registryName 本身有特殊的意义，后面的部分会详加解释。

4.1.4　注册物品

现在我们应该在合适的时机把物品注册到游戏系统中。在 zzzz.fmltutor.item 包下新建一个 ItemRegistryHandler 类，并加上 @EventBusSubscriber 注解，让它成为监听注册事件的类，代码如下：

```
package zzzz.fmltutor.item;

import net.minecraft.item.Item;
import net.minecraftforge.event.RegistryEvent.Register;
import net.minecraftforge.fml.common.Mod.EventBusSubscriber;
import net.minecraftforge.fml.common.eventhandler.SubscribeEvent;
import net.minecraftforge.registries.IForgeRegistry;

@EventBusSubscriber
public class ItemRegistryHandler
```

```
{
    public static final ItemDirtBall DIRT_BALL = new ItemDirtBall();

    @SubscribeEvent
    public static void onRegistry(Register<Item> event)
    {
        IForgeRegistry<Item> registry = event.getRegistry();
        registry.register(DIRT_BALL);
    }
}
```

我们监听了 Register<Item> 类型的实例。Register 类是一个特殊的类，它可以附带一个由尖括号围起来的类型，Register 这种类型称其为**泛型类型**（Generic Type）。在后面的章节中，我们在注册方块时还会监听 Register<Block> 类型等。换言之，泛型类型是随着被尖括号括起来的类型变化而变化的。下面的 IForgeRegistry 类型也是如此。实际上，IForgeRegistry 是一个接口。

然后声明了一个静态的名为 DIRT_BALL 的字段，并使用 new 运算符新建一个 ItemDirtBall 的实例如下：

```
new ItemDirtBall()
```

上面的表达式的类型是 ItemDirtBall，它新建了一个 ItemDirtBall 的实例，并调用了相应的构造方法。然后调用 IForgeRegistry<Item> 类型的 register 方法完成物品的注册。

现在打开游戏的客户端，并输入如下命令：

```
/give @a fmltutor:dirt_ball
```

就应该能够得到一个闪着紫红色光芒的物品。

4.1.5 registryName 和 unlocalizedName

刚刚我们已经用到 registryName 了，就是输入命令时使用了物品的 registryName。和 ModID 一样，registryName 建议全部使用小写字母，并使用下画线作为单词之间的分隔。不过，unlocalizedName 就不大一样了，不同的 Mod 对于 unlocalizedName 的命名五花八门，这里给出一种通行程度较好，同时避免重名的方式：ModID + . + 物品的 registryName 的小写驼峰形式，就是 fmltutor.dirtBall。

那么这个 unlocalizedName 是用在哪里的呢？如果我们打开游戏，就会发现原本应该是物品名字的地方，出现的是以下内容：

```
item.fmltutor.dirtBall.name
```

这个由小数点分隔的字符串就是多语言化的标识符。Minecraft 是一款多语言的游戏，因此所有涉及多语言的地方都会使用这样的一个标识符来标识，并通过语言文件的方式为不同的语言指定不同的文本，这样就可以实现多语言化了，这也是未本地化名称（Unlocalized Name）的来历。

如果读者之前制作过资源包，就应该知道语言文件的位置位于 assets/minecraft/lang 目录下，并且其文件后缀是 .lang。这里把 minecraft 换成自己的 ModID。右击 resources 目录，并把鼠标指针移动到 New 上，接着单击 Package，在弹出的窗口中输入

assets.fmltutor.lang：

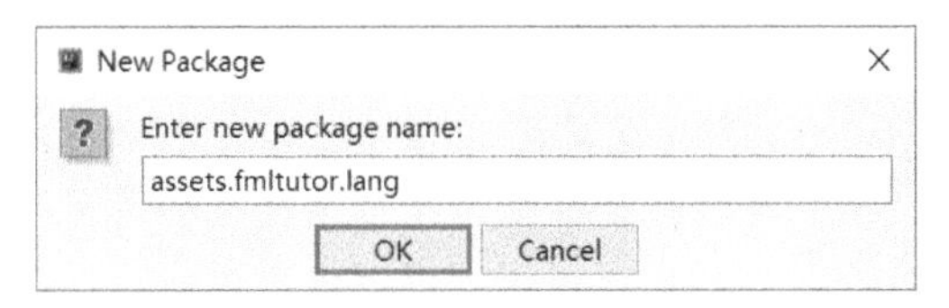

我们就以类似创建一个 Java 包一样的方式创建了 assets/fmltutor/lang 目录。

右击这个目录，然后单击 New 和 File，输入一个语言文件的名称，针对英文的语言文件名是 en_us.lang，针对简体中文的语言文件名是 zh_cn.lang，在通常情况下，中国大陆的玩家制作的 Mod 都会提供这两种语言的语言文件。在一般情况下，对于任何一个 Mod，en_us.lang 都是会提供的：

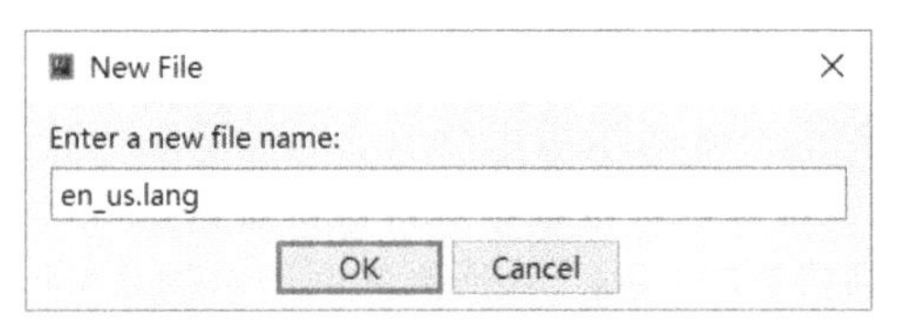

我们在 en_us.lang 文件中写下：

```
item.fmltutor.dirtBall.name=Dirt Ball
```

注意等号两边不要有空格。

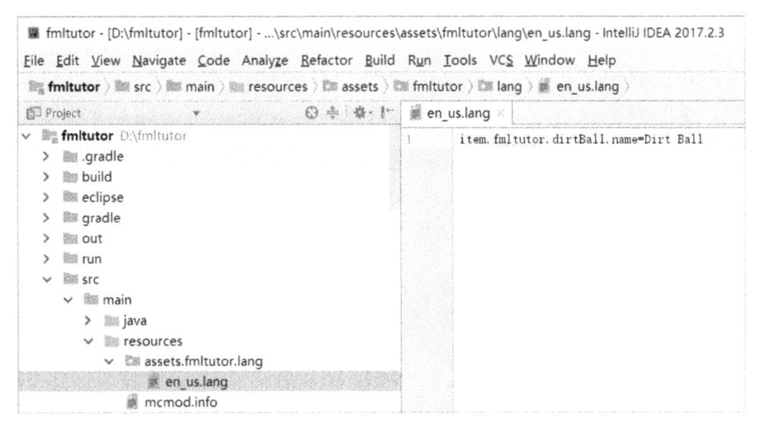

打开游戏的客户端，原本出现 item.fmltutor.dirtBall.name 的地方，就全部变成了 Dirt Ball。

接着新建一个 zh_cn.lang 文件，然后输入：

```
item.fmltutor.dirtBall.name= 泥土球
```

现在也支持简体中文了。

4.1.6　为物品绑定材质

我们现在已经为世界添加了一个闪着紫红色光芒的物品。这当然不是我们希望的，因为这是一个材质错误的标志。

现在应该让 Minecraft 知道材质放在哪里，因此，这里需要监听 net.minecraftforge.

client.event.ModelRegistryEvent 事件。

我们为 ItemRegistryHandler 类添加一个方法，使其监听 ModelRegistryEvent 事件：

```
@SubscribeEvent
@SideOnly(Side.CLIENT)
public static void onModelRegistry(ModelRegistryEvent event)
{
    ModelLoader.setCustomModelResourceLocation(DIRT_BALL, 0,
            new ModelResourceLocation(DIRT_BALL.getRegistryName(), "inventory"));
}
```

@SideOnly 的作用是表明这个方法只作用于客户端，换言之，这个事件不会在服务端监听。关于客户端和服务端的关系，在后面的内容中将会在特定的章节讲述。

我们用 ModelLoader 类的 setCustomModelResourceLocation 方法，并传入了三个参数。

- 第一个参数就是这个物品本身，也就是物品类的实例。
- 第二个参数代表物品特定的 meta。众所周知，一个物品可以有很多个 meta，而不同的 meta 由于物品的材质不同，它们看起来也各不相同，比如，十六种染料实际上是同一种物品的十六个 meta。我们现在使用的物品不会有多个 meta，因此只需要处理 meta 为 0 的情况就可以。
- 第三个参数是代表物品模型的重头戏：这是一个 net.minecraft.client.renderer.block.model.ModelResourceLocation 类的实例。ModelResourceLocation 和 ResourceLocation 类似，只不过后者往往只是定位资源，而前者精确地代表一个模型。按住 Ctrl 键，然后单击这个类的构造方法如下：

```
public ModelResourceLocation(ResourceLocation location, String variantIn)
{
    this(location.toString(), variantIn);
}
```

这个方法的方法体实际上调用了另一个构造方法，我们从这个方法的参数声明就可以得到，这个方法接收一个 ResourceLocation 和一个字符串。这正是 ModelResourceLocation 的组成部分，它包含一个 ResourceLocation 和一个被称为 variant 的字符串，后者在物品材质中永远为 inventory，不过在后面的章节中，我们会看到 variant 在方块模型中的应用。

我们调用了物品的 getRegistryName 方法，得到了一个 ResourceLocation，通过前面的分析可以很快得知，这个 ResourceLocation 包含的资源域就是 ModID（fmltutor），而资源路径就是我们设置的 registryName（dirt_ball）。现在需要创建一个资源文件以对应 fmltutor:dirt_ball，并在其中声明这是一个物品及对应材质的位置。

使用以上方法创建一个名为 assets.fmltutor.blockstates 的目录：

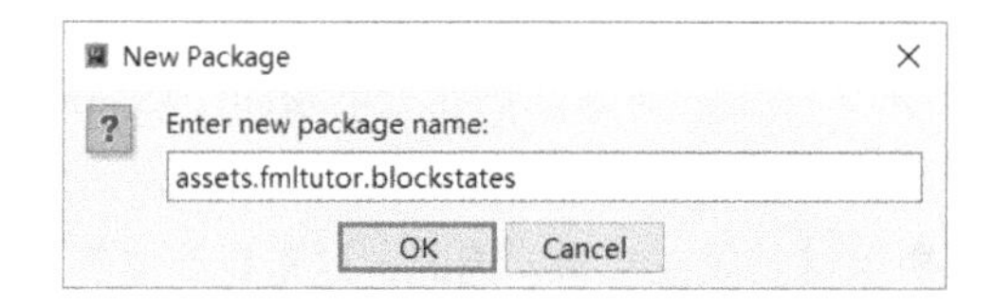

在该目录中创建一个 dirt_ball.json 文件，然后写入一段代码如下：

```
{
  "forge_marker": 1,
  "defaults": {
    "model": "minecraft:builtin/generated",
    "textures": { "layer0": "fmltutor:items/dirt_ball" }
  },
  "variants": {
    "inventory": [{ "transform": "forge:default-item" }]
  }
}
```

在 Minecraft 中，JSON 是十分常用的描述工具。现在一段一段地描述这个 JSON。

```
"forge_marker": 1
```

上述语句代表这是 Forge 提供的描述格式，请不要修改它。

```
"defaults": {
  "model": "minecraft:builtin/generated",
  "textures": { "layer0": "fmltutor:items/dirt_ball" }
}
```

上述 3 行语句描述这个物品本身。

- model 对应的是 "minecraft:builtin/generated"，代表它的外观应该与 Minecraft 的物品一样。
- textures 对应的是 { "layer0": "fmltutor:items/dirt_ball" }，其中 fmltutor:items/dirt_ball 是一个 ResourceLocation，代表材质的位置，剩下的写法对于物品来说是相对固定的。Minecraft 规定，根据 ResourceLocation，这个材质应该是 PNG 格式的图片文件，位于 assets/fmltutor/textures/items 目录下，其名称应该是 dirt_ball.png。

```
"variants": {
  "inventory": [{ "transform": "forge:default-item" }]
}
```

上述代码描述这个物品在玩家眼中的形态，其中的 inventory 和 variant 一致，而后面的 forge:default-item 代表它显示的方式应该与 Minecraft 的其他大多数物品的显示方式一样。

可能会有读者对目录名称中的 blockstates 感到困惑。这是因为本书中提到的这一套将物品（后续章节还有方块）和材质绑定的系统，是 Forge 提供的全新系统，在原版 Minecraft 中并不存在。Forge 提供的这一系统本身一开始只是用来描述方块的，后来才应用到物品上。因此，blockstates 这一名称只是一个历史遗留问题，读者不必担心。

4.1.7　添加材质

我们指定了材质的位置。现在继续创建 assets/fmltutor/textures/items 目录，新建一个 PNG 文件并取名为 dirt_ball.png，然后放入该目录。在通常情况下，这个 PNG 文件本身的大小应该是 16 像素 ×16 像素，不过 32 像素 ×32 像素的 PNG 图片也是可行的。

一些诸如 GIMP 的软件有助于绘制这样一个 PNG。我们在创建材质后打开游戏，如果没有意外，应该可以看到绘制好的材质，代替闪亮的紫黑方块出现在游戏中了。

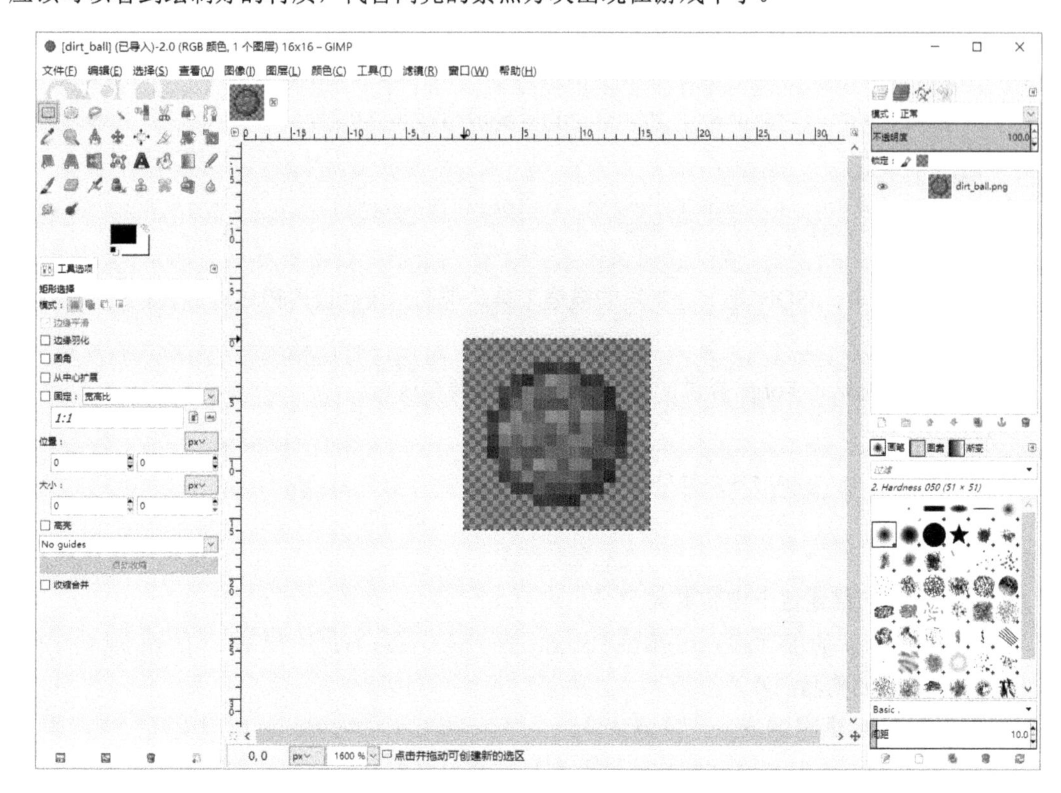

4.1.8　小结

如果读者一步一步地照做下来，那么现在项目的 src 目录应该是以下这种形式：

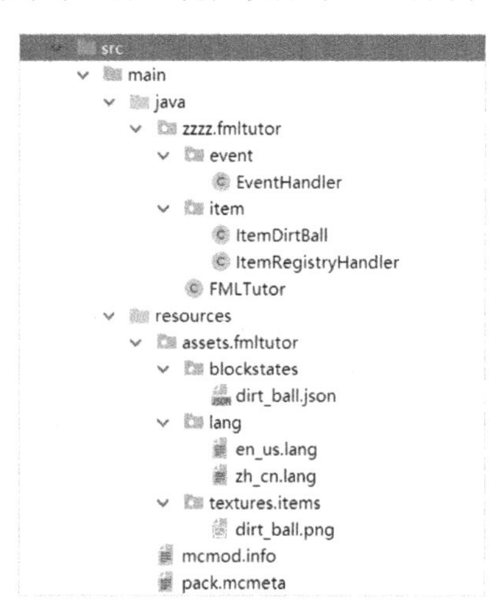

我们再梳理一下所有资源文件和游戏的关系：

- 通过继承 Item 类，并创建一个 Item 类的实例的方式新建了一个物品类型。
- 通过监听 Register<Item> 事件，并调用 IForgeRegistry<Item> 的 register 方法注册了物品。

- 定义了物品的 registryName，它被用作物品的唯一标识符，在物品材质中也发挥了一定的作用。
- 定义了物品的 unlocalizedName，它的作用是标识可读性较好的名称，具体通过语言文件实现：英文对应 assets/modid/lang/en_us.lang，简体中文对应 assets/modid/lang/zh_cn.lang。
- 通过 item.unlocalizedName.name=Unlocalized Name 的方式定义物品的名称为“Unlocalized Name”。
- 通过监听 ModelRegistryEvent，并调用 ModelLoader 类的 setCustomModelResourceLocation 方法注册了物品材质：在该方法中传入的第一个参数是物品本身，第二个是物品的 meta，第三个是一个含有 variant 的 ModelResourceLocation。
- 使用 ModelResourceLocation 决定了 JSON 格式的资源文件的位置，它的位置是 assets/modid/blockstates/registryName.json。
- 这个 JSON 文件定义了材质的位置，比如 modid:items/textureName，对应位置是 assets/modid/textures/items/textureName.png。

如果物品的名称或者材质不能正常显示，或者这个物品本身就没有成功找到，那么上面的清单会很有帮助。

4.2 新的方块

现在我们创建一个新的方块。本书将以压缩泥土（Compressed Dirt）为例，带领读者一步一步地完成创建一个崭新的方块的所有步骤。

4.2.1 方块类

与物品类似，所有方块的类型都是 net.minecraft.block.Block 类的实例。所以也需要继承这个类，实现自己的方块。

新建一个 zzzz.fmltutor.block 的子包，然后在新建的子包下新建一个 BlockCompressedDirt 类：

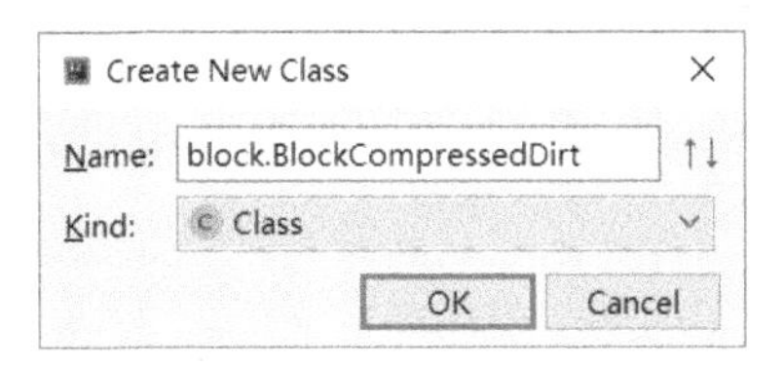

在这个类中写入以下代码：

```
package zzzz.fmltutor.block;

import net.minecraft.block.Block;
import net.minecraft.block.material.Material;
import zzzz.fmltutor.FMLTutor;

public class BlockCompressedDirt extends Block
{
```

```
    public BlockCompressedDirt()
    {
        super(Material.GROUND);
        this.setUnlocalizedName(FMLTutor.MODID + ".compressedDirt");
        this.setRegistryName("compressed_dirt");
        this.setHarvestLevel("shovel", 0);
        this.setHardness(0.5F);
    }
}
```

这个类的代码和添加物品时编写的物品类代码十分相似，不过方块并没有 setMaxStackSize 的概念。

我们发现多出来了一行代码：super(Material.GROUND);，这个语句有什么用？

IntelliJ IDEA 很快就能告诉我们答案，按 Ctrl 键并单击 super，然后跳转到 Block 类的一个构造方法上。换言之，这个语句调用了父类的构造方法：

```
> out
> run
v src
  v main
    > java
    > resources
  .gitignore
  build.gradle
  CREDITS-fml.txt
  fmltutor.iml
  fmltutor.ipr
  fmltutor.iws
  forge-1.12.2-14.23.2.2611-changelog.txt
  gradle.properties
  gradlew
  gradlew.bat
  LICENSE-new.txt
  MinecraftForge-Credits.txt
  Paulscode IBXM Library License.txt
  Paulscode SoundSystem CodecIBXM License.txt
```

```
290        this.blockState = this.createBlockState();
291        this.setDefaultState(this.blockState.getBaseState());
292        this.fullBlock = this.getDefaultState().isOpaqueCube();
293        this.lightOpacity = this.fullBlock ? 255 : 0;
294        this.translucent = !blockMaterialIn.blocksLight();
295    }
296
297    public Block(Material materialIn)
298    {
299        this(materialIn, materialIn.getMaterialMapColor());
300    }
301
302    /**
303     * Sets the footstep sound for the block. Returns the object for convenience in constructing.
304     */
305    protected Block setSoundType(SoundType sound)
306    {
307        this.blockSoundType = sound;
308        return this;
309    }
310
```

如果想要构造特定类的实例，那么在调用构造方法时，也必须先调用父类的构造方法，父类的初始化工作一定要在子类之前完成。因此，Java 规定：**如果在构造方法中调用了其他构造方法，那么该调用语句必须为构造方法的第一个语句。**

调用其他构造方法可以使用 this() 的方式，那么 this 和 super 的区别是什么呢？为了方便读者理解，我们再写一个构造方法，把 BlockCompressedDirt 类里的代码变成这种形式：

```
public BlockCompressedDirt()
{
    this(Material.GROUND);
    this.setUnlocalizedName(FMLTutor.MODID + ".compressedDirt");
    this.setRegistryName("compressed_dirt");
    this.setHarvestLevel("shovel", 0);
    this.setHardness(0.5F);
}

private BlockCompressedDirt(Material material)
{
    super(material);
}
```

上面的构造方法中，this(Material.GROUND) 调用了下面的构造方法，而下面的构造方法中，super(material) 调用了父类，也就是 Block 类的构造方法。

我们向父类的构造方法中传入的 Material 的实例代表方块的材料种类，常见的种类有石质、铁质，木质等。不过这里向父类的构造方法中传入的 Material.GROUND 对象代表土质，也符合我们对压缩泥土块的预期。

假如 super 的调用方式不存在，换言之，我们不去分辨自己的类本身的构造方法和父类的构造方法，那么在调用 this(Material.GROUND) 的时候，Java 就不知道调用的是类自身的构造方法还是父类的构造方法，super 的存在意义就是在编译的时候表明自己调用的是父类的构造方法，而不是这个类本身的构造方法。

细心的读者可能发现了这两个构造方法除了参数和方法体，还有一个地方不一样，就是上面的构造方法最前面用的单词是 public，而下面的构造方法最前面用的单词是 private。我们称上面的构造方法是**公开**（Public）的，而下面的构造方法是**私有**（Private）的，在之前的章节中大量运用了 public 这个修饰符，用于标明一个类、字段或者方法是公开的。一个方法、字段或类是公开的，亦或是私有的，具体表现在它的**访问级别**（Access Level），而 public 和 private 两个修饰符又被称为一个方法、字段或类的**访问修饰符**（Access Modifier）。在后面的章节中，我们就可以看到不同的访问级别会带来什么。

现在回头想想我们之前写的 ItemDirtBall 类——好像没有调用什么构造方法。

打开 Item 类，并翻到它的构造方法，会发现这个构造方法是没有参数的：

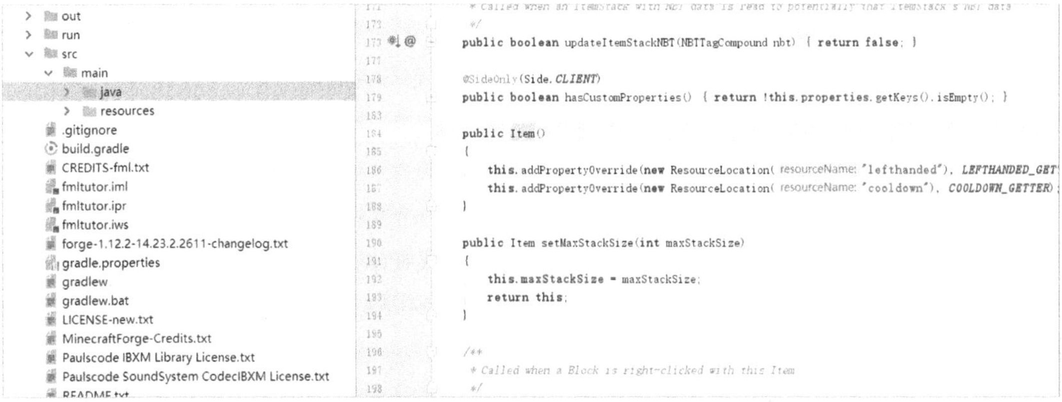

```
> out
> run
v src
  v main
    > java
    > resources
  .gitignore
  build.gradle
  CREDITS-fml.txt
  fmltutor.iml
  fmltutor.ipr
  fmltutor.iws
  forge-1.12.2-14.23.2.2611-changelog.txt
  gradle.properties
  gradlew
  gradlew.bat
  LICENSE-new.txt
  MinecraftForge-Credits.txt
  Paulscode IBXM Library License.txt
  Paulscode SoundSystem CodecIBXM License.txt
```

```
    * Called when an ItemStack with NBT data is read to potentially that ItemStack's NBT data
    */
    public boolean updateItemStackNBT(NBTTagCompound nbt) { return false; }

    @SideOnly(Side.CLIENT)
    public boolean hasCustomProperties() { return !this.properties.getKeys().isEmpty(); }

    public Item()
    {
        this.addPropertyOverride(new ResourceLocation( resourceName: "lefthanded"), LEFTHANDED_GET
        this.addPropertyOverride(new ResourceLocation( resourceName: "cooldown"), COOLDOWN_GETTER);
    }

    public Item setMaxStackSize(int maxStackSize)
    {
        this.maxStackSize = maxStackSize;
        return this;
    }

    /**
    * Called when a Block is right-clicked with this Item
    */
```

之前在物品类的构造方法中写的代码和以下代码是等价的：

```
public ItemDirtBall()
{
    super();
    this.setUnlocalizedName(FMLTutor.MODID + ".dirtBall");
    this.setRegistryName("dirt_ball");
    this.setMaxStackSize(16);
}
```

因为在 Java 中规定，super(); 可以在构造方法中省略，因此在创建物品时，我们在物品类里就省略了这一行代码。

此外，和物品相比，我们为方块多添加了两行代码，分别调用了 setHarvestLevel 和 setHardness：

- setHarvestLevel 的第一个参数指定了 "shovel"，也就是铲子作为该方块的挖掘工具，其他常见的参数有 "pickaxe" 等。

- setHarvestLevel 的第二个参数指定了挖掘等级，也就是级别不低于零（木质）的铲子都可以把这一方块挖下来。
- setHardness 方法指定的是方块的硬度，亦即挖掘方块所需要的时间和方块的爆炸强度。

4.2.2 注册方块

现在我们注册方块。和物品类似，这次需要监听的是 Register<Block> 事件。新建一个 zzzz.fmltutor.block.BlockRegistryHandler 类，然后在其中写上以下代码：

```
package zzzz.fmltutor.block;

import net.minecraft.block.Block;
import net.minecraftforge.event.RegistryEvent.Register;
import net.minecraftforge.fml.common.Mod.EventBusSubscriber;
import net.minecraftforge.fml.common.eventhandler.SubscribeEvent;
import net.minecraftforge.registries.IForgeRegistry;

@EventBusSubscriber
public class BlockRegistryHandler
{
    public static final BlockCompressedDirt BLOCK_COMPRESSED_DIRT = new
BlockCompressedDirt();

    @SubscribeEvent
    public static void onRegistry(Register<Block> event)
    {
        IForgeRegistry<Block> registry = event.getRegistry();
        registry.register(BLOCK_COMPRESSED_DIRT);
    }
}
```

这段代码和注册物品非常类似，因此这段代码的含义在本书不再赘述，不过我们可以在这里做一个实验：在这段代码中使用了 BlockCompressedDirt 类的第一个构造方法，如果用另一个构造方法会发生什么？

```
public static final BlockCompressedDirt BLOCK_COMPRESSED_DIRT = new BlockCompressedDirt(Material.GROUND);
                'BlockCompressedDirt(net.minecraft.block.material.Material)' has private access in 'zzzz.fmltutor.block.BlockCompressedDirt'
@SubscribeEvent
public static void onRegistry(Register<Block> event)
{
    IForgeRegistry<Block> registry = event.getRegistry();
    registry.register(BLOCK_COMPRESSED_DIRT);
}
```

如果在 IntelliJ IDEA 中这样尝试，IntelliJ IDEA 就会报错：

'BlockCompressedDirt(net.minecraft.block.material.Material)' has private access in 'zzzz.fmltutor.block.BlockCompressedDirt'

翻译成中文如下：

BlockCompressedDirt(net.minecraft.block.material.Material) 在 zzzz.fmltutor.block.BlockCompressedDirt 中的访问级别是私有的。

这里我们看到了私有访问级别的特点——在类的内部使用没有问题，跳到类之外就不被允许。在 Java 中，访问级别分为四种，分别为 Private、Package Private、Protected 和 Public。

- 拥有 Private 访问级别的类、字段和方法只允许对应类的内部方法和字段直接使用。
- 拥有 Package Private 访问级别的类、字段和方法除了类本身，同一个包（不包括子包）下的其他类也可直接使用。
- 拥有 Protected 访问级别的类、字段和方法除了 Package Private 访问级别允许的类，子类也可直接使用。
- 拥有 Public 访问级别的类、字段和方法，任何类的方法和字段都可直接使用。

对 Private、Protected 和 Public 访问级别而言，Java 提供了三个访问修饰符：`private`、`protected` 和 `public`。如果一个类、字段或方法没有添加修饰符，那么它通常将被认为拥有 Package Private 的访问级别。

4.2.3 注册方块对应的物品

对绝大多数方块来说，它们都有对应的物品，这类物品在右击一个方块时会在它的旁边放置一个方块。对 Minecraft 的代码来说，对应的类是 `net.minecraft.item.ItemBlock` 类。这个类的构造方法需要传入一个 `Block` 的实例，然后它会尽可能实现方块作为物品的各种行为，比如使用该物品右击时会发生什么，这个物品的 `unlocalizedName` 等唯独没有实现的只有 `registryName`。

现在在 `zzzz.fmltutor.item.ItemRegistryHandler` 类中新添加一个 `ITEM_COMPRESSED_DIRT` 字段：

```
    public static final ItemBlock ITEM_COMPRESSED_DIRT = new
ItemBlock(BlockRegistryHandler.BLOCK_COMPRESSED_DIRT);
```

然后在监听相应事件的监听器中添加两行代码：

```
    @SubscribeEvent
    public static void onRegistry(Register<Item> event)
    {
        IForgeRegistry<Item> registry = event.getRegistry();
        registry.register(DIRT_BALL);
        ITEM_COMPRESSED_DIRT.setRegistryName(ITEM_COMPRESSED_DIRT.getBlock().
getRegistryName());
        registry.register(ITEM_COMPRESSED_DIRT);
    }
```

先设置了物品的 `registryName` 与方块的 `registryName` 相同，设置 `registryName` 是 Minecraft 唯一没有为我们做的事。然后调用了 `register` 方法完成注册。

再在另一个监听器里注册方块对应物品的材质：

```
    @SubscribeEvent
    @SideOnly(Side.CLIENT)
    public static void onModelRegistry(ModelRegistryEvent event)
    {
        ModelLoader.setCustomModelResourceLocation(DIRT_BALL, 0,
                new ModelResourceLocation(DIRT_BALL.getRegistryName(), "inventory"));
        ModelLoader.setCustomModelResourceLocation(ITEM_COMPRESSED_DIRT, 0,
```

```
            new ModelResourceLocation(ITEM_COMPRESSED_DIRT.getRegistryName(),
"inventory"));
    }
```

现在所有在 src 目录下的事情已经全部做完了。

4.2.4 一点调整

我们有办法简化一下代码吗？如果要注册上百个方块，难道需要手动设置上百个方块的 registryName 吗？所以可以进行一点调整：撰写一个方法，专门用于设置 ItemBlock 的 registryName：

```
private static void withRegistryName(ItemBlock item)
{
    item.setRegistryName(item.getBlock().getRegistryName());
}

@SubscribeEvent
public static void onRegistry(Register<Item> event)
{
    IForgeRegistry<Item> registry = event.getRegistry();
    registry.register(DIRT_BALL);
    withRegistryName(ITEM_COMPRESSED_DIRT);
    registry.register(ITEM_COMPRESSED_DIRT);
}
```

注册一个方块还需要两行代码，能不能简化一下呢？答案是肯定的，简化后的代码如下：

```
private static ItemBlock withRegistryName(ItemBlock item)
{
    item.setRegistryName(item.getBlock().getRegistryName());
    return item;
}

@SubscribeEvent
public static void onRegistry(Register<Item> event)
{
    IForgeRegistry<Item> registry = event.getRegistry();
    registry.register(DIRT_BALL);
    registry.register(withRegistryName(ITEM_COMPRESSED_DIRT));
}
```

还可以把这个方法的调用直接移动到相应字段值的设定上，代码如下：

```
public static final ItemBlock ITEM_COMPRESSED_DIRT = withRegistryName(new
ItemBlock(BlockRegistryHandler.BLOCK_COMPRESSED_DIRT));

private static ItemBlock withRegistryName(ItemBlock item)
{
    item.setRegistryName(item.getBlock().getRegistryName());
    return item;
}

@SubscribeEvent
public static void onRegistry(Register<Item> event)
{
```

```
    IForgeRegistry<Item> registry = event.getRegistry();
    registry.register(DIRT_BALL);
    registry.register(ITEM_COMPRESSED_DIRT);
}
```

这是我们第一次编写拥有返回值的方法，也就是返回值不再声明为 void。

这里用到了本书中介绍的第三种语句：返回语句（Return Statement）。返回语句是由 return 加上一个表达式，最后加上一个分号的方式组成的，它用于设定方法的返回值，也就是对应的调用方法表达式的值。

对于注册模型的代码，我们也可以这样做，从而省去无意义的重复工作，代码如下：

```
@SideOnly(Side.CLIENT)
private static void registerModel(Item item)
{
    ModelResourceLocation modelResourceLocation = new ModelResourceLocation(item.
getRegistryName(), "inventory");
    ModelLoader.setCustomModelResourceLocation(item, 0, modelResourceLocation);
}

@SubscribeEvent
@SideOnly(Side.CLIENT)
public static void onModelRegistry(ModelRegistryEvent event)
{
    registerModel(DIRT_BALL);
    registerModel(ITEM_COMPRESSED_DIRT);
}
```

因为注册模型的方法也只会在客户端调用，所以这里也将其添加上 @SideOnly 的注解。

现在打开游戏，然后输入：

```
/give @a fmltutor:dirt_ball
```

就应该能够得到一个闪着紫红色光芒的物品。

如果把这个物品放到地上，那么可以得到一个闪着紫红色光芒的方块。

4.2.5 语言文件和方块材质

对于语言文件，方块和物品的情形是类似的，只不过方块的前缀是 tile，而不是 item，修改后的语言文件形式如下：

```
# en_us.lang
item.fmltutor.dirtBall.name=Dirt Ball
tile.fmltutor.compressedDirt.name=Compressed Dirt

# zh_cn.lang
item.fmltutor.dirtBall.name=泥土球
tile.fmltutor.compressedDirt.name=压缩泥土
```

现在先设置方块的材质，再设置方块对应物品的材质。

在 assets/fmltutor/blockstates 目录下新建一个 compressed_dirt.json：

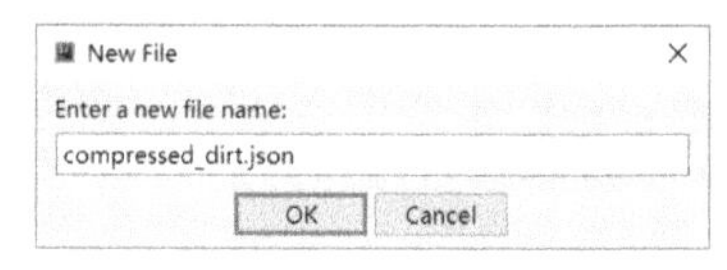

然后在 compressed_dirt.json 中写入以下内容：

```
{
  "forge_marker": 1,
  "defaults": {
    "model": "minecraft:cube_all",
    "textures": { "all": "fmltutor:blocks/compressed_dirt" }
  },
  "variants": {
    "normal": [{}],
    "inventory": [{ "transform": "forge:default-block" }]
  }
}
```

这个文件和在之前章节中针对物品指定的 JSON 文件的结构类似。不过，区别有以下几点：

- model 对应 "minecraft:cube_all"（代表这是一个六个面完全相同的方块）而非 "minecraft:builtin/generated" 了。
- variants 中有两项，inventory 代表的是方块对应的物品，而 normal 代表的是固定在世界中的方块本身。
- inventory 对应的项为 forge:default-block，代表在玩家眼中方块对应的物品也应以方块的方式显示。

作为一个 variant，normal 字符串本身不是 Mod 开发者指定的，而是 Minecraft 自动生成的，用于描述固定在地上的方块显示的样子。normal 本身代表的是方块状态，是 Minecraft 中多种方块状态类型中十分普通的一种。

这个 JSON 文件指定了方块的材质所在位置，然后使用 GIMP 等软件，随便画几笔方块的材质：

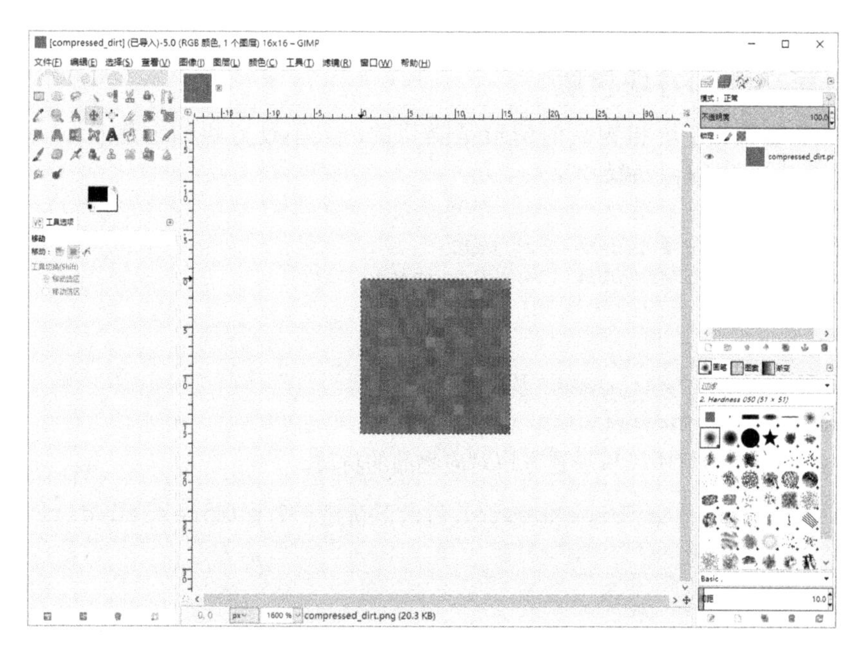

并放入 assets/fmltutor/textures/blocks 目录下的 compressed_dirt.png 文件中。

现在打开游戏，我们应该能够得到闪着黄褐色光芒的方块了。

4.2.6　小结

如果读者一步一步地照做下来，那么现在项目的 src 目录应该是以下这种形式：

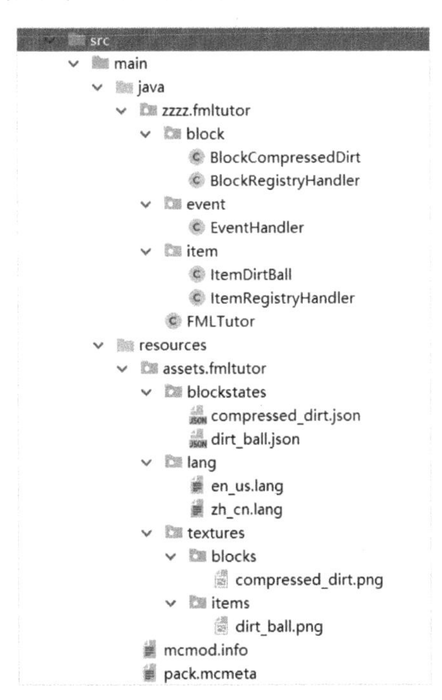

我们再梳理一下所有资源文件和游戏的关系：

- 通过继承 Block 类，并创建一个 Block 类的实例的方式新建了一个物品类型。
- 通过监听 Register<Block> 事件，并调用 IForgeRegistry<Block> 的 register 方法注册了物品。
- 新建并注册了一个方块对应的物品，它是一个 ItemBlock 类的实例，手动把它的 registryName 设置成与方块的 registryName 相同。
- 在语言文件中添加了方块的名称，和物品的名称以 item 开头不同，方块的名称是以 tile 开头的。
- 通过监听 ModelRegistryEvent，并调用相应的方法注册了方块对应的物品的材质。
- 通过定义 assets/modid/blockstates/registryName.json 决定方块材质的 JSON 文件的位置。
- 这个 JSON 文件定义了材质的位置，比如 modid:blocks/textureName，对应位置是 assets/modid/textures/blocks/textureName.png。

如果方块或方块对应物品的名称或者材质不能正常显示，或者方块对应的物品（甚至方块本身）都未能找到，那么上面的清单（楷体字部分）会很有帮助。

4.3 面向对象的三大特征

Java 是一门面向对象的语言，它有三大特征要引起重视。这三大特征往往被看作面向对象的标志，一些不是主要面向对象的语言，如主要面向过程的语言、函数式语言等，在评估其引入的面向对象的程度时，也往往以这三大特征作为判别标准。它们分别是**封装**（Encapsulation）、**继承**（Inheritance）、**多态**（Polymorphism）。

- 封装指的是在分析问题时，把对象的相关属性和行为分别通过字段和方法的方式整合到一起，作为一个整体加以讨论。
- 继承指的是在解决问题时，可以使用现有的对象类型去创建新的对象类型，从而在一定程度上复用已有对象的特性。
- 多态指的是不同类型的对象有时可以看作同一个对象类型，从而在分析问题时不需要关心对象真正的类型。

4.3.1 封装

当讨论到封装时，我们对对象的操作是通过一个对象本身提供的方法和字段进行的，而一个对象本身可能十分复杂，所以在表面是对行为的操纵之下，往往隐藏着其他行为。换言之，一个对象中包含的真正的数据和部分行为实际上隐藏在对象中，而在通常情况下，我们只能通过一些相应的方法去操纵它们。这直接对应着一个概念：**信息隐藏**（Information hiding）。在 Java 中，通过控制对象的访问修饰符来完成这件事。比如对于私有的被标记为 `private` 的方法和字段，我们是没有办法直接操纵它们的，而一些公开的被标记为 `public` 的方法，往往会调用到这些私有的方法。这样就可以针对对象本身提供的行为分析问题，而那些访问级为私有的方法和字段，由于站在对象外部的角度考虑并不存在，所以不需要加以分析。

使用封装带来的一个好处是不同对象之间的交互变得更易于维护。由于私有的方法和字段不可见，因此，当我们在修改代码的时候，就可以随意修改它们，只要保证所有的公有方法和字段不会变动就可以。软件工程中需求的变动时常发生，封装的特性可以帮助我们把相应的修改减到最少。因此，在**编写代码时应该尽可能地缩小字段和方法的访问级别，尽可能地使用更严格的访问修饰符**。

对于字段，有时候为了利用封装，我们可能会多做一些工作。考虑下面的示例，现在在 Minecraft 中有一个玩家，可以设置并获取它的经验值，这段代码可能是以下形式的：

```java
public class EntityPlayer
{
    public float experience;
}
```

然后在其他类的代码中可能会获取并设置这个玩家的经验值：

```java
public void addExperience(EntityPlayer player, int xpValue)
{
   player.experience = player.experience + xpValue;
}

public void doubleExperienceAndAddMore(EntityPlayer player, int xpValueAdditional)
{
   player.experience = player.experience * 2 + xpValueAdditional;
```

```
}
```

看起来没什么问题，比如下面的语句：

```
this.addExperience(player, 20);
this.doubleExperienceAndAddMore(player, 10);
```

但是如果发生了这样的事：

```
this.addExperience(player, -20000000);
this.doubleExperienceAndAddMore(player, -40000000);
```

如果玩家没有两千万的经验，那么这就会把玩家的经验扣成负数了，因此需要增加检查的手段。解决方法也很简单，我们判断一下：

```
public void addExperience(EntityPlayer player, int xpValue)
{
   player.experience = player.experience + xpValue;
   if (player.experience < 0)
{
          logger.info("What on earth happened???");
          player.experience = 0;
    }
}

public void doubleExperienceAndAddMore(EntityPlayer player, int xpValueAdditional)
{
   player.experience = player.experience * 2 + xpValueAdditional;
   if (player.experience < 0)
    {
          logger.info("What on earth happened???");
          player.experience = 0;
    }
}
```

不过在发现这个问题之前，我们可能已经在很多地方用这种方式为玩家加上了经验，那么现在需要一个一个地改。回到原来的情况，现在把原来玩家类的代码改写成这种形式：

```
public class EntityPlayer
{
    private float experience;

    public float getExperience()
    {
        return this.experience;
    }
    public void setExperience(float xpValue)
    {
        this.experience = xpValue;
    }
}
```

现在再去直接访问 experience 字段，肯定会报错，因此，加经验的方法要写成这种形式：

```
public void addExperience(EntityPlayer player, int xpValue)
{
   player.setExperience(player.getExperience() + xpValue);
}
```

```
public void doubleExperienceAndAddMore(EntityPlayer player, int xpValueAdditional)
{
   player.setExperience(player.getExperience() * 2 + xpValueAdditional);
}
```

假设已经在成千上万个地方使用这种方式增加了经验，现在要增加一个检查，该怎么做呢？直接修改 setExperience 方法如下：

```
public void setExperience(float xpValue)
{
    this.experience = xpValue;
    if (this.experience < 0)
    {
        logger.info("What on earth happened???");
        this.experience = 0;
    }
}
```

这样，就算在成千上万个地方试图添加玩家经验，也不用担心把玩家的经验扣成负数了。

我们通过把一个公开的字段设置为私有的这一方式，更好地控制了设置字段或访问字段的过程。这两类方法通常以 set 和 get 开头，后面加上把第一个字母替换成大写的字段名。在 Java 中，这种方式已经得到了很广泛的应用，通常把这两类方法称为 Setter 和 Getter。

实际上，之前已经见到过若干 Setter 和 Getter 了，看一看方块类和物品类的构造方法：

```
// BlockCompressedDirt.java
public BlockCompressedDirt()
{
    super(Material.GROUND);
    this.setUnlocalizedName(FMLTutor.MODID + ".compressedDirt");
    this.setRegistryName("compressed_dirt");
    this.setHarvestLevel("shovel", 0);
    this.setHardness(0.5F);
}

// ItemDirtBall.java
public ItemDirtBall()
{
    this.setUnlocalizedName(FMLTutor.MODID + ".dirtBall");
    this.setRegistryName("dirt_ball");
    this.setMaxStackSize(16);
}
```

我们在构造方法里调用的都是 Item 类及 Block 类的 Setter。

4.3.2 继承

继承本质上是复用字段和方法的行为，一个类如果继承了另一个类，就可以直接调用被继承的父类提供的方法，访问和设置被继承的父类提供的字段。不过在涉及继承的时候，会发生一些超出我们意料之外的事。

现在有一个类叫作 Item，它有两个方法，分别叫作 getUnlocalizedName 和 setUnlocalizedName：

```
public class Item
{
```

```
    // 其他代码

    private String unlocalizedName;

    public Item setUnlocalizedName(String unlocalizedName)
    {
        this.unlocalizedName = unlocalizedName;
        return this;
    }

    public String getUnlocalizedName()
    {
        return "item." + this.unlocalizedName;
    }

    // 其他代码
}
```

这与普通 Getter 和 Setter 唯一的区别在于 `getUnlocalizedName` 会加上 `"item."` 的前缀，比如对于泥土球，它的返回值是 `"item.fmltutor.dirtBall"`。不过，当事情进行到 `ItemBlock` 类的时候，情况就没那么简单了。`ItemBlock` 类的实例代表的是方块对应的物品，不过物品的 `unlocalizedName` 这次不是以 `"item."` 开头的，它应该和里面的 `Block` 一致，因此，这个方法现在不管用了，`ItemBlock` 类中是这样写的：

```
public class ItemBlock extends Item
{
    // 其他代码

    protected final Block block;

    public String getUnlocalizedName()
    {
        return this.block.getUnlocalizedName();
    }

    // 其他代码
}
```

当我们调用 `ItemBlock` 的构造方法，新建一个 `ItemBlock` 后，再去调用它的 `getUnlocalizedName` 方法时，返回的是对应方块的 `getUnlocalizedName` 方法的返回值。有兴趣的读者可以自己打开 `Block` 类了解相应的方法体的形式。

在这种情况下，我们称 `ItemBlock` 的 `getUnlocalizedName` 方法**覆盖**（Override）了父类同样的方法。方法覆盖会遇到一个额外的问题，稍后就可以看到这一问题了。

4.3.3 多态

现在重新看一看子类，比如说物品类：

```
public class ItemDirtBall extends Item
{
    public ItemDirtBall()
    {
        this.setUnlocalizedName(FMLTutor.MODID + ".dirtBall");
        this.setRegistryName("dirt_ball");
```

```
        this.setMaxStackSize(16);
    }
}
```

在构造方法中调用了三个 Setter，可是这个类本身并没有声明这三个方法。由于这个类继承了 Item 类，因此可以调用相应的方法。不过，为什么继承了这个类就可以调用相应的方法呢？有没有更直观的解释呢？我们现在把整个逻辑链条理清楚。

- 由于 ItemDirtBall 类同时继承了 Item 类，因此它是 Item 类的子类型。
- this 是 ItemDirtBall 类的实例，因此 this 同时是 Item 类的实例。
- this 作为 Item 类的实例，因此可以直接调用它提供的方法，比如构造方法中调用的三个 Setter。

这里至关重要的一点是：ItemDirtBall 类的实例同时是 Item 类的实例，再进一步讲，所有 Item 的子类的实例都可以当作是 Item 来看待。Minecraft 中有着各种各样的物品，比如泥土、木头、矿物等，几乎所有物品的各类都是由 Item 类的某个子类创建出来的，它们都可以被看作是 Item，在分析处理的时候，我们根本不需要关心能够拿到的 Item 的实例到底是哪一个子类创建的。分析问题时不需要关心对象真正的类型，这就是多态。

不过之前提到 Item 和 ItemBlock 类，都有 getUnlocalizedName 方法，那么现在有一个实际上是 ItemBlock 的 Item，在调用 getUnlocalizedName 方法的时候，我们调用的到底是哪个类的呢？

对于一些诸如 C++ 之类的语言，这类问题可能需要分情况讨论，不过对于 Java，这类问题的答案总是一致的：调用的是 ItemBlock 类的方法。这直接导致了另一个问题：在代码运行到相关调用之前，JVM 根本不知道应该调用哪个类的方法，只能先确定对象真正的类型，也就是创建对象时的对应类型，确定后才能决定调用的方法归属于哪个类。我们把这种直到运行时才能决定的方法称为**虚方法**（Virtual Method）。虚方法是面向对象语言中经常遇到的方法，对于它是如何实现的，这是一个很深的话题，也超出了本书的范围。

面向对象的这三大特征从 20 世纪以来，已经在面向对象的语言中得到了广泛的应用，而对于数据隐藏、方法覆盖、虚方法特性，目前相关的技术也已经成熟。希望读者在阅读代码时能够将代码和这些特性关联起来，并自觉地将这些特性应用到自己编写的 Java 代码中。

4.4 本章小结

下面总结了这一章讲到的所有知识点，这些知识点将是阅读之后章节的基础。

通过对本章的学习，读者应该能够试着编写一个基础的 Mod 了。这个 Mod 可能有若干方块和物品，但是这些方块和物品除了拿在手里和放在地上，还没有其他任何用处。不过没有关系，随着后续章节的进一步阅读，读者将一步一步地使这些方块和物品发挥特定的作用。

Java 基础：

知道 Java 中如何声明一个类是另一个类的子类，并能够自己编写这样的声明。

知道 Java 中对象最基本的生命周期，同时知道 Java 代码基于垃圾回收机制。

知道 Java 中 this 在非静态方法中能够用于引用调用方法的对象本身。

知道如何在 Java 中自己编写一个类的构造方法。

知道 Java 中构造方法需要通过 `super` 调用父类的构造方法，并知道父类的构造方法什么时候可以省写。

知道 Java 中存在四种访问级别和其对应的三种访问修饰符的意义及实际用途。

知道 Java 中大部分类、方法和字段等处的声明会出现访问修饰符，并能够在编写代码时使用访问修饰符。

知道并能够使用 `return` 开头的返回语句，同时知道返回语句的作用，及其对控制流的影响。

知道并能够在编写代码时考虑到面向对象的三大特征：封装、继承、多态。

知道封装这一特征的特点及其带来的信息隐藏特征。

知道 Java 代码中通常会大量使用 Getter 和 Setter 封装一个类中的字段。

知道继承这一特征的特点，以及可能会出现的方法覆盖现象。

知道多态这一特征的特点，以及 Java 为实现这一特征所引入的虚方法特性。

Minecraft Mod 开发：

知道如何继承 `Item` 类创建自己的物品类型，如何继承 `Block` 类创建自己的方块类型。

知道如何使用 `ItemBlock` 类创建方块对应的物品类型。

知道 `registryName` 在物品和方块中的作用，并能够自己编写设置 `registryName` 的代码。

知道 Mod 如何通过监听特定事件实现物品和方块的注册。

知道 `unlocalizedName` 被用于设定物品和方块的名称，同时通过语言文件实现国际化。

知道英文和简体中文的语言文件在项目中的位置，并能够为物品和方块在语言文件中添加相应的名称。

知道如何注册物品（包括方块对应的物品）的材质，以及相应的 JSON 文件和材质图片的关系。

知道如何注册方块本身的材质，并同时对方块状态的概念有一个初步的认识。

第 5 章

尝试交互

5.1 创造模式物品栏

创造模式物品栏是 Minecraft 中一个十分重要的功能，它能够大大方便创造模式的玩家获取到某类物品和方块的难度。本节内容将带领读者一步步地新建一个创造模式物品栏，完成一定程度的个性化，并将一些物品添加进去。

5.1.1 新建一个创造模式物品栏

Minecraft 的所有物品栏都是 `CreativeTabs` 类的子类。首先新建一个名为 `zzzz.fmltutor.creativetab` 的包，并在其下新建类 `TabFMLTutor`，使其继承 `CreativeTabs` 类：

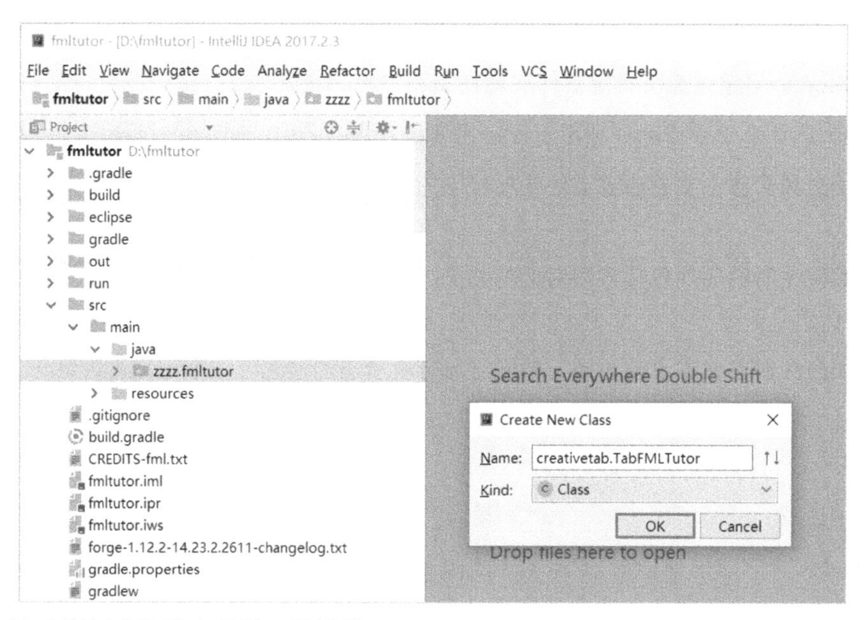

我们注意到新建的类出现了一处报错：

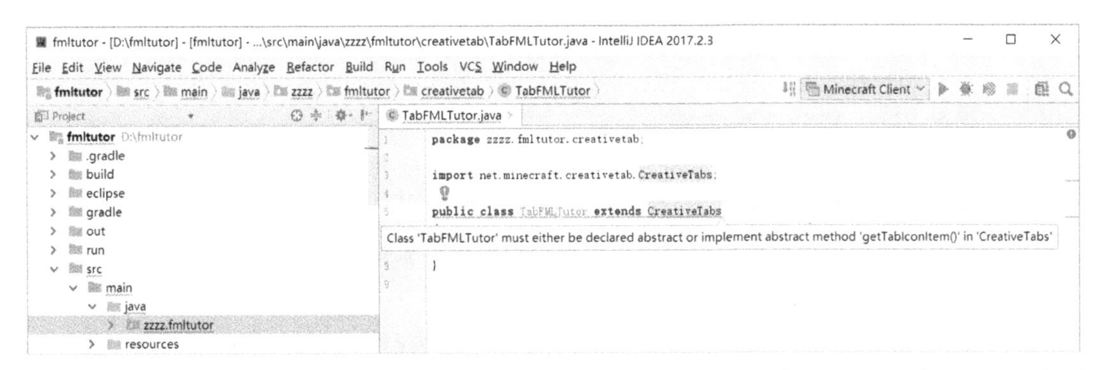

Class 'TabFMLTutor' must either be declared abstract or implement abstract method 'getTabIconItem()' in 'CreativeTabs'

把报错信息翻译一下：

类 "TabFMLTutor" 必须被声明为抽象的（Abstract），或者实现 "CreativeTabs" 类的抽象方法 "getTabIconItem()"。

这里遇到了类的一种特殊类型——**抽象类**（Abstract Class）。

那么这个抽象方法又是什么呢？按 Ctrl 键并单击 CreativeTabs 类的实现。既然是 abstract 的方法，那就在这个类中找到 abstract。按 Ctrl+F 快捷键，搜索 abstract，发现 abstract 共出现了两次：

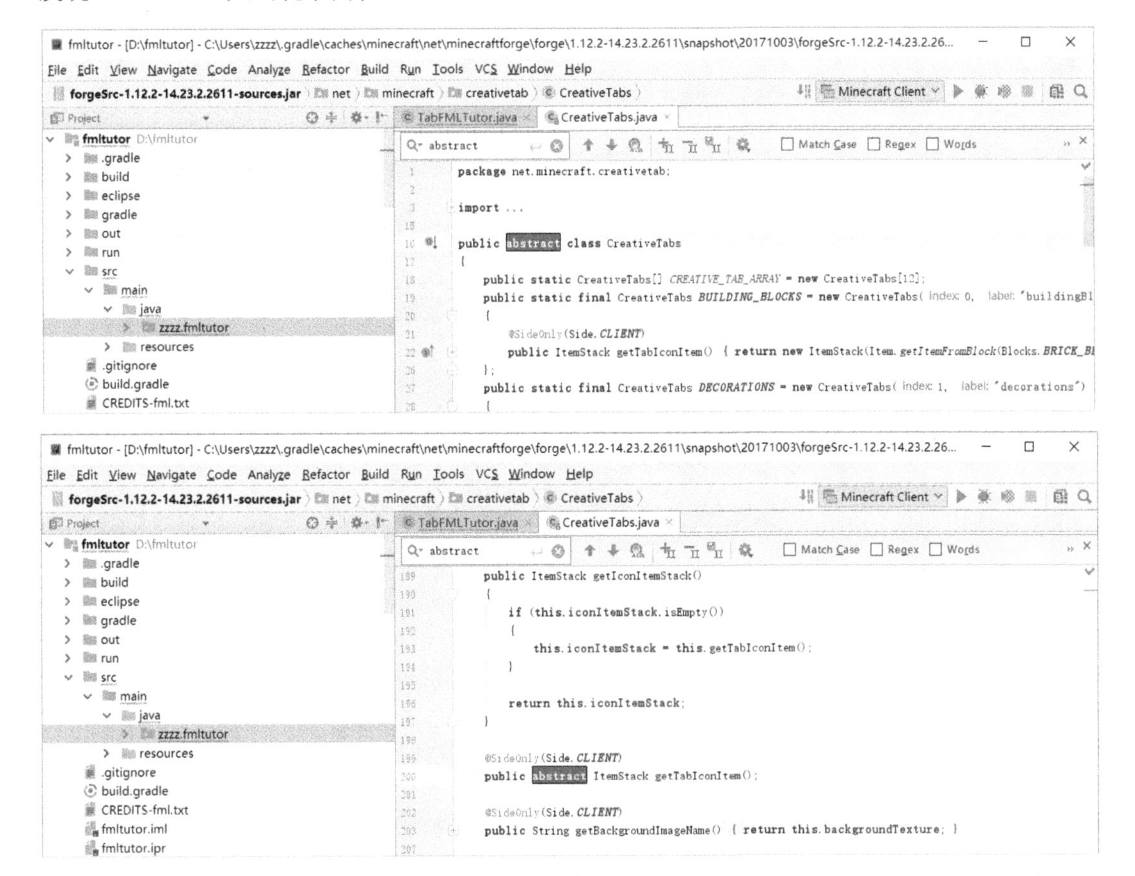

第一次出现在了 CreativeTabs 类的声明处，我们称被 abstract 修饰符修饰的类为抽象类。第二次出现在了 getTabIconItem 方法的声明处，我们称被 abstract 修饰符修饰的方法为**抽象方法**（Abstract Method）。

抽象类暂且不讨论，我们可以很容易地注意到抽象方法和其他没被 abstract 修饰的普通方法的区别——这个方法没有方法体，它和其他方法的方法体使用一对大括号括起来不同，这个方法的方法体对应位置只有一个分号。那么如果我们想要调用执行一个 CreativeTabs 的 getTabIconItem 方法，而这个方法对应的方法体根本不存在，那么这应该如何调用呢？

一个解决方案是，我们需要继承这个含有抽象方法的类，然后覆盖（Override）这个方法，这样在执行这个方法时，对应的子类的方法体是存在的，调用的也会是对应子类的方法。我们得到了一个结论——**如果想要构造一个抽象类的实例，那么必须继承这个类**。Java 通过在类的声明中添加 abstract 修饰符来强制要求这一行为，这就是抽象类。

显而易见，**只有抽象类才能拥有抽象方法**。因此，一个包含 abstract 修饰符的方法所属的类，也必然有 abstract 修饰符。getTabIconItem 方法的返回值，代表这个创造模式物品栏的标志物品，因此 CreativeTabs 类本身并不知情，而让其子类去实现这个方法，在设计上也是可以的。

我们现在回到新建的 TabFMLTutor 类，把鼠标指针放到报错处，按 Alt+Enter 组合键，IntelliJ IDEA 弹出了一个对话框：

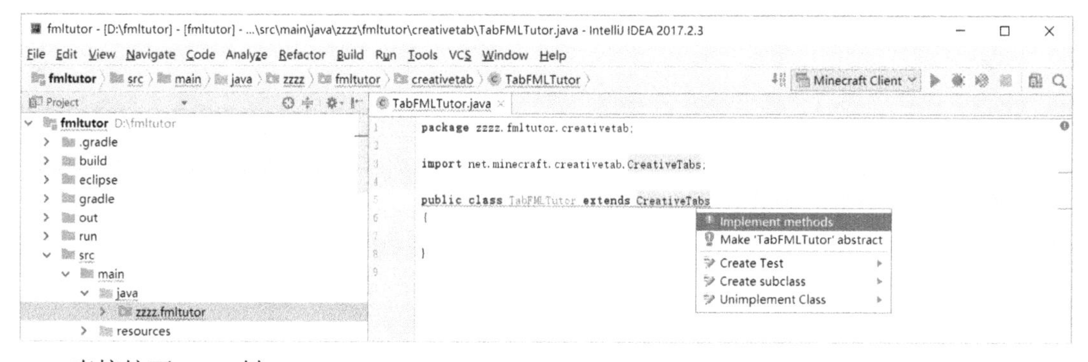

直接按下 Enter 键：

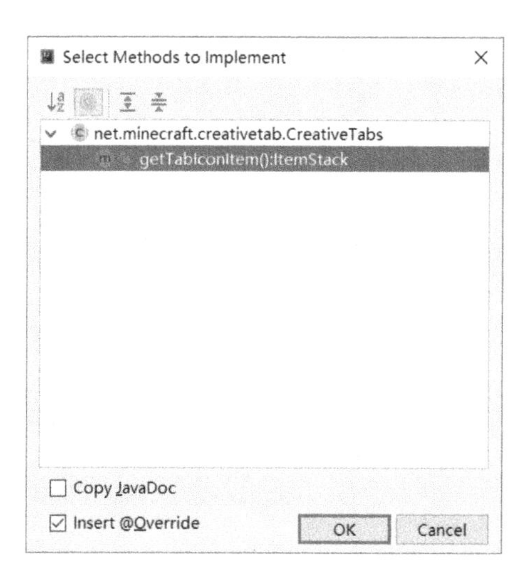

Alt+Enter 组合键经常用于 IntelliJ IDEA 提示报错或警告时解决问题，IntelliJ IDEA 会向使用者提出若干推荐的解决方案。如果正在使用 Eclipse，那么 Eclipse 的 Quick Fix 功能也会起到类似的效果。

IntelliJ IDEA 提出了两个方案——实现对应方法，或把这个类同样变成抽象类。我们当然选择第一种方案，按 Enter 键后 IntelliJ IDEA 会弹出一个对话框，让使用者选择需要实现的方法，这里需要实现的只有一个方法，按 Enter 键就可以。然后修改方法体，让方法变成这种形式：

```
@Override
public ItemStack getTabIconItem()
{
    return new ItemStack(ItemRegistryHandler.ITEM_COMPRESSED_DIRT);
}
```

@Override 是这个方法的一个注解，用于提醒开发者和编译器，这个方法覆盖了父类的某个方法。然后 IntelliJ IDEA 又弹出来了一个报错，这次告诉我们没有添加构造方法。

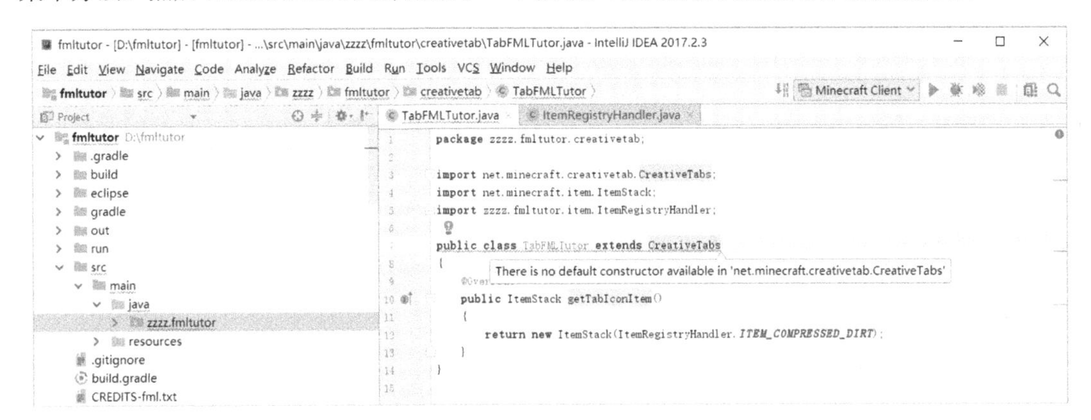

这个解决起来很简单，现在补上一个构造方法：

```
public TabFMLTutor()
{
    super("fmltutor");
}
```

向父类的构造方法传入的参数就是这个创造模式物品栏的名称，在后面章节可以看到这个名称的用途。然后在这个类中新建一个静态字段，作为一个创造模式物品栏的实例：

```
public static final TabFMLTutor TAB_FMLTUTOR = new TabFMLTutor();
```

现在整个类看起来应该是这种形式：

```
package zzzz.fmltutor.creativetab;

import net.minecraft.creativetab.CreativeTabs;
import net.minecraft.item.ItemStack;
import zzzz.fmltutor.item.ItemRegistryHandler;

public class TabFMLTutor extends CreativeTabs
{
    public static final TabFMLTutor TAB_FMLTUTOR = new TabFMLTutor();

    public TabFMLTutor()
    {
        super("fmltutor");
```

```
    }

    @Override
    public ItemStack getTabIconItem()
    {
        return new ItemStack(ItemRegistryHandler.ITEM_COMPRESSED_DIRT);
    }
}
```

5.1.2 将物品和方块添加到创造模式物品栏

我们只需要调用一个 Item 或 Block 的实例的 setCreativeTab 方法就可以了。在自己的方块类和物品类的构造方法中分别调用这两个方法，并传入新建的 CreativeTabs 类的实例中：

```
public ItemDirtBall()
{
    this.setUnlocalizedName(FMLTutor.MODID + ".dirtBall");
    this.setCreativeTab(TabFMLTutor.TAB_FMLTUTOR);
    this.setRegistryName("dirt_ball");
    this.setMaxStackSize(16);
}
public BlockCompressedDirt()
{
    this(Material.GROUND);
    this.setUnlocalizedName(FMLTutor.MODID + ".compressedDirt");
    this.setCreativeTab(TabFMLTutor.TAB_FMLTUTOR);
    this.setRegistryName("compressed_dirt");
    this.setHarvestLevel("shovel", 0);
    this.setHardness(0.5F);
}
```

当然，Minecraft 原版也有若干创造模式物品栏，它们对应的实例都是 CreativeTabs 类的静态字段。读者如果有需要也可以使用。

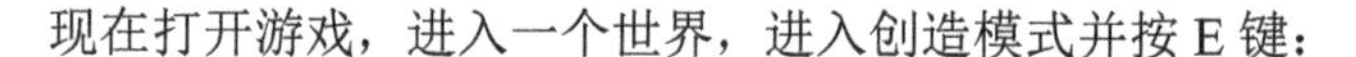

现在打开游戏，进入一个世界，进入创造模式并按 E 键：

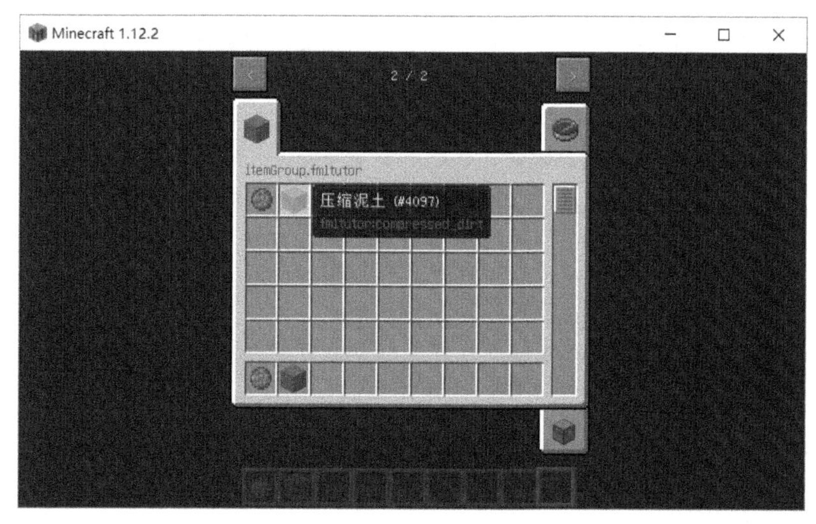

这样添加了两个物品的创造模式物品栏就成功制作出来了。我们现在还会注意到，

itemGroup.fmltutor 本来应该是创造模式物品栏的名称，而现在却是一个意义不明显的字符串，不过当回顾给方块和物品起名的过程时，机智的读者一定已经意识到了什么。

5.1.3　语言文件

我们在 CreativeTabs 类的构造方法中传入的 fmltutor 字符串，被直接用到了这里，并加上了 itemGroup 的前缀。我们分别为 zh_cn.lang 和 en_us.lang 两个文件添加 itemGroup.fmltutor 对应的中英文名称：

```
# en_us.lang
item.fmltutor.dirtBall.name=Dirt Ball
tile.fmltutor.compressedDirt.name=Compressed Dirt
itemGroup.fmltutor=FMLTutor Creative Tab Example

# zh_cn.lang
item.fmltutor.dirtBall.name=泥土球
tile.fmltutor.compressedDirt.name=压缩泥土
itemGroup.fmltutor=FMLTutor 创造模式物品栏示例
```

现在重新启动游戏：

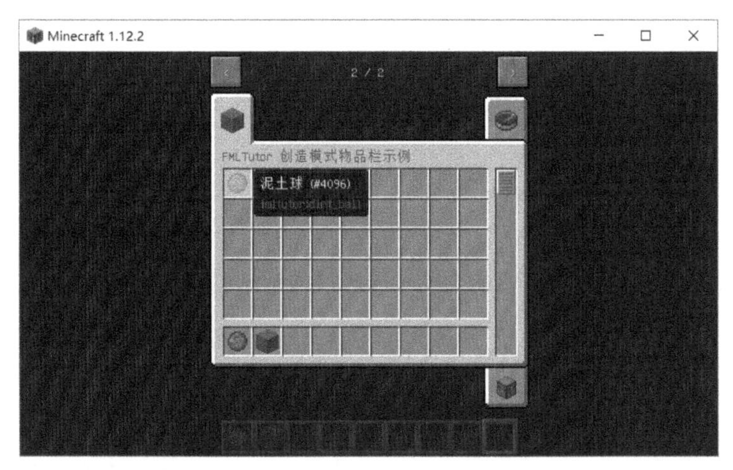

我们想要看到的名称出现了。

5.1.4　物品和 ItemStack

现在来看 getTabIconItem 方法。之前说到这个方法的返回值代表这个创造模式物品栏的标志物品，我们的确也在创造模式物品栏上看到了这个物品（压缩泥土方块对应的物品），但是我们注意到这个方法返回的是一个 ItemStack，这个类不同于之前见到的 Item 类和 Block 类等。那么，既然一个 Item 能代表一个物品，而一个 ItemStack 也能代表一个物品，两者的区别是什么呢？

实际上，一个 ItemStack 包含的信息量要比一个 Item 多。一个 Item 代表一种物品，而一个 ItemStack 代表一叠物品。所以第一个明显的特征是 ItemStack 里有一个字段存储着物品的数量，这个数量在大部分情况下可以是 1 到 64 之间的任意值，当然，对于调用了 setMaxStackSize 方法，也就是设置了最大堆叠的物品，最大数字可能小于 64。这个数字甚至还可以是 0——代表一个空的 ItemStack。通过引用 ItemStack 类的 EMPTY 字段，可以获取到一个空的 ItemStack。

此外，一个 ItemStack 还会包含一个 meta 整数值（默认为 0，在部分情况下还会被用于代表物品的耐久值），在部分情况下还会包含一个 NBT 标签。当物品类型相同时，meta 一直被用于区分不同的物品，比如 16 种染料、煤炭和木炭等。

我们现在设想这样的情况：

```
Item dirtBall = new ItemDirtBall();
Item anotherDirtBall = new ItemDirtBall();

dirtBall.setRegistryName("dirt_ball");
anotherDirtBall.setRegistryName("another_dirt_ball");
```

如果注册这两个 Item 的实例，它们代表同一个物品吗？

答案是否定的。实际上，**每一个 Item 的实例都代表一个物品种类**，同理，**每一个 Block 的实例都代表一个方块种类**。在本书的后续章节将讲解 Mod 中的实体。实体（在游戏中是 Entity 类的实例）的类型是由 Entity 的子类类型决定的，而每一个 Entity 类的实例代表一个独立的实体。读者要注意区分这两者。

与物品类型相对应的每一叠独立的物品都是一个 ItemStack。而对于 getTabIconItem 方法返回值所用到的场合，我们需要的正是一叠独立的包含 meta 的物品，有时包含 NBT 标签，而不是物品类型这样一个宽泛的概念。因此，所使用的返回值是一个 ItemStack，而不是 Item。

5.1.5 个性化创造模式物品栏

我们可以覆盖 CreativeTabs 类的若干方法来实现一定程度的创造模式物品栏的自定义，比如，可以覆盖 hasSearchBar 方法为创造模式物品栏加上搜索框：

```
@Override
public boolean hasSearchBar()
{
    return true;
}
```

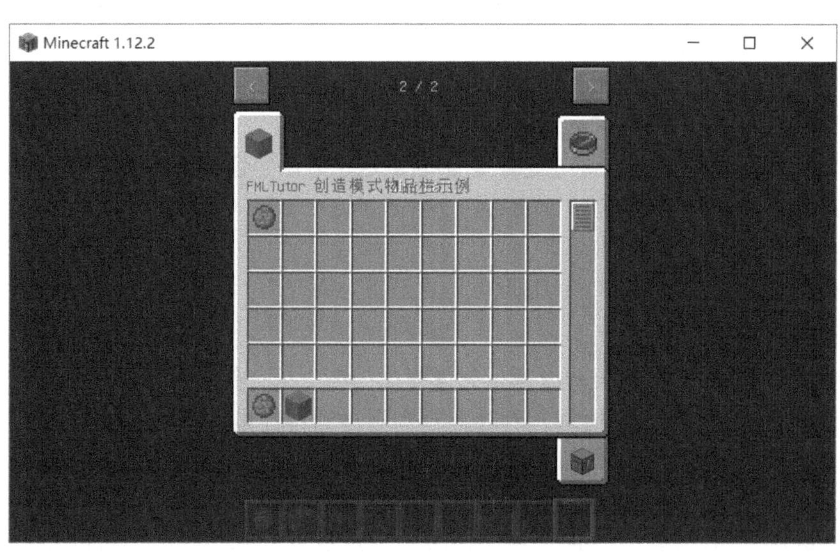

我们注意到这个搜索框的位置和创造模式物品栏的名称重合了。可通过覆盖 getSearchbarWidth 方法调整（原有返回值是 89，现在调整成 45）：

```
@Override
public int getSearchbarWidth()
{
    return 45;
}
```

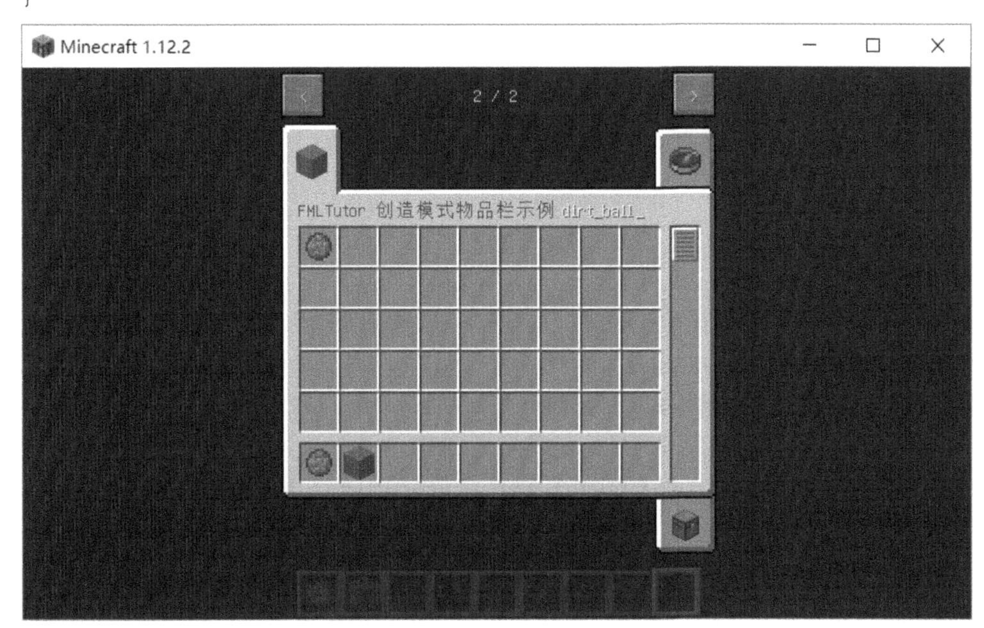

现在可以了，不过这个背景不太合适。通过翻阅 CreativeTabs 类，我们注意到这个类有一个 getBackgroundImageName 方法，这个方法和设置背景材质有着千丝万缕的联系：

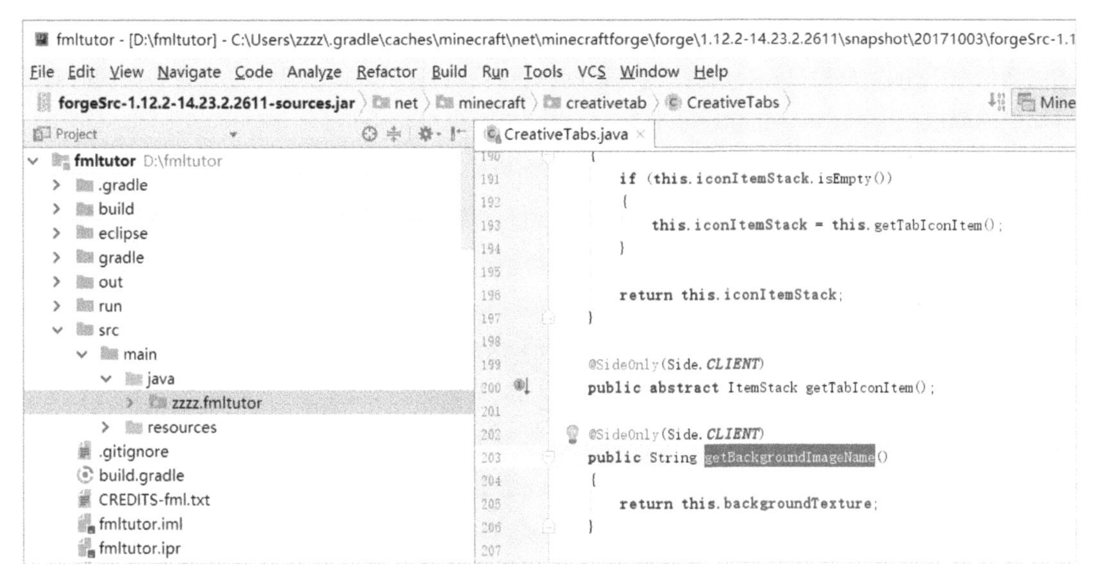

如果想要覆盖这个方法，应该让这个 Getter 返回什么呢？按 Ctrl 键并单击这个方法的名称，跳到了 GuiContainerCreative 类的实现，见下图：

这里新建了一个 ResourceLocation，很明显，这个 ResourceLocation 代表的就是创造模式物品栏的位置，比如，如果把这个 Getter 的返回值设置为 fmltutor.png，那么对应的 ResourceLocation 就是 textures/gui/container/creative_inventory/tab_fmltutor.png，**资源域由于未标明，默认为 minecraft**。这是本书中唯一一次用到资源域为 minecraft 默认值的场合。我们首先在 resources 目录下的 assets 目录下**新建 minecraft 目录而非 fmltutor 目录**，然后逐级新建 gui.container.creative_inventory 目录：

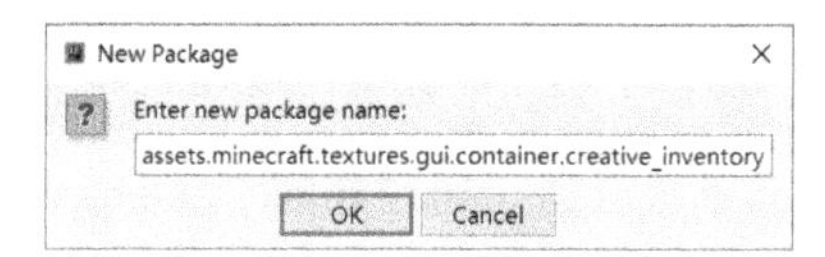

自己制作一个 fmltutor.png 文件并放入这个目录。材质的制作就由读者自己发挥了，不过需要注意的一点是，这张**材质图的尺寸必须是 256 像素 ×256 像素的**，而且想要的背景位于材质的左上角。当然，读者实际上也可以制作更高清的材质，但在其中嵌入背景贴图时必须等比例缩放：

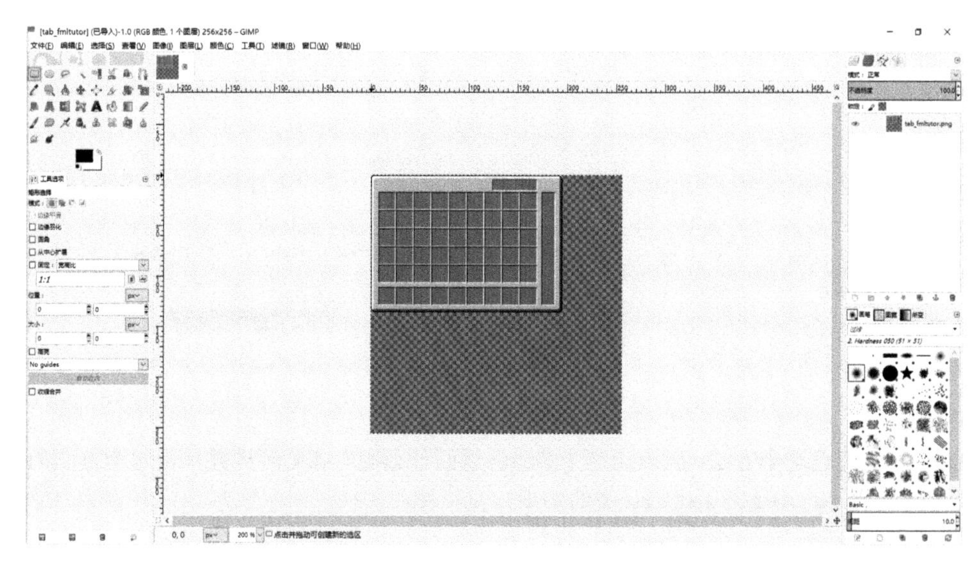

然后覆盖相应的方法：

```
@Override
public String getBackgroundImageName()
{
    return "fmltutor.png";
}
```

为创造模式物品栏的背景添加了一个漂亮的搜索框，整个背景充满了泥土气息：

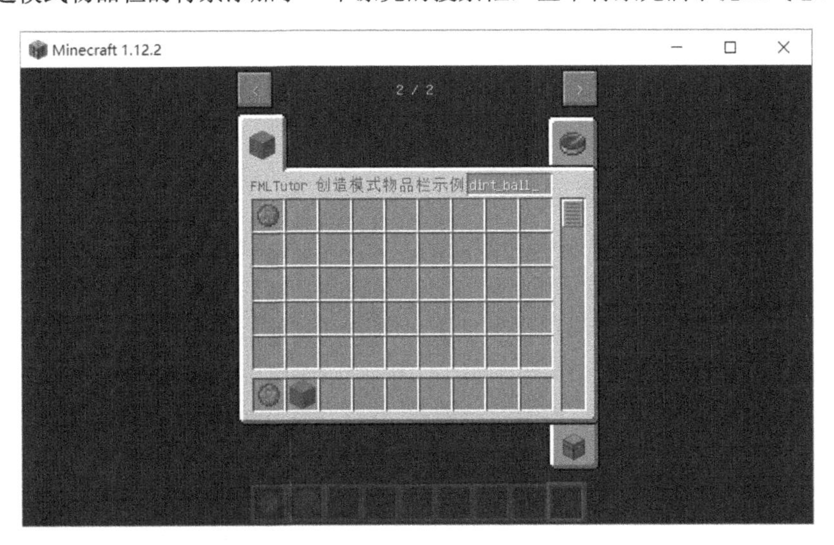

5.1.6　小结

如果读者能一步一步地照做下来，那么现在的项目应该较上次多出了两个文件：

- src/main/java/zzzz/fmltutor/creativetab/TabFMLTutor.java
- src/main/resources/assets/minecraft/textures/gui/container/creative_inventory/tab_fmltutor.png

同时以下四个文件发生了一定程度的修改：

- src/main/resources/assets/fmltutor/lang/en_us.lang
- src/main/resources/assets/fmltutor/lang/zh_cn.lang
- src/main/java/zzzz/fmltutor/item/ItemDirtBall.java
- src/main/java/zzzz/fmltutor/block/BlockCompressedDirt.java

最后再简要总结一下这一部分：

- 继承了一个名为 CreativeTabs 的抽象类，以创建我们自己的创造模式物品栏。
- 通过实现名为 getTabIconItem 的抽象方法设置了创造模式物品栏的代表物品。
- 通过向 CreativeTabs 的构造方法传入标识符 fmltutor，并通过向语言文件添加 itemGroup.fmltutor 的方式指定了名称。
- 调用了物品和方块的 setCreativeTab 方法把物品和方块添加进了创造模式物品栏。
- 通过覆盖 hasSearchBar 方法并设置返回值为 true 添加了创造模式物品栏的搜索框。
- 通过覆盖 getBackgroundImageName 方法并设置返回值，从而设置了创造模式物品栏的背景图片。在 assets/minecraft/textures/gui/container/creative_

inventory/tab_fmltutor.png 放置这一图片，它对应 fmltutor.png 这一返回值。

5.2　新的工具

在 Minecraft 中，工具指的就是一个可以使特定方块被挖掘起来更容易的东西——从这个角度上说，镐、斧、铲、剑和剪刀都属于工具，而锄子并不是工具，锄子只是一个右击泥土可以使泥土变成耕地的物品，并不能帮助挖掘特定方块。本节内容将带领读者一步一步地创造泥土镐的工具，从而帮助读者了解制作一个工具的通用方法。

5.2.1　挖掘等级和挖掘速度

对很多方块来说，它们徒手破坏的速度很慢，破坏后也不能掉落物品，而使用一种特定的工具后破坏的速度会提高很多倍，相应地也会掉落物品。这就自然而然地引入了 Minecraft 中挖掘等级的概念。对有过游戏经验的玩家来说，挖掘等级的概念一定是再熟悉不过了，这里先带领读者快速回顾一下。

首先，有一些方块，其徒手破坏的速度和使用镐、斧、铲等工具破坏的速度完全一样，使用工具也不会改变它们的掉落物，我们称这种方块的挖掘等级为 -1。剩下的方块使用木制的工具就能破坏的我们称其挖掘等级为 0，使用石制的对应挖掘等级为 1，使用铁制的对应挖掘等级为 2，而 Minecraft 原版中挖掘等级为 3 的方块只有一个，也就是只能使用钻石镐挖掘的黑曜石。这里也可以非常自然地将工具材料和挖掘等级对应——木制的是 0，石制的是 1，铁制的是 2，而钻石的是 3。

所有挖掘等级大于或等于 0 的方块都有其对应的一种工具——有的是镐，有的是斧，有的是铲。从这个角度上说，剑和剪刀并不会被特定的方块对应。当然读者可能会想到蜘蛛网、树叶等方块，这些在 Minecraft 中其实是作为特例判定的。

和挖掘等级相比，挖掘速度就会复杂得多——它涉及四个因素：方块的硬度、所用工具的挖掘速度、工具附魔的影响，以及玩家身上的药水效果的影响。这里方块本身能够控制的自然就是方块的硬度——它们有大有小，如果被设置为负数，就表示不可破坏。而对于工具而言，能够控制的因素自然也就是它们的挖掘速度，通常而言，木制的最慢，石制的其次，铁制的较快，而钻石制品最快。

5.2.2　ToolMaterial

在 Minecraft 代码中，很容易想到的类名是 ItemTool 类。打开这个类，如果在使用 IntelliJ IDEA，那么会注意到这个类声明的左边有一个 O，后面跟着一个向下的箭头，这说明在我们能够接触到的代码中，有若干类继承了这个类。

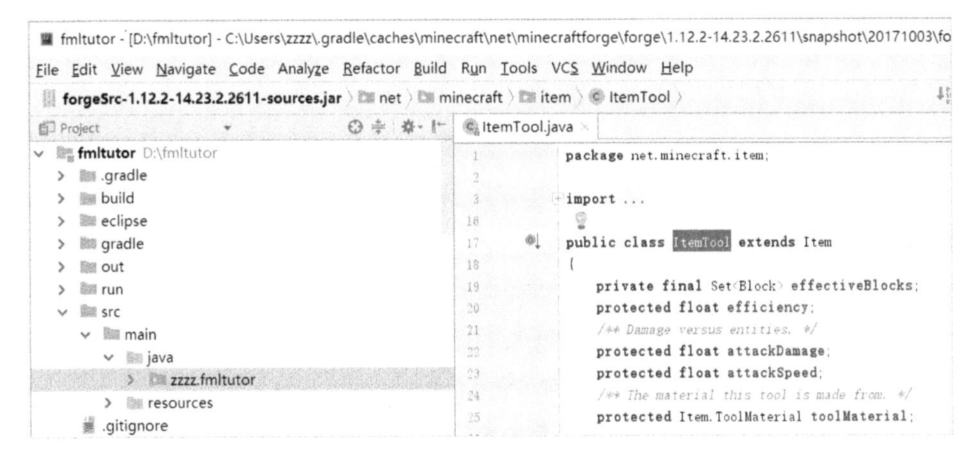

单击这个图标：

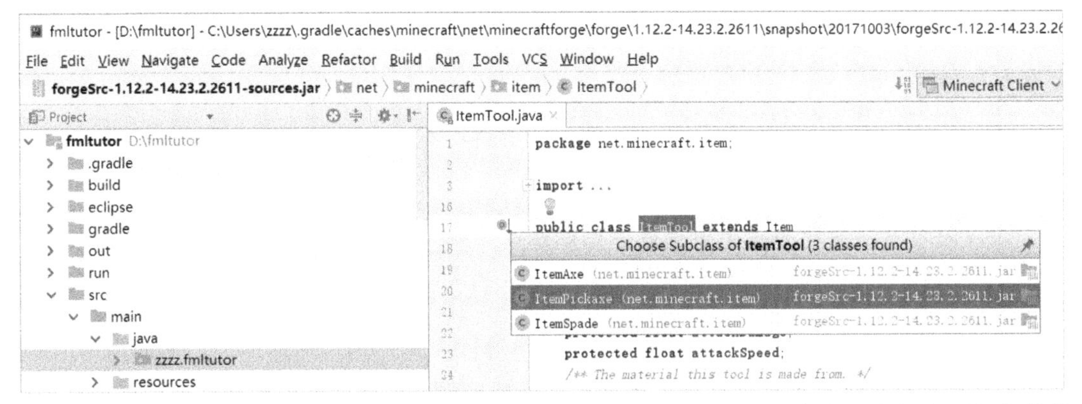

IntelliJ IDEA 告诉我们，Minecraft 的源代码中有三个类继承了这个类，它们分别代表斧的 `ItemAxe` 类、镐的 `ItemPickaxe` 类和铲的 `ItemSpade` 类。如果读者正在使用 Eclipse，那么 Eclipse 的 Type Hierarchy 界面也能起到类似的功能。

我们的目标就很明确了。在 `zzzz.fmltutor.item` 包下新建一个名为 `ItemDirtPickaxe` 的类，并让它继承 `ItemPickaxe` 类，镐只需要依靠这个类就可以（当然，如果读者想要做一把对应的斧或铲，则继承对应的 `ItemAxe` 和 `ItemSpade` 类即可）：

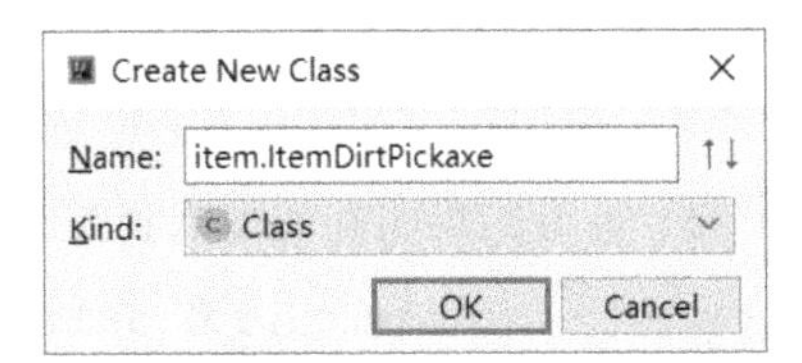

我们很快就能注意到需要编写的构造方法，因为 `ItemPickaxe` 的构造方法并不是没有参数的：

```
protected ItemPickaxe(Item.ToolMaterial material)
{
    // ItemPickaxe 的构造方法体
}
```

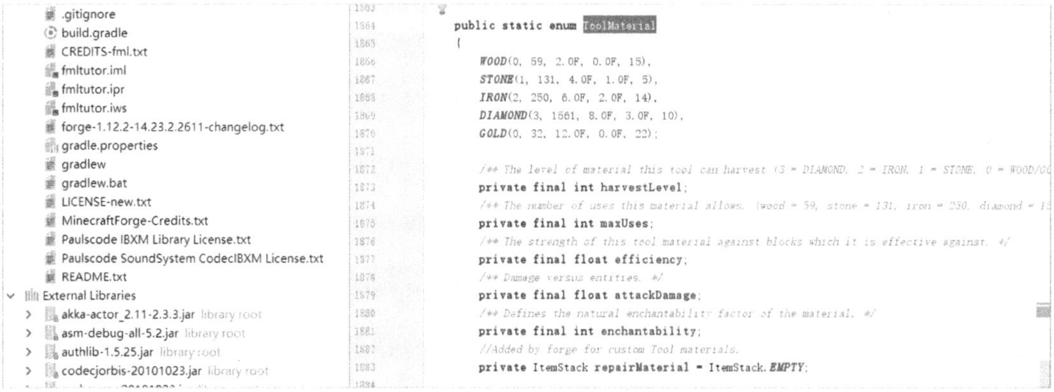

```
.gitignore
build.gradle
CREDITS-fml.txt
fmltutor.iml
fmltutor.ipr
fmltutor.iws
forge-1.12.2-14.23.2.2611-changelog.txt
gradle.properties
gradlew
gradlew.bat
LICENSE-new.txt
MinecraftForge-Credits.txt
Paulscode IBXM Library License.txt
Paulscode SoundSystem CodecIBXM License.txt
README.txt
External Libraries
> akka-actor_2.11-2.3.3.jar library root
> asm-debug-all-5.2.jar library root
> authlib-1.5.25.jar library root
> codecjorbis-20101023.jar library root
```

```java
1863
1864    public static enum ToolMaterial
1865    {
1866        WOOD(0, 59, 2.0F, 0.0F, 15),
1867        STONE(1, 131, 4.0F, 1.0F, 5),
1868        IRON(2, 250, 6.0F, 2.0F, 14),
1869        DIAMOND(3, 1561, 8.0F, 3.0F, 10),
1870        GOLD(0, 32, 12.0F, 0.0F, 22);
1871
1872        /** The level of material this tool can harvest (3 = DIAMOND, 2 = IRON, 1 = STONE, 0 = WOOD/GO
1873        private final int harvestLevel;
1874        /** The number of uses this material allows. (wood = 59, stone = 131, iron = 250, diamond = 15
1875        private final int maxUses;
1876        /** The strength of this tool material against blocks which it is effective against. */
1877        private final float efficiency;
1878        /** Damage versus entities. */
1879        private final float attackDamage;
1880        /** Defines the natural enchantability factor of the material. */
1881        private final int enchantability;
1882        //Added by forge for custom Tool materials.
1883        private ItemStack repairMaterial = ItemStack.EMPTY;
1884
```

这个 `Item.ToolMaterial` 类引发了我们的兴趣，按 Ctrl 键并单击 `ToolMaterial`，看看它的实现。这个类的声明方式和之前见到的不太一样，因为这个类是一个枚举类，同时还是一个嵌套类。

5.2.3 嵌套类

将一个类的声明放在另一个类的行为称为声明一个**嵌套类**（Nested Class），而 `Item.ToolMaterial` 类正是 `Item` 类的内部嵌套类。

嵌套类的名称和外部类使用小数点相连接，比如 `Item.ToolMaterial`，它的全称是 `net.minecraft.item.Item.ToolMaterial`。在部分情况下，你也可以直接 `import` 一个嵌套类，像下面这种形式：

```java
import net.minecraft.item.Item.ToolMaterial;

public class SomeClass
{
    public ToolMaterial toolMaterial;
}
```

这和下面的代码是等价的：

```java
import net.minecraft.item.Item;

public class SomeClass
{
    public Item.ToolMaterial toolMaterial;
}
```

读者可以视情况采用两者中的一种方式声明并使用嵌套类的实例。

嵌套类的声明中可以使用 `public`、`protected` 和 `private` 修饰符，用于声明这个类的访问级。比如，被添加了 `private` 和内部嵌套类是私有类，只有它外部的类可以直接访问这个类的字段和方法。

可以在嵌套类的声明中添加或去除 `static` 修饰符，这将嵌套类分为了静态嵌套类和非静态嵌套类。非静态嵌套类又被称作**内部类**（Inner Class）。在后面的章节中将看到内部类的其他写法和应用。静态嵌套类和非静态嵌套类的区别在于非静态嵌套类无法访问外部类的非静态字段和方法。换言之，静态嵌套类需要依赖外部类的实例，而非静态嵌套类不需要，作为示例，我们看一看在使用构造方法上，静态嵌套类和非静态嵌套类的不同。

假设声明了一个外部类 Outer 和一个静态嵌套类 StaticNested 如下：

```
public class Outer
{
    public static class StaticNested
    {
        public StaticNested()
        {
            // do something
        }
    }
}
```

现在想要新建一个 StaticNested 的实例，只需要这种形式就可以了：

```
Outer.StaticNested object = new Outer.StaticNested();
```

但如果嵌套类属于非静态的内部类，比如下面这种形式：

```
public class Outer
{
    public class Nested
    {
        public Nested()
        {
            // do something
        }
    }
}
```

下面的声明就是完全错误的：

```
Outer.Nested object = new Outer.Nested();
```

因为非静态嵌套类需要依赖外部类的实例，因此**只能为一个类的实例声明对应的内部类**，比如下面这种形式：

```
Outer outer = new Outer();
Outer.Nested object = outer.new Nested();
```

在大部分场合下，我们只需要使用静态嵌套类，只有少部分场合才会使用非静态嵌套类。实际上，之前已经使用过很多个嵌套类了，只是教程没有指出。比如：

- EventHandler 是 net.minecraftforge.fml.common.Mod 类的嵌套注解类。
- EventBusSubscriber 是 net.minecraftforge.fml.common.Mod 类的嵌套注解类。
- Register<Item> 和 Register<Block> 分别是 net.minecraftforge.event.RegistryEvent 的嵌套类。

5.2.4　枚举类

枚举类（Enum Class）指的是有若干有限数量预设实例的类，Java规定它们都是 Enum(java.lang.Enum) 类的实例。

枚举类的实例数量是有限的，是不可随意添加的，它们被声明为对应枚举类的公开的静态字段，比如前面的 ToolMaterial 类，它声明了五个字段，分别代表原版的五种材料：WOOD、STONE、IRON、DIAMOND 和 GOLD。可以通过 ToolMaterial.WOOD 的方式访问第一个字段，通过 ToolMaterial.STONE 的方式访问第二个，依次类推。

声明一个枚举类的方法很简单，只需要把声明时使用的 class 换成 enum，然后在大括号内将其若干实例使用逗号分隔就可以了，比如：

```
public enum Month
{
    JAN, FEB, MAR, APR, MAY, JUN, JUL, AUG, SEP, OCT, NOV, DEC;
}
```

枚举类和普通类相似，也可以为其声明方法、字段和构造方法。构造方法通过在实例名后添加括号的方式调用。枚举类的构造方法必须是私有的，不过其 private 修饰符可以省略。例如：

```
public enum Month
{
    JAN("January"), FEB("February"), MAR("March"), APR("April"), MAY("May"),
JUN("June"),
    JUL("July"), AUG("August"), SEP("September"), OCT("October"),
NOV("November"), DEC("December");

    private final String monthName;

    Month(String monthName)
    {
        this.monthName = monthName;
    }

    public String getMonthName()
    {
        return this.monthName;
    }

    public boolean hasChrismasDay()
    {
        return this == DEC;
    }
}
```

在 Minecraft 中，枚举类被大量应用于数量寥寥无几的类型上，比如前面看到的工具材料，但是对 Mod 来说，要扩展已有的材料为一个枚举类添加实例。但是 Java 原则上是不允许为枚举类添加新的实例的。

Forge 为我们添加了一个名为 EnumHelper 的类，这个类通过调用一些底层代码的方式，可以为一个枚举类添加新的实例，虽然实际上这种方式是 Java 本身没有保证的，但是主流的 JVM 实现都支持这种方式。

5.2.5 EnumHelper

EnumHelper 中提供了若干静态方法，这些静态方法可以使我们比较方便地为一些特定的枚举类添加新的实例，这里针对的是 EnumHelper 类的 addToolMaterial 方法。

addToolMaterial 方法的第一个参数代表的是枚举类的名称，也就是对应的在声明时使用的静态不可变字段名，因此应该全部使用大写字母，并使用下画线分隔（这里使用 DIRT）。而从这个方法的第二个参数开始，就和 ToolMaterial 的构造方法的参数声明一样了。

在这一节想要创造的是泥土工具，以下是 ToolMaterial 的构造方法的参数声明：

- harvestLevel 代表对应 ToolMaterial 的挖掘等级，将直接和对应工具的挖掘等级相关联，这里作为泥土工具，采用和石制工具一样的等级，也就是 1。
- maxUses 决定对应工具的耐久值，比如石制工具是 131，铁制工具是 250，钻石制品是 1563，这里作为泥土工具，将其设置为石制工具耐久值的三分之一，也就是 44。
- efficiency 决定对应工具挖掘特定方块的效率，也就是遇到特定方块时，挖掘速度翻倍的倍数，这里作为泥土工具，将其设置为石制工具挖掘效率的四分之三，也就是 3。
- damageVsEntity 决定对应武器攻击能够造成的伤害，由于本章节将只讨论工具，而不会讨论武器相关的内容，这里将其设置为和石制工具等级相同的值，也就是 1。
- enchantability 决定对应工具或武器的附魔能力，这个和挖掘等级不是正相关——金的附魔能力最高，钻石的相对较低，这里我们将其也设置为和石头相同的值，也就是 5。

现在我们在 ItemRegistryHandler 类新添加一个静态字段，从而新建一个 ToolMaterial：

```
public static final Item.ToolMaterial DIRT_TOOL_MATERIAL = EnumHelper.
addToolMaterial("DIRT", 1, 44, 3.0F, 1.0F, 5);
```

补全 ItemDirtPickaxe 类的构造方法，同时为其设置 registryName、unlocalizedName 和创造模式物品栏：

```
public ItemDirtPickaxe()
{
    super(ItemRegistryHandler.DIRT_TOOL_MATERIAL);
    this.setUnlocalizedName(FMLTutor.MODID + ".dirtPickaxe");
    this.setCreativeTab(TabFMLTutor.TAB_FMLTUTOR);
    this.setRegistryName("dirt_pickaxe");
}
```

在 ItemRegistryHandler 类新建一个静态字段存储这个 ItemDirtPickaxe 的实例：

```
public static final ItemDirtPickaxe DIRT_PICKAXE = new ItemDirtPickaxe();
```

然后把它注册：

```
// 该语句位于 onRegistry 方法
registry.register(DIRT_PICKAXE);

// 该语句位于 onModelRegistry 方法
registerModel(DIRT_PICKAXE);
```

5.2.6 语言文件和物品材质

像之前添加物品一样添加语言文件：

```
# in en_us.lang
item.fmltutor.dirtPickaxe.name=Dirt Pickaxe

# in zh_cn.lang
item.fmltutor.dirtPickaxe.name=泥土镐
```

我们在 assets/fmltutor/blockstates 目录下新建一个 dirt_pickaxe.json 文件，然后和之前添加物品一样，填入类似的内容：

```
{
  "forge_marker": 1,
```

```
    "defaults": {
      "model": "minecraft:builtin/generated",
      "textures": { "layer0": "fmltutor:items/dirt_pickaxe" }
    },
    "variants": {
      "inventory": [{ "transform": "forge:default-tool" }]
    }
}
```

这里和物品有一点区别就是 forge:default-item 被 forge:default-tool 替代了。这是因为 forge:default-tool 是专用于工具的，从而可以保证在玩家手持工具时，看起来工具的截面和地面垂直，而 forge:default-item 会导致看起来是水平的。感兴趣的读者可以比较一下这两个工具，和在之前章节中添加的泥土球的手持外观不同。

然后画一个泥土镐的材质，将其命名为 dirt_pickaxe.png，并放进 assets/fmltutor/textures/items 目录下：

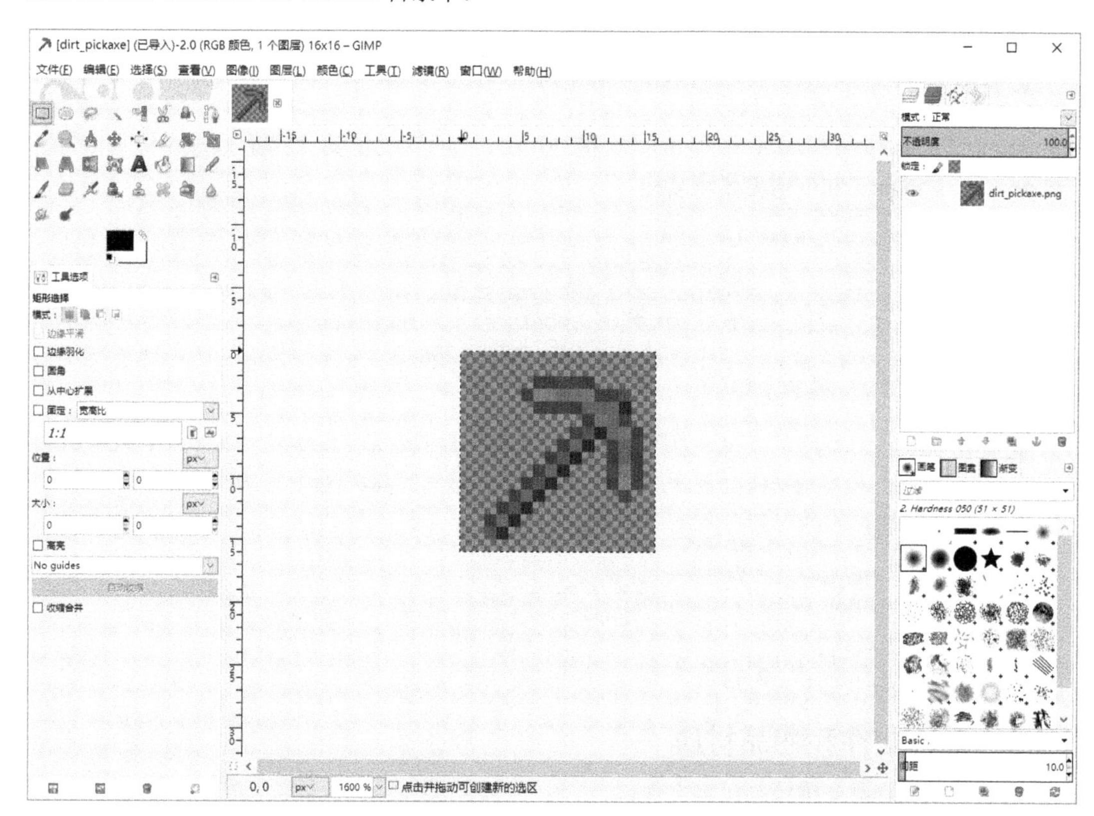

5.2.7　指定特殊方块的挖掘速度

之前说到剑和剪刀两种工具不会被特定的方块对应，那么它们是如何指定特殊方块的挖掘速度的呢？打开 ItemSword 类，其中的 getDestroySpeed 方法告诉了我们真相：

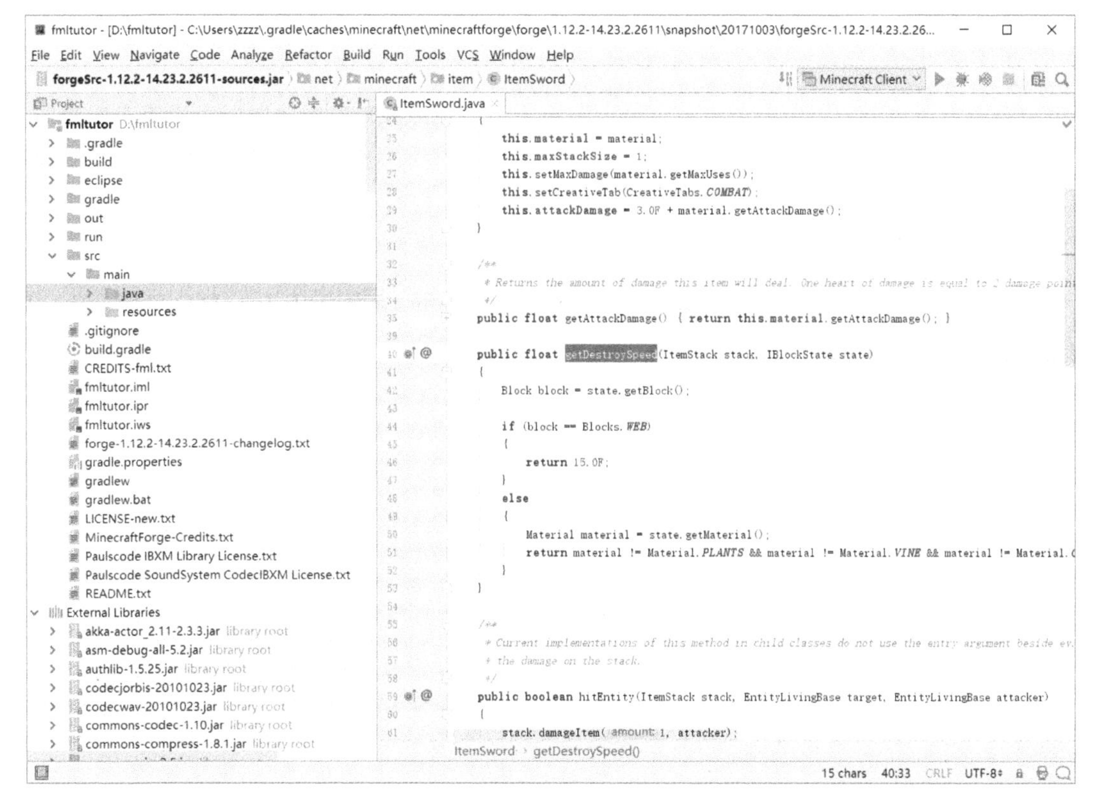

这个方法覆盖了父类，也就是 Item 类的特定方法，返回的是工具针对特定方块的挖掘速度，对于大多数方块，这个值是 1。那么想要把泥土镐挖掘泥土的速度提高为原来的 10 倍，应该怎么做呢？在 ItemDirtPickaxe 类中覆盖 getDestroySpeed 方法：

```java
@Override
public float getDestroySpeed(ItemStack stack, IBlockState state)
{
    Block block = state.getBlock();
    float speed = super.getDestroySpeed(stack, state);
    return (block == Blocks.DIRT || block == Blocks.GRASS) ? speed * 10 : speed;
}
```

一个 IBlockState 代表一个方块状态，关于方块状态，在本书的后续部分会有所提及。这里只需要知道通过调用其 getBlock 方法返回一个 Block 类的实例就可以了。然后调用了父类的 getDestroySpeed 方法，获取了原有的挖掘速度。接下来，在这个值的处理上，使用了一类崭新的运算符：**条件运算符**（Conditional Operator）。

Java 的条件运算符一共有三种：&&、|| 和 ?:。条件运算符的名称源于它们可以通过运算符的方式控制部分表达式不执行。三种条件运算符分别都可以使用对应的条件语句改写，但是运算符的写法显然更简便一些。

&& 运算符连接两个值为布尔值的表达式，它和布尔运算中的逻辑与运算有一定相似之处。在执行由 && 连接起来的表达式时，首先执行 && 前的表达式，如果其值为 false，则略过后面的表达式，整个表达式的值为 false；如果其值为 true，则执行并返回 && 后的表达式对应的布尔值。比如，对于 boolean b = expressionA && expressionB 这一赋值语句，它等价于：

```
boolean b;
if (expressionA)
{
    b = expressionB;
}
else
{
    b = false;
}
```

可以注意到，**当 && 前的表达式的值为 false 时，&& 后的表达式不执行**，这是 && 作为条件运算符所拥有的十分重要的特征。

|| 表达式正好相反，它和布尔运算中的逻辑或有一定相似之处。在执行由 || 连接起来的表达式时，首先执行 || 前的表达式，如果其值为 true，则略过后面的表达式，整个表达式的值为 true；如果其值为 false，则执行并返回 || 后的表达式对应的布尔值。比如，对于 boolean b = expressionA || expressionB 这一赋值语句，它等价于：

```
boolean b;
if (expressionA)
{
    b = true;
}
else
{
    b = expressionB;
}
```

同样，**当 || 前的表达式的值为 true 时，|| 后的表达式不执行**。

?: 运算符连接三个表达式，它的形式是这样的：conditionalExpression ? expressionA : expressionB。在执行整个表达式的时候，将首先执行 conditionalExpression 表达式，这个表达式的值必须是布尔类型。如果它的值为 true，则执行 ? 后的 expressionA，并以 expressionA 的值为最终值，如果它的值为 false，那么就会执行 : 后的 expressionB，并以 expressionB 的值为最终值。

现在分析一下之前写的 getDestroySpeed 方法的最后一行：

```
return (block == Blocks.DIRT || block == Blocks.GRASS) ? speed * 10 : speed;
```

这首先是一个返回语句，返回的是 ?: 运算符连接的表达式，而需要判定是 true 或是 false 的表达式是 block == Blocks.DIRT || block == Blocks.GRASS，这是一个由 || 连接的表达式。

当 block == Blocks.DIRT 为 true 时，这个由 || 连接的表达式为 true，若 block == Blocks.DIRT 为 false 时，同时 block == Blocks.GRASS 为 true 时，对应的表达式的值也为 true，也就是说，只有 block == Blocks.DIRT 和 block == Blocks.GRASS 同时为 false 时，这个表达式的值才是 false，否则这个表达式的值为 true。

当由 || 连接的表达式为 true 时，也就是方块是泥土或者草方块的时候，? 后面的 speed* 10 表达式将开始执行，并作为方法的返回值返回，也就是返回的是原有挖掘速度的十倍，满足我们预期的结果。

当由 || 连接的表达式为 false，也就是方块既不是泥土又不是草方块的时候，: 后面

的 speed 表达式将开始执行，这次返回的是父类的 getDestroySpeed 方法的返回值，因此挖掘速度没有变化。

现在打开游戏，在生存模式中使用镐试一试，就可以感受到飞快地挖掘泥土的速度了。

现在整个 ItemDirtPickaxe 类的代码是这种形式：

```
package zzzz.fmltutor.item;

import net.minecraft.block.Block;
import net.minecraft.block.state.IBlockState;
import net.minecraft.init.Blocks;
import net.minecraft.item.ItemPickaxe;
import net.minecraft.item.ItemStack;
import zzzz.fmltutor.FMLTutor;
import zzzz.fmltutor.creativetab.TabFMLTutor;

public class ItemDirtPickaxe extends ItemPickaxe
{
    public ItemDirtPickaxe()
    {
        super(ItemRegistryHandler.dirtToolMaterial);
        this.setUnlocalizedName(FMLTutor.MODID + ".dirtPickaxe");
        this.setCreativeTab(TabFMLTutor.TAB_FMLTUTOR);
        this.setRegistryName("dirt_pickaxe");
    }

    @Override
    public float getDestroySpeed(ItemStack stack, IBlockState state)
    {
        Block block = state.getBlock();
        float speed = super.getDestroySpeed(stack, state);
        return (block == Blocks.DIRT || block == Blocks.GRASS) ? speed * 10 :
speed;
    }
}
```

5.2.8 小结

如果读者一步一步地照做下来，那么现在的项目应该较上次多出了三个文件：

- src/main/java/zzzz/fmltutor/item/ItemDirtPickaxe.java
- src/main/resources/assets/fmltutor/blockstates/dirt_pickaxe.json
- src/main/resources/assets/fmltutor/textures/items/dirt_pickaxe.png

同时以下三个文件发生了一定程度的修改：

- src/main/resources/assets/fmltutor/lang/en_us.lang
- src/main/resources/assets/fmltutor/lang/zh_cn.lang
- src/main/java/zzzz/fmltutor/item/ItemRegistryHandler.java

最后简要总结一下这一部分：

- 通过调用 EnumHelper 类的 addToolMaterial 方法添加了一个 ToolMaterial 枚

举类的实例。

- 用 ToolMaterial 代表工具的材料，通过调整 addToolMaterial 方法的参数调整这个材料的挖掘等级等性能。
- 继承了 ItemPickaxe 类作为镐子类，并向 ItemPickaxe 类的构造方法传入了新添加的 ToolMaterial。
- 同时在镐子类的构造方法里设置了 registryName、unlocalizedName 和创造模式物品栏。
- 新建的 ItemPickaxe 的子类的实例代表一个镐子物品，我们注册了这个物品。
- 为这个镐子物品添加了语言文件，以及对应的材质。
- 通过覆写镐子类的 getDestroySpeed 方法实现了自定义某些特定方块的挖掘速度。

5.3 新的盔甲

和工具相比，盔甲就简单多了。盔甲本质上只是一个阻挡伤害的工具，而且 Minecraft 也提供了相应的物品类：ItemArmor。本节内容将带领读者一步一步地创造泥土盔甲四件套，从而帮助读者了解制作一套盔甲的通用方法。

5.3.1 ArmorMaterial

和 ToolMaterial 类似，ArmorMaterial 本身也是一个枚举类，代表盔甲的材料。同样需要使用 EnumHelper 来添加盔甲的材料，只不过这次用的是 addArmorMaterial 方法。

我们在 ItemRegistryHandler 里添加这句代码：

```
public static final ItemArmor.ArmorMaterial DIRT_ARMOR_MATERIAL = EnumHelper.
addArmorMaterial(
                "DIRT", FMLTutor.MODID + ":dirt", 5, new int[] {1, 2, 2, 1}, 9,
SoundEvents.ITEM_ARMOR_EQUIP_LEATHER, 0);
```

去掉这个方法的第一个参数（"DIRT",它代表对应枚举实例的名称），这个方法剩下的参数和 ArmorMaterial 类的构造方法重合。

对应到相应构造方法的参数依次为：

- 第二个参数代表这个盔甲材质的名称前缀，这里是 fmltutor:dirt，很快我们就会看到这个字符串的用途。
- 第三个参数代表这个盔甲的耐久基数——这个基数分别乘以 13、15、16 和 11，分别就是相应靴子、护腿、胸甲和头盔的耐久。
- 第四个参数代表这个盔甲的防御点数，传入由 1（代表靴子），2（代表护腿），2（代表胸甲）和 1（代表头盔）组成的数组。
- 第五个参数决定对应盔甲的附魔能力，这个和对应工具的挖掘等级不是正相关——金的附魔能力最高，钻石的相对较低，这里我们设置为 9。
- 第六个参数是一个有四个元素的数组对象，分别代表靴子、护腿、胸甲和头盔的伤害点数，稍后我们就会看到数组对象的创建和使用方法。
- 第七个参数是一个 SoundEvent，代表佩戴上盔甲的声音，可以在 SoundEvents 类下找到一系列代表声音的静态字段，这里使用了和皮革盔甲相同的参数。
- 最后一个参数代表盔甲的韧性，在 Minecraft 1.9.1 版本被首次引入，除钻石盔甲是 2 之外，其他种类均为 0。

第四个参数的四个元素将决定显示在玩家血量上方的总防御点数值，因此尽量不要将其设置得过大。实际上，超过钻石盔甲（靴子是 3，护腿是 6，胸甲是 8，头盔是 3）的值都不是很适合。

5.3.2　数组类型

我们注意到了一种崭新的对象类型——数组。在之前的章节中曾讲到，数组相当于若干相同类型的对象的有序排列，能够存放的最多的元素个数被称为数组的**长度**（Length）。一个数组类型通常在数组元素类型后添加 `[]` 这一对闭合中括号表示，比如传入 `ArmorMaterial` 的构造方法的第三个参数，`EnumHelper` 类的 `addArmorMaterial` 方法的第四个参数，它的类型就是 `int[]`。

一个数组对象通常有两种创建方式：带初始化数据的和不带初始化数据的。

首先是不带初始化的声明方式：

```
int[] intArray = new int[4];
```

在 `new` 后面声明了数组元素类型为 `int`，而紧随其后的中括号内包裹的整数代表这个数组的长度。可以通过中括号来获取和设置数组特定位置的元素。描述特定位置的数通常又称为数组元素的**索引**（Index）。设一个数组的长度为 N，那么可用的索引**从 0 开始，直到 N-1**，试图访问或设置超出这个范围的索引对应位置的元素的行为将会报错。一些诸如 Lua 等编程语言会将数组的第一个元素的索引规定为 1，但是对于 Java，第一个元素的索引是 0。还可以通过类似于获取数组对象的 `length` 字段的方式，获取数组的长度。对于特定的数组对象，虽然它的每一个元素都可以设置，但是它的长度是不可变的。

下面的代码分别设置了一个数组中四个元素的值，并获取数组的长度、第一个值和最后一个值，并将它们打印出来：

```
int[] intArray = new int[4];

// 设置
intArray[3] = 4;
intArray[2] = 3;
intArray[1] = 2;
intArray[0] = 1;

// 获取
int arrayLength = intArray.length;
logger.info("The length of the array is: " + arrayLength);
logger.info("The first element of the array is: " + intArray[0]);
logger.info("The last element of the array is: " + intArray[arrayLength - 1]);
```

这将输出：

```
The length of the array is: 4
The first element of the array is: 1
The last element of the array is: 4
```

带初始化数据的方式通过在声明后添加一个初始元素的列表的方式创建一个数组。初始元素的列表使用逗号分隔，并被一对大括号包围。

比如说下面的代码：

```
int[] intArray = new int[] {1, 2, 3, 4};
```

[] 这一对闭合中括号内不再需要数字，因为数组的长度已经可以通过后面被大括号包裹的列表展示出来了。

上面的声明方式和下面的代码等价：

```
int[] intArray = new int[4];

intArray[3] = 4;
intArray[2] = 3;
intArray[1] = 2;
intArray[0] = 1;
```

在调用 addArmorMaterial 方法时，传入的数组使用的就是带初始化数据的方式。

5.3.3　添加物品

盔甲对应的物品类是 net.minecraft.item.ItemArmor。在 zzzz.fmltutor.item 包下新建一个 ItemDirtArmor 类，用于代表稍后创建的四种盔甲物品。现在需要向 ItemDirtArmor 类的构造方法提供三个参数：第一个参数需要传入一个 ArmorMaterial 类的实例，这里就是创建的 ArmorMaterial。第二个参数需要传入一个整数，属于历史遗留，绝大部分 Mod 通常传入零。第三个参数需要传入一个 net.minecraft.inventory.EntityEquipmentSlot 类的实例，代表盔甲的类型。

EntityEquipmentSlot 类本身也是一个枚举类，对应的实例包有六个，分别是“MAINHAND”、“OFFHAND”、“FEET”、“LEGS”、“CHEST”和“HEAD”。实际上只会用到后四个实例，它们分别代表靴子、护腿、胸甲和头盔，而前两个分别代表玩家的主手和副手。由于这个参数决定了四种盔甲代表物品的本质区别，因此将父类构造方法的第三个参数从 ItemDirtArmor 类的构造方法传入，其他两个参数由 ItemDirtArmor 类自行提供。

现在新创建的这个类如下：

```
package zzzz.fmltutor.item;

import net.minecraft.inventory.EntityEquipmentSlot;
import net.minecraft.item.ItemArmor;

public class ItemDirtArmor extends ItemArmor
{
    public ItemDirtArmor(EntityEquipmentSlot equipmentSlot)
    {
        super(ItemRegistryHandler.dirtArmorMaterial, 0, equipmentSlot);
    }
}
```

然后设置对应的创造模式物品栏、registryName 和 unlocalizedName：

```
public ItemDirtArmor(EntityEquipmentSlot equipmentSlot)
{
    super(ItemRegistryHandler.DIRT_ARMOR_MATERIAL, 0, equipmentSlot);
    this.setUnlocalizedName(FMLTutor.MODID + ".dirtArmor." + equipmentSlot.
getName());
    this.setRegistryName("dirt_armor_" + equipmentSlot.getName());
    this.setCreativeTab(TabFMLTutor.TAB_FMLTUTOR);
}
```

这里利用了 EntityEquipmentSlot 的不同实例，getName 方法会提供不同的返回值这一特点。对于靴子、护腿、胸甲和头盔，我们可以通过它们对应的 EntityEquipmentSlot 向构造方法中传入的不同参数，很容易获取 getName 方法的返回值：

然后在 ItemRegistryHandler 类中添加几个物品静态字段：

```
public static final ItemDirtArmor DIRT_BOOTS = new ItemDirtArmor(EntityEquipmentSlot.FEET);
public static final ItemDirtArmor DIRT_LEGGINGS = new ItemDirtArmor(EntityEquipmentSlot.LEGS);
public static final ItemDirtArmor DIRT_CHESTPLATE = new ItemDirtArmor(EntityEquipmentSlot.CHEST);
public static final ItemDirtArmor DIRT_HELMET = new ItemDirtArmor(EntityEquipmentSlot.HEAD);
```

- 这四个物品的 registryName 分别是：dirt_armor_feet、dirt_armor_legs、dirt_armor_chest 和 dirt_armor_head。
- 这四个物品的 unlocalizedName 分别是：fmltutor.dirtArmor.feet、fmltutor.dirtArmor.legs、fmltutor.dirtArmor.chest 和 fmltutor.dirtArmor.head。

然后注册这四个物品：

```
registry.register(DIRT_BOOTS);
registry.register(DIRT_LEGGINGS);
registry.register(DIRT_CHESTPLATE);
registry.register(DIRT_HELMET);
```

并补齐对应的语言文件：

```
# in en_us.lang
item.fmltutor.dirtArmor.feet.name=Dirt Boots
item.fmltutor.dirtArmor.legs.name=Dirt Leggings
item.fmltutor.dirtArmor.chest.name=Dirt Chestplate
item.fmltutor.dirtArmor.head.name=Dirt Helmet

# in zh_cn.lang
item.fmltutor.dirtArmor.feet.name=泥土靴子
item.fmltutor.dirtArmor.legs.name=泥土护腿
item.fmltutor.dirtArmor.chest.name=泥土胸甲
item.fmltutor.dirtArmor.head.name=泥土头盔
```

5.3.4 添加物品的材质

和普通的物品类似，我们可以在 assets/fmltutor/blockstates 目录下新建 dirt_armor_feet.json、dirt_armor_legs.json、dirt_armor_chest.json 和 dirt_armor_head.json 这四个文件，并分别写入：

```
{
  "forge_marker": 1,
  "defaults": {
    "model": "minecraft:builtin/generated",
    "textures": { "layer0": "fmltutor:items/dirt_armor_feet" }
  },
  "variants": {
    "inventory": [{ "transform": "forge:default-item" }]
  }
}
{
  "forge_marker": 1,
  "defaults": {
    "model": "minecraft:builtin/generated",
    "textures": { "layer0": "fmltutor:items/dirt_armor_legs" }
  },
  "variants": {
    "inventory": [{ "transform": "forge:default-item" }]
  }
}
{
  "forge_marker": 1,
  "defaults": {
    "model": "minecraft:builtin/generated",
    "textures": { "layer0": "fmltutor:items/dirt_armor_chest" }
  },
  "variants": {
    "inventory": [{ "transform": "forge:default-item" }]
  }
}
{
  "forge_marker": 1,
  "defaults": {
    "model": "minecraft:builtin/generated",
    "textures": { "layer0": "fmltutor:items/dirt_armor_head" }
  },
  "variants": {
```

```
        "inventory": [{ "transform": "forge:default-item" }]
    }
}
```

然后打开 assets/fmltutor/textures/items 目录，并在相应位置添加对应材质，就完成了物品本身材质的设置。相应位置分别为 dirt_armor_feet.png、dirt_armor_legs.png、dirt_armor_chest.png 和 dirt_armor_head.png：

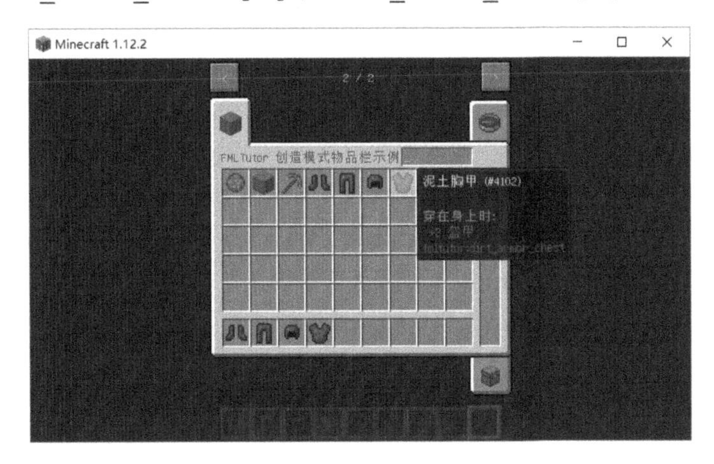

5.3.5 添加盔甲本身的材质

如果读者试着把盔甲穿戴到身上，可能会注意到，穿戴后的盔甲材质仍然是错误的。

这是因为虽然我们指定了盔甲对应物品的材质，但还没有指定盔甲本身的材质。盔甲的材质是两个大小为 64 像素 ×32 像素的图片，它们的位置由 addArmorMaterial 方法的第二个参数，也就是 ArmorMaterial 的构造方法的第一个参数决定。例如：

- 对于钻石甲，这个参数的值是 diamond，Forge 会将其自动展开成 minecraft:diamond，并会去寻找以下两个文件：
  - assets/minecraft/textures/models/armor/diamond_layer_1.png
  - assets/minecraft/textures/models/armor/diamond_layer_2.png
- 对于自己的盔甲，向其传入的参数是 fmltutor:dirt，Forge 对应寻找的将会是这两个文件：
  - assets/fmltutor/textures/models/armor/dirt_layer_1.png
  - assets/fmltutor/textures/models/armor/dirt_layer_2.png

这两个文件均应为 64 像素 ×32 像素的大小，而对于盔甲，Minecraft 把这张材质图片划分了五个部分，而每个部分都代表一个长方体，其由六个面组成：

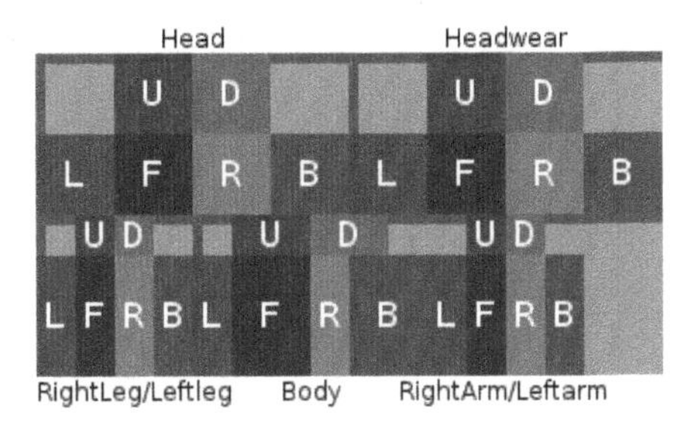

上图中：

- F 表示前面，B 表示后面，L 表示左面，R 表示右面，U 表示顶面，D 表示底面。
- 背景为紫色网格，网格线宽度对应 1 像素。

我们需要提供两张图的原因是当游戏渲染不同的盔甲时，使用的材质图不一样。当游戏渲染护腿时使用文件名以 `_2.png` 结尾的材质图片（以下简称第二张图），而在渲染盔甲的其他部分时使用文件名以 `_1.png` 结尾的材质图片（以下简称第一张图）。

- 当玩家穿戴上头盔，游戏渲染第一张图的 Head 和 Headwear 部分。
- 当玩家穿戴上胸甲，游戏渲染第一张图的 Body 和 RightArm/LeftArm 部分。
- 当玩家穿戴上护腿，游戏渲染第二张图的 Body 和 RightLeg/LeftLeg 部分。
- 当玩家穿戴上靴子，游戏渲染第一张图的 RightLeg/LeftLeg 部分。

现在打开 `assets/fmltutor/textures/models/armor` 目录，并分别添加名为 `dirt_layer_1.png` 和 `dirt_layer_2.png` 的两个文件：

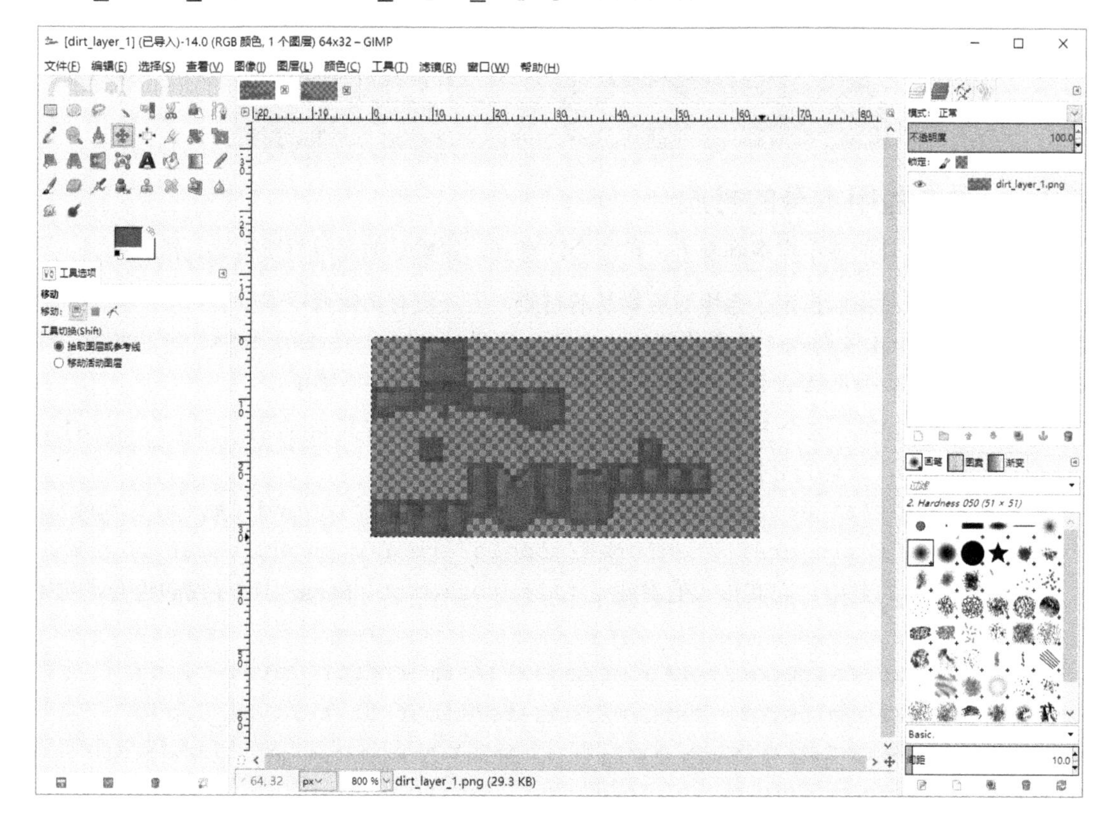

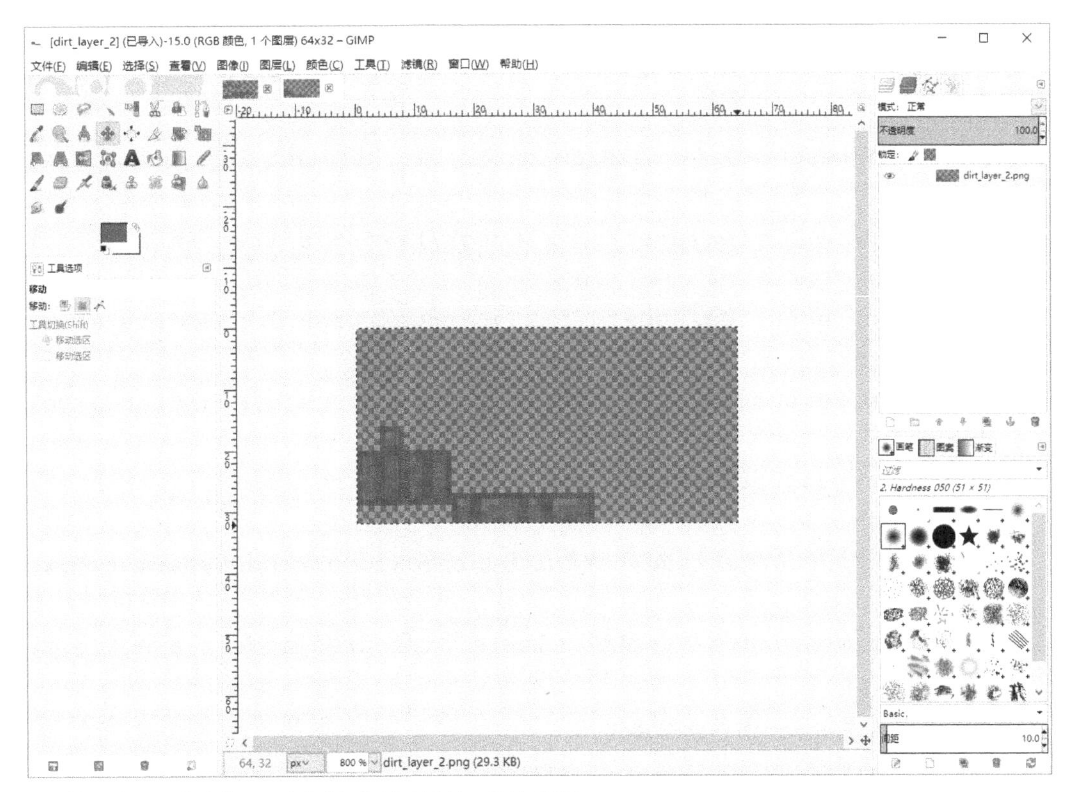

然后打开游戏就可以在游戏里看到如下效果了：

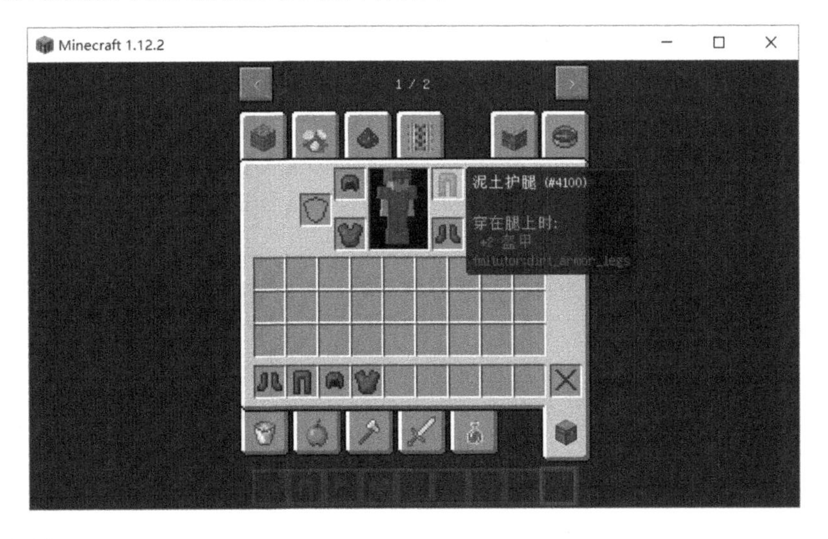

5.3.6 小结

如果读者一步一步地照做下来，那么现在的项目应该较上次多出了 11 个文件：

- src/main/java/zzzz/fmltutor/item/ItemDirtArmor.java
- src/main/resources/assets/fmltutor/blockstates/dirt_armor_head.json
- src/main/resources/assets/fmltutor/blockstates/dirt_armor_

chest.json
- src/main/resources/assets/fmltutor/blockstates/dirt_armor_legs.json
- src/main/resources/assets/fmltutor/blockstates/dirt_armor_feet.json
- src/main/resources/assets/fmltutor/textures/items/dirt_armor_head.png
- src/main/resources/assets/fmltutor/textures/items/dirt_armor_chest.png
- src/main/resources/assets/fmltutor/textures/items/dirt_armor_legs.png
- src/main/resources/assets/fmltutor/textures/items/dirt_armor_feet.png
- src/main/resources/assets/fmltutor/textures/models/armor/dirt_layer_1.png
- src/main/resources/assets/fmltutor/textures/models/armor/dirt_layer_2.png

同时以下文件发生了一定程度的修改：
- src/main/resources/assets/fmltutor/lang/en_us.lang
- src/main/resources/assets/fmltutor/lang/zh_cn.lang
- src/main/java/zzzz/fmltutor/item/ItemRegistryHandler.java

最后再简要总结一下这一部分：
- 通过调用 EnumHelper 类的 addArmorMaterial 方法添加了一个 ArmorMaterial 枚举类的实例。
- 用 ArmorMaterial 代表盔甲的材料，通过调整 addArmorMaterial 方法的参数调整这个盔甲材料的性能。
- 继承了 ItemArmor 类作为我们的盔甲物品类，并向 ItemArmor 类的构造方法传入了新添加的 ArmorMaterial。
- 在自己的盔甲物品类中预留了一个接受 EntityEquipmentSlot 的实例的构造方法参数，我们将通过这个参数得到的对象原样传入 ItemArmor 类的构造方法中。
- 为盔甲物品类设置了创造模式物品栏，还利用构造方法参数中的 EntityEquipmentSlot 的实例决定盔甲的 registryName 和 unlocalizedName。
- 通过向自己的盔甲物品类传入四个不同的参数新建了四个物品实例，并注册了这四个物品。
- 为这四个盔甲物品添加了语言文件，以及对应的四张材质。
- 添加了两个大小为 64 像素 ×32 像素的图片，它们决定了盔甲本身穿戴上时的材质，而这两个图片的路径由 ArmorMaterial 枚举类构造方法的第一个参数，亦即 addArmorMaterial 方法的第二个参数决定，如果传入的参数为一个诸如 "modid:texture" 的字符串，那么相应的两张材质的位置应为 assets/modid/

textures/models/armor/texture_layer_1.png 和 assets/modid/textures/models/armor/texture_layer_2.png。

5.4 为物品添加配方

配方又名合成表，也就是在工作台中由若干物品合成某一堆特定物品的规则，是一个同时在原版 Minecraft 和 Mod 中大量使用的游戏机制，本节内容将带领读者为在前面章节中添加的物品指定基于原版物品合成的配方。对 Minecraft 1.12 之前的 Mod 来说，通常会通过代码的方式添加配方，但是从 Minecraft 1.12 开始，原版率先使用 assets/minecraft/recipes 目录下的一系列特定 JSON 的方式添加配方，从而使得 Mod 通过代码的方式被弃用。本书也将只讲解使用 JSON 添加配方的方式。

本节将不会涉及任何 Java 代码，而只会涉及纯粹的 JSON 的添加。

5.4.1 有序合成

总体来说，Minecraft 中的配方分为有序合成和无序合成，先从有序合成开始讲解。先打开一个原版的合成，比如以蛋糕的合成作为示例。这个合成配方对应的 JSON 是位于 assets/minecraft/recipes 目录下的 cake.json 文件：

```
{
  "type": "crafting_shaped",
  "pattern": [
    "AAA",
    "BEB",
    "CCC"
  ],
  "key": {
    "A": {
      "item": "minecraft:milk_bucket"
    },
    "B": {
      "item": "minecraft:sugar"
    },
    "C": {
      "item": "minecraft:wheat"
    },
    "E": {
      "item": "minecraft:egg"
    }
  },
  "result": {
    "item": "minecraft:cake"
  }
}
```

一个有序合成配方的 JSON 分为四个部分：

- type 部分代表这个配方的类型，对于有序配方，这个值可以是 minecraft:crafting_shaped，在原版配方中可以简写为 crafting_shaped。
- pattern 部分代表这个配方的形状，而不同的字母代表不同的物品，字母本身的选取是任意的。我们把这个形状和蛋糕的实际配方相比较，可以注意到 A 代表牛奶桶，B 代表糖，C 代表小麦，而 E 代表中间的那一个鸡蛋。

- key 部分代表 pattern 部分的每一个字母对应哪一个物品，而刚刚我们对 A、B、C、与 E 四个物品的猜测，在这里得到了印证。
- result 部分代表最终输出。

设置 item 为特定物品种类的 modid:registryName 将决定输入或输出是什么样的物品种类，此外，对于 result 部分，还可以通过设置 count 决定最终输出物品的数量（默认为 1）。有些物品还需要使用 data 设置对应的 meta。对于通过 meta 区分不同物品的种类，data 是必要的。在本节的稍后部分我们将看到 count 和 data 的使用。

为泥土镐也添加上自己的配方，首先新建 assets/fmltutor/recipes 目录，然后在这个目录下新建一个 JSON 文件。由于在游戏启动时，游戏会检索整个目录，并添加所有 JSON 文件，因此该文件的名称选取是任意的。在这里选取镐子的名称作为文件名，也就是 dirt_pickaxe.json：

```
{
  "type": "minecraft:crafting_shaped",
  "pattern": [
    "XXX",
    " # ",
    " # "
  ],
  "key": {
    "#": {
      "item": "minecraft:stick"
    },
    "X": {
      "item": "fmltutor:dirt_ball"
    }
  },
  "result": {
    "item": "fmltutor:dirt_pickaxe"
  }
}
```

然后打开游戏，就可以使用合成表合成泥土镐了：

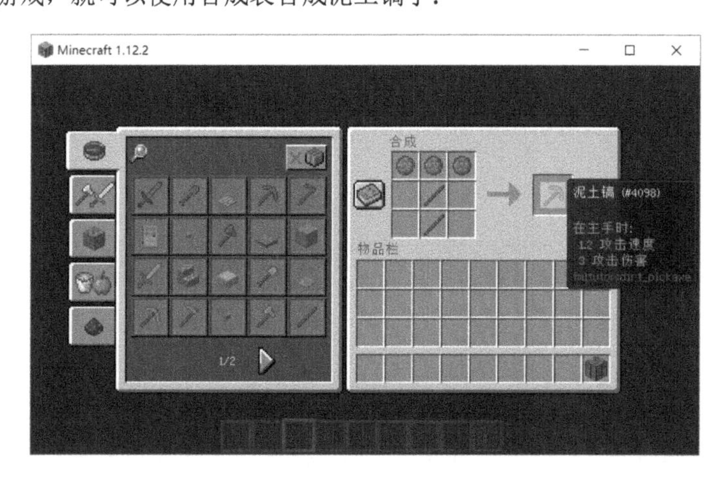

四种盔甲的配方也依次类推，本书将它们放在和物品名称相同的 JSON 文件里。

头盔：

```
{
  "type": "minecraft:crafting_shaped",
  "pattern": [
    "XXX",
    "X X"
  ],
  "key": {
    "X": {
      "item": "fmltutor:dirt_ball"
    }
  },
  "result": {
    "item": "fmltutor:dirt_armor_head"
  }
}
```

胸甲：

```
{
  "type": "minecraft:crafting_shaped",
  "pattern": [
    "X X",
    "XXX",
    "XXX"
  ],
  "key": {
    "X": {
      "item": "fmltutor:dirt_ball"
    }
  },
  "result": {
    "item": "fmltutor:dirt_armor_chest"
  }
}
```

护腿：

```
{
  "type": "minecraft:crafting_shaped",
  "pattern": [
    "XXX",
    "X X",
    "X X"
  ],
  "key": {
    "X": {
      "item": "fmltutor:dirt_ball"
    }
  },
  "result": {
    "item": "fmltutor:dirt_armor_legs"
  }
}
```

靴子：

```
{
  "type": "minecraft:crafting_shaped",
  "pattern": [
    "X X",
    "X X"
  ],
  "key": {
    "X": {
      "item": "fmltutor:dirt_ball"
    }
  },
  "result": {
    "item": "fmltutor:dirt_armor_feet"
  }
}
```

再添加四个泥土球合成一块泥土的配方，并写进 dirt_from_dirt_ball.json：

```
{
  "type": "minecraft:crafting_shaped",
  "pattern": [
    "##",
    "##"
  ],
  "key": {
    "#": {
      "item": "fmltutor:dirt_ball"
    }
  },
  "result": {
    "item": "minecraft:dirt",
    "data": 0
  }
}
```

注意到这样的一个配方，由于它的输出物品 minecraft:dirt 可以有多个 meta（比如泥土、砂土和灰化土等），因此这里游戏强制要求设置 data，这里设置为 0，代表普通泥土。

然后打开游戏：

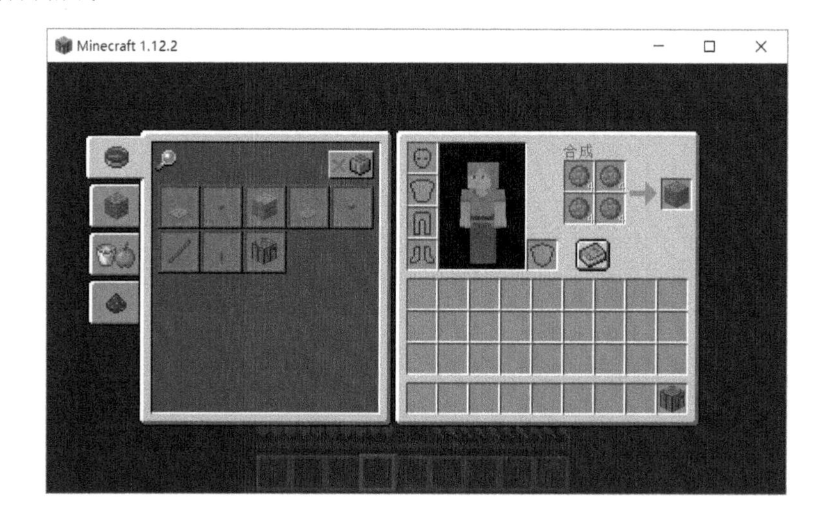

5.4.2　无序合成

和在原版中大量出现的有序合成对应的，原版还提供了一种无序合成的方式，被少量合成采用。比如可以制作一个泥土加水合成四个泥土球的配方，在 assets/fmltutor/recipes 目录下新建一个名为 dirt_ball.json 的文件：

```
{
  "type": "minecraft:crafting_shapeless",
  "ingredients": [
    {
      "item": "minecraft:dirt",
      "data": 0
    },
    {
      "item": "minecraft:water_bucket"
    }
  ],
  "result": {
    "item": "fmltutor:dirt_ball",
    "count": 4
  }
}
```

然后再次打开游戏：

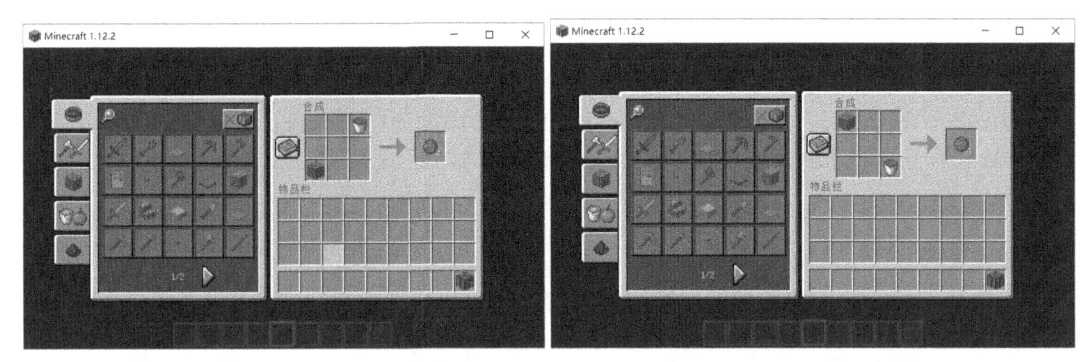

可以注意到，无序合成对应的 JSON 文件，其 type 对应的值为 minecraft:crafting_shapeless。此外，无序合成的 JSON 写法和有序合成类似，只不过除 type 和 result 之外，无序合成的合成表通过设置 ingredients 决定。ingredients 应由一个 JSON 的列表组成，该列表的组成元素分别代表每一个物品。同样，和上面的合成表一样，minecraft:dirt 这一物品可能有多个 meta，所以也还需要设置其对应的 data 为 0。

5.4.3　小结

如果读者一步一步地照做下来，那么现在的项目应该较上次多出了 7 个文件：

- src/main/resources/assets/fmltutor/recipes/dirt_armor_chest.json
- src/main/resources/assets/fmltutor/recipes/dirt_armor_feet.json
- src/main/resources/assets/fmltutor/recipes/dirt_armor_head.json
- src/main/resources/assets/fmltutor/recipes/dirt_armor_legs.json
- src/resources/assets/fmltutor/recipes/dirt_ball.json

- src/resources/assets/fmltutor/recipes/dirt_from_dirt_ball.json
- src/resources/assets/fmltutor/recipes/dirt_pickaxe.json

最后再简要总结一下这一部分：

- 向 assets/modid/recipes 目录下添加了若干 JSON 文件，每个 JSON 文件分别代表一个配方。
- 通过设置 JSON 的 type 为 minecraft:crafting_shaped 或 minecraft:crafting_shapeless，它们分别代表有序合成和无序合成。
- 对于有序合成，通过设置 JSON 的 pattern 和 key 决定合成表的形状和对应物品。
- 对于无序合成，通过设置 JSON 的 ingredients 决定合成表的对应物品。
- 不管是有序合成还是无序合成，都可以通过设置 result 决定合成表的输出物品。
- 通常使用 item 设置输入或输出是什么样的物品种类，这里使用的是物品对应的 modid 和 registryName。
- 对于使用 meta 区分不同物品的种类，还必须添加并设置 data 的值为对应 meta。
- 对于 result 对应的物品，还可以通过设置 count 设置输出物品的数量，count 是可选的，默认为 1。

5.5 本章小结

下面总结了这一章讲到的所有知识点，这些知识点将会在实际的 Mod 开发中被大量用到。

通过对本章的学习，读者应该能够为自己的 Mod 添加一些属于自己的东西了，Mod 中的那些方块和物品，有了它们最基本的用处。在后续章节中，读者可以继续为自己的 Mod 添加更多特性。

Java 基础：

知道 abstract 关键字被用于修饰抽象类和抽象方法，并知道抽象类和抽象方法的特点。

知道并能够动手编写覆盖父类特定方法的方法，并知道 @Override 注解的作用。

知道可以在一个类的内部定义嵌套类，并知道静态嵌套类和非静态嵌套类（又称内部类）在初始化对象上的一些区别。

知道 Java 中存在枚举类，并知道在原则上枚举类的成员数目是固定的。

知道枚举类的成员声明方式和枚举类构造方法、成员字段和方法等的声明方式。

知道并能够使用 &&、|| 和 ?: 等三种条件运算符，并知道由它们连接起来的表达式在一定条件下可能不执行。

知道数组类型及其特点，并能够获取一个数组的长度，以及获取并设置数组对象中特定元素的值。

知道如何声明一个特定长度的数组对象，以及如何声明一个带有特定初始值的数组对象。

Minecraft Mod 开发：

知道如何继承 CreativeTabs 类以实现一个自定义的创造模式物品栏。

知道如何通过覆盖特定方法实现自定义创造模式物品栏的物品图标，并为其加上搜索框及背景图片。

知道 Item 的实例代表的物品种类和 ItemStack 的差别。

知道如何使用 EnumHelper 添加自己的 ToolMaterial 枚举类型实例，从而添加自己的工具种类。

知道如何继承诸如 ItemPickaxe 等特定类实现自己的镐等特定工具物品。

知道如何通过覆盖 getDestroySpeed 方法以便更细粒度地修改特定方块的挖掘速度。

知道如何使用 EnumHelper 添加自己的 ArmorMaterial 枚举类型实例，从而添加自己的盔甲种类。

知道如何继承 ItemArmor 类，并根据四种不同的 EntityEquipmentSlot 定义盔甲的四种不同的部分。

知道盔甲的四种不同的部分穿戴在身上时的渲染材质是如何和特定的两张材质图片对应的。

知道如何通过添加 JSON 文件的方式添加有序合成配方和无序合成配方。

第6章

深入游戏体验

6.1 新的烧炼规则和燃料

熔炉的烧炼规则和燃料，是 Mod 中非常常见的操控物品的手段之一。本节主要内容分为三个部分：添加烧炼规则、设置自己的物品为燃料，以及设置他人的物品为燃料。

6.1.1 添加烧炼规则

Forge 虽然包办了所有方块和物品等游戏元素的注册流程，但是仍然有一些游戏元素，Forge 并没有提供相应的注册事件，比如下面即将添加的烧炼规则。不过 Forge 还是提供了 GameRegistry 类下的 addSmelting 方法用于添加烧炼规则。

按照 Forge 的规定，Mod 应该在 FMLInitializationEvent 这一生命周期事件触发时注册熔炉的烧炼规则，因此需要修改 Mod 主类的 init 方法。首先新建一个 zzzz.fmltutor.crafting 包，然后在其下新建 FurnaceRecipeRegistryHandler 类，并创建一个静态方法：

```
package zzzz.fmltutor.crafting;

import net.minecraft.item.ItemStack;
import net.minecraftforge.fml.common.registry.GameRegistry;
import zzzz.fmltutor.item.ItemRegistryHandler;

public class FurnaceRecipeRegistryHandler
{
    public static void register()
    {
        GameRegistry.addSmelting(ItemRegistryHandler.DIRT_PICKAXE,
                new ItemStack(ItemRegistryHandler.DIRT_BALL), 0.1F);
        GameRegistry.addSmelting(ItemRegistryHandler.DIRT_HELMET,
                new ItemStack(ItemRegistryHandler.DIRT_BALL), 0.1F);
        GameRegistry.addSmelting(ItemRegistryHandler.DIRT_CHESTPLATE,
                new ItemStack(ItemRegistryHandler.DIRT_BALL), 0.1F);
        GameRegistry.addSmelting(ItemRegistryHandler.DIRT_LEGGINGS,
                new ItemStack(ItemRegistryHandler.DIRT_BALL), 0.1F);
        GameRegistry.addSmelting(ItemRegistryHandler.DIRT_BOOTS,
                new ItemStack(ItemRegistryHandler.DIRT_BALL), 0.1F);
    }
}
```

addSmelting 方法的第一个参数代表熔炉的输入，可以是一个 Item 或者一个 Block 的实例，也可以是一个 ItemStack。方法的第二个参数代表熔炉的输出，需要传入一个 ItemStack 的实例。方法的第三个参数代表熔炉烧炼后玩家可以得到的经验，需要传入一个 float。

新建了五个烧炼规则，用于将泥土盔甲和镐烧炼成泥土球，方便泥土盔甲和镐的回收利用，并将玩家能够获取的经验设置为 0.1。在 Mod 主类的 init 方法中调用这个方法：

```
package zzzz.fmltutor;

import net.minecraft.init.Blocks;
import net.minecraftforge.fml.common.Mod;
import net.minecraftforge.fml.common.Mod.EventHandler;
import net.minecraftforge.fml.common.event.FMLInitializationEvent;
import zzzz.fmltutor.crafting.FurnaceRecipeRegistryHandler;

@Mod(modid = FMLTutor.MODID, name = "FMLTutor",
     version = FMLTutor.VERSION, acceptedMinecraftVersions = "[1.12,1.13)")
public class FMLTutor
{
    public static final String MODID = "fmltutor";
    public static final String VERSION = "1.0";

    @EventHandler
    public void init(FMLInitializationEvent event)
    {
        FurnaceRecipeRegistryHandler.register();
    }
}
```

打开游戏，并打开熔炉，放入物品和燃料：

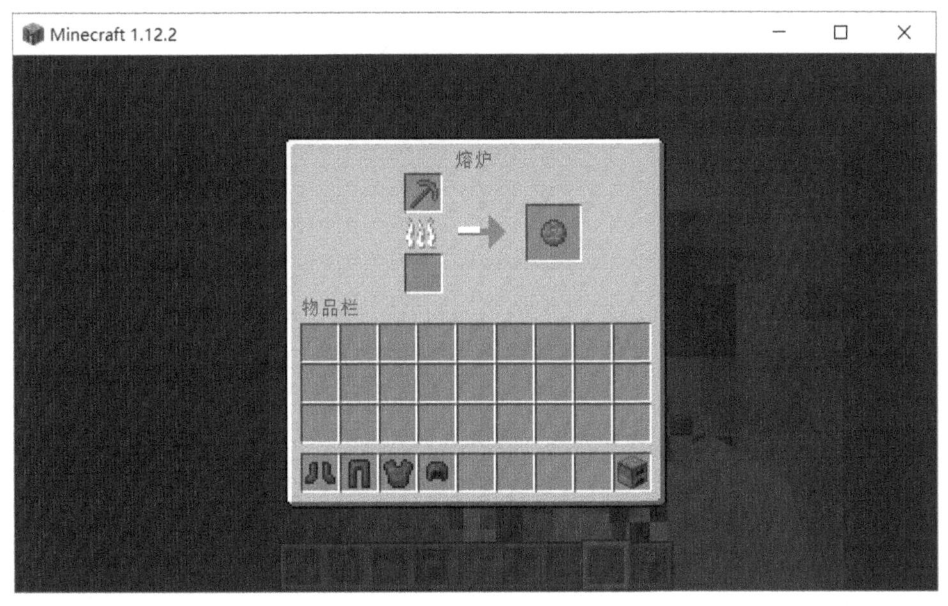

等待一会儿后的结果：

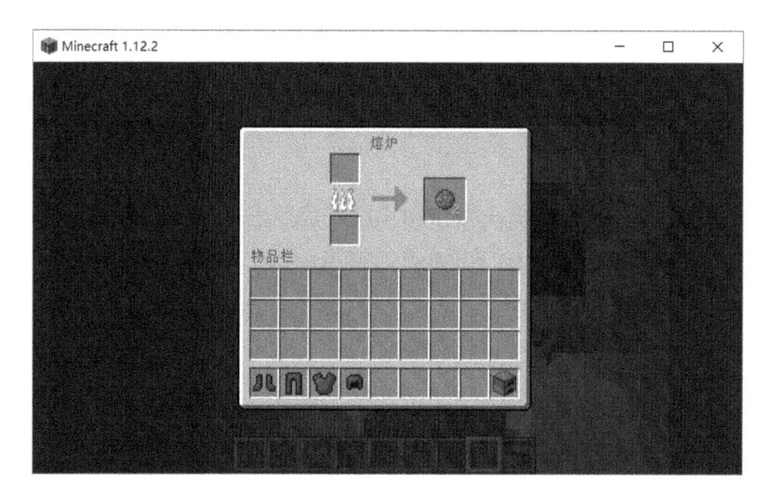

6.1.2 设置自己的物品为燃料

发展泥土产业使泥土变得可燃。因此，要使泥土球也就是 `ItemDirtBall` 的实例变得可燃。实际上，Forge 使这一行为变得非常简单——Forge 会通过调用 `Item` 实例的 `getItemBurnTime` 方法，获取一个物品作为燃料的燃烧时间（以 tick 为单位），因此直接覆盖这一方法就可以了。为方便添加新的覆盖方法，IntelliJ IDEA 提供了 Ctrl+O 组合键，按下这一组合键，然后输入关键词检索，在这里选用的检索关键词是“burntime”：

IntelliJ IDEA 会自动跳转到这一方法，然后按 Enter 键：

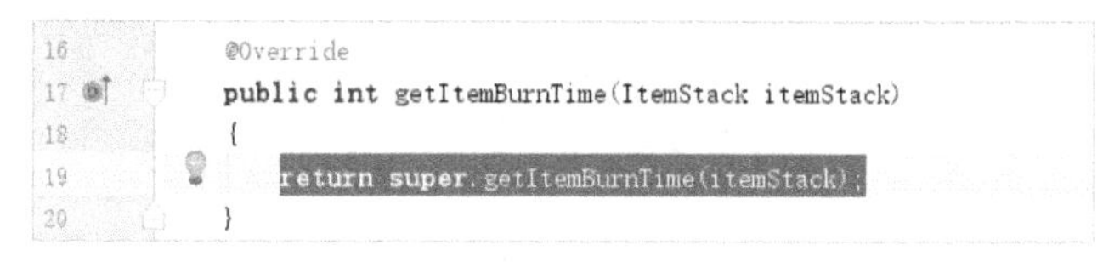
```
16      @Override
17      public int getItemBurnTime(ItemStack itemStack)
18      {
19          return super.getItemBurnTime(itemStack);
20      }
```

我们会注意到 IntelliJ IDEA 添加了一个新的方法。

点开父类的相同方法会发现父类方法的返回值是-1，这代表Forge不通过getItemBurnTime方法的方式获取物品作为燃料的燃烧时间，将这个返回值设置为和木棍的值一样，均为100（代表100tick，约5秒，可以烧半个物品）：

```
package zzzz.fmltutor.item;

import net.minecraft.item.Item;
import net.minecraft.item.ItemStack;
import zzzz.fmltutor.FMLTutor;
import zzzz.fmltutor.creativetab.TabFMLTutor;

public class ItemDirtBall extends Item
{
    public ItemDirtBall()
    {
        this.setUnlocalizedName(FMLTutor.MODID + ".dirtBall");
        this.setCreativeTab(TabFMLTutor.TAB_FMLTUTOR);
        this.setRegistryName("dirt_ball");
        this.setMaxStackSize(16);
    }

    @Override
    public int getItemBurnTime(ItemStack itemStack)
    {
        return 100;
    }
}
```

然后打开游戏，就可以把泥土球当作燃料燃烧了。

6.1.3　设置他人的物品为燃料

如果Mod想设置原版的泥土为可以燃烧400 tick的燃料，那么要怎么办呢？原版的类没法修改，也不能多添加覆盖一个getItemBurnTime方法。不过幸运的是，Forge提供了FurnaceFuelBurnTimeEvent事件，可以通过监听这个事件，从而修改物品作为燃料的燃烧时间（这里同样以tick为单位）。总体来说，在Forge中，获取物品的燃烧时间一共有三步：

（1）调用物品的getItemBurnTime方法，获取一个可能是自然数也可能是-1的整数，当其为自然数时，代表物品的燃烧时间。

（2）触发FurnaceFuelBurnTimeEvent事件，Mod可以通过监听这个事件修改燃烧时间，修改后的值仍然可能是自然数也可能是-1。

（3）如果最后获取的值是大于0的正整数，那么它就是物品的燃烧时间，而如果这个值为0，那么代表它不是燃料，不能燃烧。如果最后获取得到的值是-1，那么Forge将交给原版Minecraft决定物品的燃烧时间，此后的行为和原版完全相同。

因此，对于不同的物品，Forge在触发FurnaceFuelBurnTimeEvent事件传入的值也有所不同：

- 对于原版可燃物品，其燃烧时间在最后一步由原版Minecraft决定，因此FurnaceFuelBurnTimeEvent事件传入的值为-1。
- 对于原版不可燃物品，其燃烧时间自然是不存在的，因此FurnaceFuelBurn

TimeEvent 事件传入的值也为 -1。

- 对于 Mod 的不可燃物品，在大部分情况下它不会覆盖 getItemBurnTime 方法，因此对应的值通常也为 -1。
- 对于 Mod 的可燃物品，其燃烧时间大多由 getItemBurnTime 方法决定，因此对应的值通常是该方法的返回值，也就是该 Mod 原来指定的燃烧时间。

要监听 FurnaceFuelBurnTimeEvent，并检查对应物品是否是泥土，如果是泥土，那么就把燃烧时间设置成 400。我们注意到 FurnaceFuelBurnTimeEvent 有以下三个方法：

- getItemStack 方法是一个 Getter，用于获取燃烧时间的 ItemStack。
- getBurnTime 方法是一个 Getter，用于获取物品原来的燃烧时间值。
- setBurnTime 方法是一个 Setter，用于设置物品的燃烧时间值。

为 FurnaceRecipeRegistryHandler 类添加 @EventBusSubscriber 注解，并添加一个已经加了 @SubscribeEvent 注解的静态方法，使其监听 FurnaceFuelBurnTimeEvent 这一事件。现在整个类的所有代码如下：

```
package zzzz.fmltutor.crafting;

import net.minecraft.item.ItemStack;
import net.minecraft.util.ResourceLocation;
import net.minecraftforge.event.furnace.FurnaceFuelBurnTimeEvent;
import net.minecraftforge.fml.common.Mod.EventBusSubscriber;
import net.minecraftforge.fml.common.eventhandler.SubscribeEvent;
import net.minecraftforge.fml.common.registry.GameRegistry;
import zzzz.fmltutor.item.ItemRegistryHandler;

@EventBusSubscriber
public class FurnaceRecipeRegistryHandler
{
    public static void register()
    {
        GameRegistry.addSmelting(ItemRegistryHandler.DIRT_PICKAXE,
                new ItemStack(ItemRegistryHandler.DIRT_BALL), 0.1F);
        GameRegistry.addSmelting(ItemRegistryHandler.DIRT_HELMET,
                new ItemStack(ItemRegistryHandler.DIRT_BALL), 0.1F);
        GameRegistry.addSmelting(ItemRegistryHandler.DIRT_CHESTPLATE,
                new ItemStack(ItemRegistryHandler.DIRT_BALL), 0.1F);
        GameRegistry.addSmelting(ItemRegistryHandler.DIRT_LEGGINGS,
                new ItemStack(ItemRegistryHandler.DIRT_BALL), 0.1F);
        GameRegistry.addSmelting(ItemRegistryHandler.DIRT_BOOTS,
                new ItemStack(ItemRegistryHandler.DIRT_BALL), 0.1F);
    }

    @SubscribeEvent
    public static void onFurnaceFuelBurnTime(FurnaceFuelBurnTimeEvent event)
    {
        ResourceLocation registryName = event.getItemStack().getItem().
getRegistryName();
        String registryNameResourceDomain = registryName.getResourceDomain();
        String registryNameResourcePath = registryName.getResourcePath();
        if ("minecraft".equals(registryNameResourceDomain)
            && "dirt".equals(registryNameResourcePath))
```

```
            {
                event.setBurnTime(400);
            }
        }
    }
```

首先通过 getItemStack 方法获取目标 ItemStack，再通过 getItem 方法获取目标物品对应的 Item，然后再通过 getRegistryName 方法获取了一个 ResourceLocation，它的资源域（通过 getResourceDomain 方法获取）是注册这个物品时使用的 ModID（对原版来说就是 minecraft），而它的资源路径（通过 getResourcePath 方法获取）则是这个物品的 registryName。

通过 equals 方法判断该资源域是否是 minecraft，而该资源路径是否是 dirt，然后使用 && 运算符保证二者都成立。如果二者都成立，那么这个 ItemStack 代表的就是原版的泥土，这样就可以把它的燃烧时间设置为 400tick。

现在打开游戏，可以注意到泥土可以燃烧了，一切都很成功。不过有一个问题：equals 方法是什么？为什么要调用这个方法判断两个 String 类的实例，也就是两个字符串是相等的吗？那么用 ==，比如 "dirt" == registryNameResourcePath 可以吗？

6.1.4 Java 中比较两个对象的方式

使用 == 这个运算符比较两个字符串是否相等当然是不行的，这直接涉及了 Java 中比较两个对象的方式。

在本书的之前的章节中曾经提到过，Java 中的类型分为值类型（又称基本数据类型）和引用类型两部分，引用类型的实例被称为对象。对于基本数据类型，开发者常使用 == 运算符比较两个基本数据类型是否相等，比如比较 byte、short、int 和 long 等整型，以及比较两个 char 是否相等。针对 float 和 double 的比较不太常见，而针对 boolean 的比较更不会在开发过程中遇到（如果一个变量 b 是 boolean 类型，那么诸如 b == true 的代码和表达式 b 本身是完全等价的，所以 b == true 这样的写法本身也只是画蛇添足，没有任何在开发过程中使用的必要）。

而对于引用类型，== 运算符比较的是两个对象是否相同。以下的 resourceLocation1 和 resourceLocation2 是相同的吗？

```
ResourceLocation resourceLocation1 = new ResourceLocation("minecraft", "dirt");
ResourceLocation resourceLocation2 = new ResourceLocation("minecraft", "dirt");
```

ResourceLocation 的构造方法被调用了两次，因此产生了两个不同的对象，这两个对象当然是不相同的。因此 Java 规定，resourceLocation1 == resourceLocation2 这一表达式的值是 false。那么下面的这两行代码中，两个变量分别对应的对象是相同的吗？

```
ResourceLocation resourceLocation1 = new ResourceLocation("minecraft", "dirt");
ResourceLocation resourceLocation2 = resourceLocation1;
```

ResourceLocation 的构造方法仅被调用了一次，因此只有一个对象被产生，而这个对象的**引用**（Reference）被传递到了两个变量内部。因此 Java 规定，resourceLocation1 == resourceLocation2 这一表达式的值是 true。

和 C++ 等一些语言不同，当在 Java 中编写 ResourceLocation resourceLocation2 = resourceLocation1；这样的代码时，不会把 resourceLocation1 复制一份再传递到 resourceLocation2 中，而是取 resourceLocation1 的引用，直接作为初始值赋给了 resourceLocation2。再举一个更直观的例子。

ItemStack 有一对 Getter 和 Setter，getCount 和 setCount，分别用于设置和获取一个物品的堆叠数量，我们编写下面的代码：

```
ItemStack itemStack1 = new ItemStack(Items.DIRT, 1);
ItemStack itemStack2 = itemStack1;
itemStack1.setCount(64);

int count = itemStack2.getCount();
```

ItemStack 的某个构造方法的第一个参数代表传入的物品实例，而第二个参数代表初始设置的物品堆叠数量。首先让 itemStack1 和 itemStack2 持有相同的 ItemStack 实例引用，然后修改 itemStack1 的堆叠数量，并获取 itemStack2 的堆叠数量。由于两者持有的是同一个对象，因此 itemStack2 的堆叠数量也随之发生了改变，也就是说变量 count 的值是 64。但是如果是下面的代码：

```
ItemStack itemStack1 = new ItemStack(Items.DIRT, 1);
ItemStack itemStack2 = new ItemStack(Items.DIRT, 1);
itemStack1.setCount(64);

int count = itemStack2.getCount();
```

由于 itemStack1 和 itemStack2 是两个不同的 ItemStack，因此对于第一个 ItemStack 堆叠数量设置不会影响第二个，因此变量 count 的值在这里仍然是 1。

再回到之前的字符串问题。现在有两组字符串：字面量"minecraft"和变量 registryNameResourceDomain，以及字面量"dirt"和变量 registryNameResourcePath。我们真的应该比较"dirt"和 registryNameResourcePath 是相同的吗？实际上，如果这两个字符串的长度相等，而且每一个位置的字符都是一样的，那么是不是可以只需要满足这样的条件，而完全不需要强求这两个字符串来自同一个引用呢？答案是肯定的，因此这里需要判定的是两个字符串的长度相等，而且相同。

Java 为我们提供了 equals 方法来判定两个对象是否相同，equals 方法是 Object 类的一个方法，它传入一个 Object 类，并返回一个 boolean，因此每一个类的实例都可以使用 equals 方法和其他类比较。equals 方法在 Object 类的实现很简单：

```
public boolean equals(Object obj)
{
    return (this == obj);
}
```

在默认情况下，只有两个对象是相同的，equals 方法才能够返回 true。String 类覆盖了这个方法，使用了自己的实现。这一实现首先比较了两个字符串的长度，如果字符串的长度相同，则再对字符串逐一进行比较。因此，可以使用 equals 方法比较两个字符串：

```
if ("minecraft".equals(registryNameResourceDomain) && "dirt".equals(registryNameR
```

```
esourcePath))
    {
        event.setBurnTime(400);
    }
```

实际上，equals 已经成为了所有 Java 代码的一个通用的规范，用于判定两个对象是否相等的通用约定。在本书的后续部分，我们仍将看到 equals 方法的相关用途。

6.1.5　小结

如果读者一步一步地照做下来，那么现在的项目应该较上次多出了一个文件：

src/main/java/zzzz/fmltutor/crafting/FurnaceRecipeRegistryHandler.java

同时以下一个文件发生了一定程度的修改：

src/main/java/zzzz/fmltutor/FMLTutor.java

最后再简要总结一下这一部分：

- 为了注册熔炉烧炼规则，在 Mod 主类监听了一个生命周期事件：FMLInitializationEvent。
- 在 FMLInitializationEvent 触发时，使用了 GameRegistry 类下的 addSmelting 方法添加烧炼规则。
- 为了将自己的物品设置为燃料，覆盖了 Item 类的 getItemBurnTime 的方法，并将返回值设置成了以 tick 为单位的燃烧时间。
- 为了将他人的物品设置为燃料，监听了 FurnaceFuelBurnTimeEvent 这一事件，从而设置了他人的物品的燃烧时间。
- 首先获取了物品对应的 ModID 和物品的 registryName，然后通过比较字符串确定想要修改的物品，再设置燃烧时间。

6.2　新的附魔

附魔是一个和游戏体验关联比较紧密的游戏元素，也是十分具有 Minecraft 特色的游戏元素。本节将从一个在击打生物后爆炸为主题，制作一个示例附魔，从而使读者对新附魔的添加有一定了解。

6.2.1　附魔类

所有和附魔相关的属性都集中在 net.minecraft.enchantment.Enchantment 类上，同时所有原版提供的附魔都以静态不可变字段的方式存储于 net.minecraft.init.Enchantments 类中。Forge 允许我们使用 Register<Enchantment> 类型的事件注册附魔。首先新建一个名为 zzzz.fmltutor.enchantment 的包，然后再在其中新建一个名为 EnchantmentExplosion 的类，使其继承 Enchantment 类：

```
package zzzz.fmltutor.enchantment;

import net.minecraft.enchantment.Enchantment;
import net.minecraft.enchantment.EnumEnchantmentType;
import net.minecraft.inventory.EntityEquipmentSlot;
import zzzz.fmltutor.FMLTutor;

public class EnchantmentExplosion extends Enchantment
{
    public EnchantmentExplosion()
    {
        super(Rarity.RARE, EnumEnchantmentType.WEAPON,
                new EntityEquipmentSlot[] {EntityEquipmentSlot.MAINHAND});
        this.setName(FMLTutor.MODID + ".explosion");
        this.setRegistryName("explosion");
    }
}
```

Enchantment 的构造方法需要传入以下三个参数。

- 第一个参数应为 net.minecraft.enchantment.Enchantment.Rarity 类的实例。该类为枚举类，共有“COMMON”“UNCOMMON”“RARE”和“VERY_RARE”四个实例，用于描述附魔的稀有程度，越靠后的附魔稀有程度越高。
- 第二个参数应为 net.minecraft.enchantment.EnumEnchantmentType 类的实例。该类同样也为枚举类，用于描述附魔的类型，即它作用在什么物品上才能有效。这里采用的是“WEAPON”，它只有作用于剑上才能有效。
- 第三个参数应为 net.minecraft.inventory.EntityEquipmentSlot 类实例组成的数组，代表该附魔只能作用于玩家装备槽所对应的物品。这个类也是一个枚举类，其对应的“MAINHAND”、“OFFHAND”、“FEET”、“LEGS”、“CHEST”和“HEAD”六个实例已于创建盔甲一节有所讲述。这里采用的是一个仅含有“MAINHAND”的数组，代表其只能作用于玩家主手上的物品。

setRegistryName 方法设置了这个附魔的 registryName 为 explosion，而 setName 方法的作用和物品类及方块类的 setUnlocalizedName 方法类似，只不过由于历史遗留原因，该方法的名称有所不同，这里将该附魔的 unlocalizedName 设置为 fmltutor.explosion。

然后再新建一个 EnchantmentRegistryHandler 类，并注册附魔：

```
package zzzz.fmltutor.enchantment;

import net.minecraft.enchantment.Enchantment;
import net.minecraftforge.event.RegistryEvent.Register;
import net.minecraftforge.fml.common.Mod.EventBusSubscriber;
import net.minecraftforge.fml.common.eventhandler.SubscribeEvent;
import net.minecraftforge.registries.IForgeRegistry;

@EventBusSubscriber
public class EnchantmentRegistryHandler
{
    public static final EnchantmentExplosion EXPLOSION = new
```

```
EnchantmentExplosion();

        @SubscribeEvent
        public static void onRegistry(Register<Enchantment> event)
        {
            IForgeRegistry<Enchantment> registry = event.getRegistry();
            registry.register(EXPLOSION);
        }
    }
```

由于设置了 unlocalizedName，现在去补足语言文件：

```
# in en_us.lang
enchantment.fmltutor.explosion=Explosion

# in zh_cn.lang
enchantment.fmltutor.explosion=爆炸
```

现在打开游戏，应该能够看到创造模式物品栏里多出来了一本附魔书了：

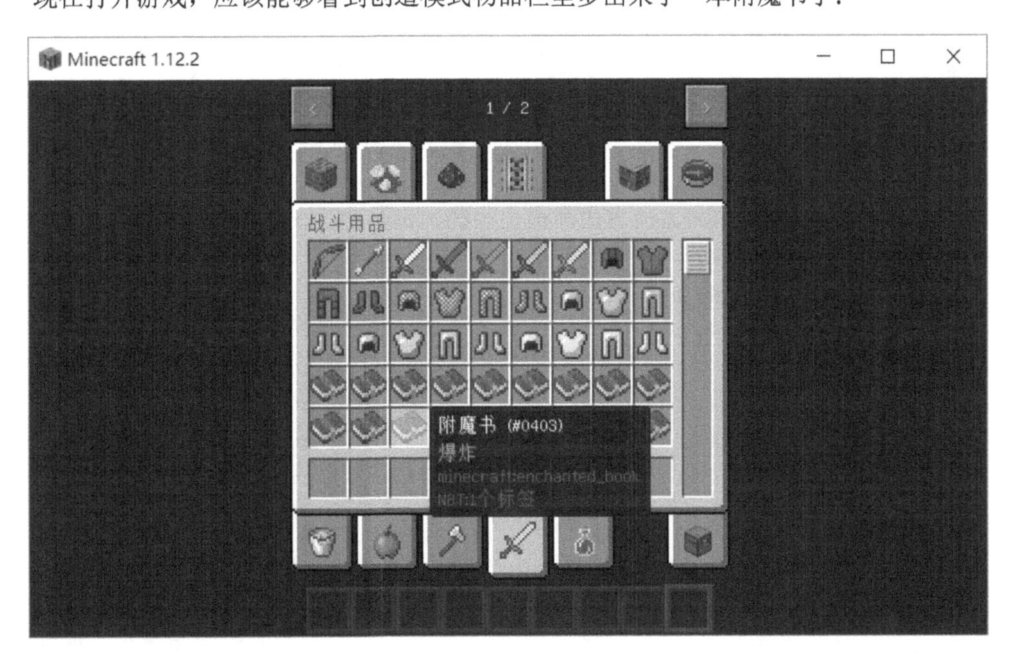

6.2.2　添加更多附魔属性

我们注意到附魔有一些地方不尽如人意，需要覆盖 Enchantment 类的一些方法来解决这件事。

首先将该附魔的最高等级设置为 3 级，在这里覆盖 getMaxLevel 方法：

```
@Override
public int getMaxLevel()
{
    return 3;
}
```

现在打开游戏，就可以看到三个等级的附魔书了。

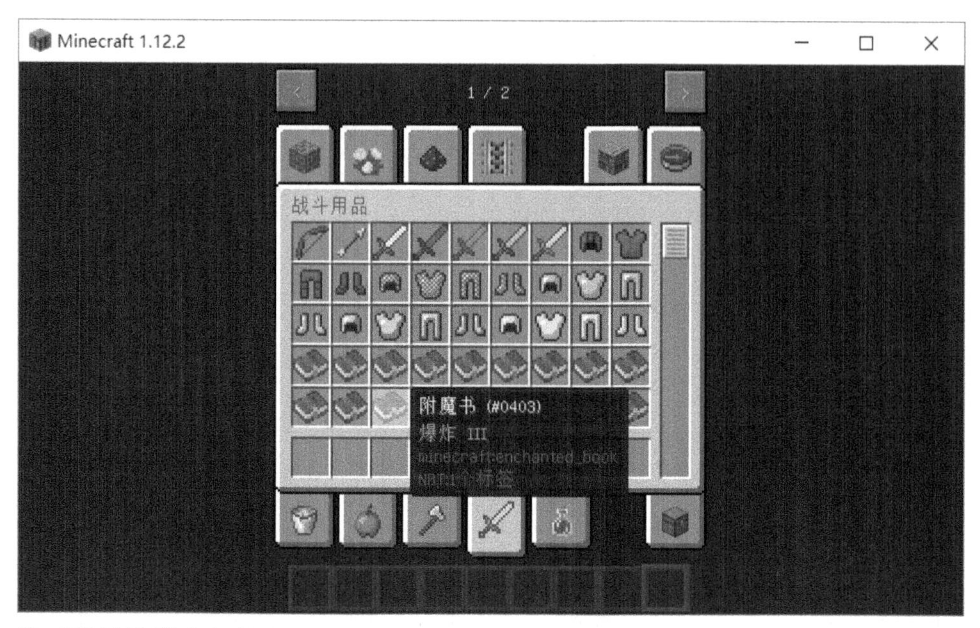

然后设置该附魔能够在附魔台附到的等级，这里要覆盖 getMinEnchantability 和 getMaxEnchantability 两个方法，这两个方法都只分别传入一个代表等级的参数，并分别返回一个能够在附魔台附到的最小等级和最大等级。随便设定一下这两个方法：

```
@Override
public int getMinEnchantability(int enchantmentLevel)
{
    return 16 + enchantmentLevel * 5;
}

@Override
public int getMaxEnchantability(int enchantmentLevel)
{
    return 21 + enchantmentLevel * 5;
}
```

通过这两个方法就可以操控玩家在附魔台上附到的附魔等级了。

我们还可以覆盖 canApplyTogether 方法，使得该附魔不与其他附魔兼容。比如这个附魔和横扫之刃附魔同时出现太影响游戏平衡了，不允许它们同时出现：

```
@Override
protected boolean canApplyTogether(Enchantment ench)
{
    return super.canApplyTogether(ench) && Enchantments.SWEEPING != ench;
}
```

!= 运算符代表不等于，和 == 运算符的值相反（若 == 运算符的值为 true，!= 运算符的值则为 false，同时，若 == 运算符的值为 false，!= 运算符的值为 true）。

很快就可以在铁砧上证实这一点：

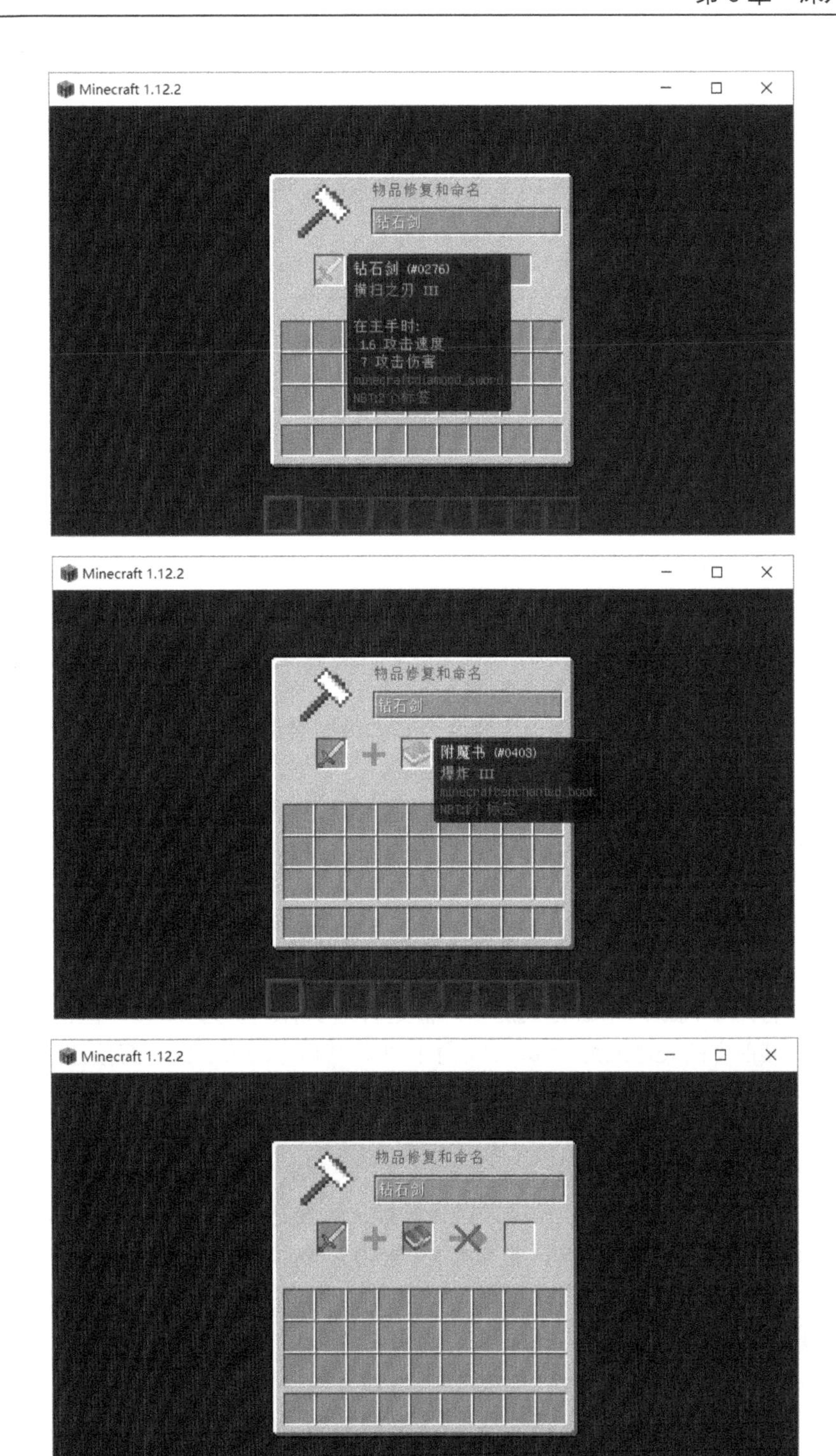

6.2.3 让附魔发挥效果

现在已经有了一个玩家可以获取得到的附魔，但是这个附魔本身还没有任何用处。需要监听一个生物死亡的事件，然后决定接下来应该怎么做。这次选择的是net.

minecraftforge.event.entity.living.LivingDeathEvent。先在自己的 EventHandler 类中新建一个方法用作该事件的监听器，并判别造成死亡的是不是玩家：

```
@SubscribeEvent
public static void onLivingDeath(LivingDeathEvent event)
{
    Entity source = event.getSource().getImmediateSource();
    if (source instanceof EntityPlayer && !source.world.isRemote)
    {
        // TODO
    }
}
```

检查一个对象是否为 EntityPlayer 的实例，并以此判定是否是玩家，此外，还同时使用 !source.world.isRemote 的方式判断其是否是服务端线程。在本章的最后，作者将着重讲解与服务端线程相关的内容。这里先解释一下 ! 运算符的作用，然后再把所有常用的和 boolean 类型有关的运算符总结一下。

- == 是在这本书中第一个见到的和 boolean 类型有关的运算符，它既可以用于比较两个基本数据类型是否相等，又可以比较两个对象是否相同，不过在一些场合，需要使用 equals 方法比较两个对象是否相同。
- != 是刚刚遇到的运算符，用于比较两个基本数据类型是否不相等，或者比较两个对象是否不相同，其值和 == 对应的值正好相反。
- >、<、>= 和 <= 四个运算符只能作用于四种整型、两种浮点型及 char 类型的数据，对于整型和浮点型，其值和数学上的结果类似。本书不会涉及 char 类型的数据使用这四个运算符。
- && 运算符用于判断两个表达式的返回值是否同时为 true，但在实际判断时，&& 会在其前方的表达式为 false 时便不再执行其后方的表达式，直接返回 false。
- || 运算符用于判断两个表达式的返回值是否至少有一个为 true，但在实际判断时，|| 会在其前方的表达式为 true 时便不再执行其后方的表达式，直接返回 true。
- ?: 是 Java 中唯一一个连接三个表达式的运算符，它首先执行 ? 前的表达式，如果为 true 则执行 ? 后 : 前的表达式并将其值作为该表达式的值，如果为 false 则执行 : 后的表达式并将其值作为该表达式的值。
- ! 运算符在使用时放在表达式前方作为前缀，代表把该表达式的值取为其相反的值，也就是把 true 变为 false，把 false 变为 true。比如上面的 !source.world.isRemote，只有 source.world.isRemote 的值为 false，if 开头的条件语句才会执行。

只有让 source instanceof EntityPlayer 的值为 true（代表让实体死亡的是玩家），并同时让 source.world.isRemote 的值为 false（首先获取 source 的 world 字段，即实体所处世界，然后判断其 isRemote 字段是否为 false），才能接着执行应该执行的语句。

接下来，首先获取玩家主手上的物品。已经使用 instanceof 判定 source 一定是 EntityPlayer 类的实例了，如果想调用 source 属于 EntityPlayer 类的方法，那么应该怎么办呢？Java 提供了一种方式将一个对象转换成某个特定的类型，其写法如下：

```
EntityPlayer player = (EntityPlayer) source;
```

我们称这种写法为强制类型转换，因为如果 source 不是 EntityPlayer 的实例，那么代码运行到这里就会报错。

接下来通过调用 getHeldItemMainhand 方法获取玩家主手上的物品，它是一个 ItemStack：

```
ItemStack heldItemMainhand = player.getHeldItemMainhand();
```

现在需要判断物品是否拥有爆炸附魔。手动获取这样的数据很费劲，不过幸运的是，Minecraft 提供了一个名为 EnchantmentHelper 的类，以方便通过 ItemStack 获取附魔相关的数据。这里会使用它的 getEnchantmentLevel 静态方法获取手上物品特定附魔的等级：

```
int level = EnchantmentHelper.getEnchantmentLevel(
        EnchantmentRegistryHandler.EXPLOSION, heldItemMainhand);
```

获取的是自定义的爆炸附魔的等级——如果这样的附魔不存在，那么这个方法的返回值就是 0。

然后决定引发爆炸：

```
if (level > 0)
{
    Entity target = event.getEntity();
    target.world.createExplosion(null,
            target.posX, target.posY, target.posZ, 2 * level, false);
}
```

首先调用事件类的 getEntity 方法获取到实例，然后调用了 World 类的 createExplosion 方法引发了一个爆炸。其中的第二、第三、第四个参数分别代表爆炸的坐标，并分别传入三个 double，这里传入目标实体的坐标。然后第五个参数传入一个爆炸等级，把附魔等级乘 2 后传入。最后一个参数不知道是什么，传入一个 false。不过第一个参数传入的 null，又是什么含义呢？

6.2.4　空引用

在 Java 中，null 是一种极为特殊的字面量，学习过 C/C++ 的开发者可能会熟悉一些诸如 NULL 或者 nullptr 的东西，实际上 Java 中的 null 和它们是类似的。

我们知道，Java 中的对象是以引用类型的方式获取和设置的，当声明一个引用类型的变量时，一个变量内存储的是这个对象的引用。那么是否可以设置这个引用不存在呢？通过使用 null 的方式代表一个空引用，一个不存在的对象。

null 可以**被看作**是任何引用类型的实例，因此所有需要用到引用类型的地方，都可以传入一个 null。但是，如果使用 instanceof 运算符判定一个 null 是否是一个特定类型的实例时，判定的结果永远为 false。

虽然 null 可以代表任何一个引用类型的实例，但是当程序试图存取 null 的字段，或者调用 null 的方法时，将会直接报错。因此**使用 null 是十分危险的，null 的使用场合应该越少越好**。

但是一些代码中仍然会要求传入可能为 null 的对象引用，或者可能返回一个 null。在这种情况下，大部分代码都会在相应的位置标注一个名为 @Nullable 的注解。比如之前用到的 getImmediateSource 这个方法的声明：

```
/**
 * Retrieves the immediate causer of the damage, e.g. the arrow entity, not its shooter
 */
@Nullable
public Entity getImmediateSource()
{
    return this.getTrueSource();
}
```

我们注意到这个方法上标注了一个 `@Nullable` 注解，因此这个方法的返回值有可能是 `null`，也就是说 `source` 变量有可能持有了一个 `null`。不过可以注意到，在下一个 `if` 开头的条件语句中，使用了 `source instanceof EntityPlayer` 表达式，已经把 `source` 可能是 `null` 的情况排除了，不过如果把 `&&` 的两个条件互换会发生什么情况呢？把光标移动到 `&&` 的位置，按 Alt+Enter 组合键，IntelliJ IDEA 会自动提供一点提示：

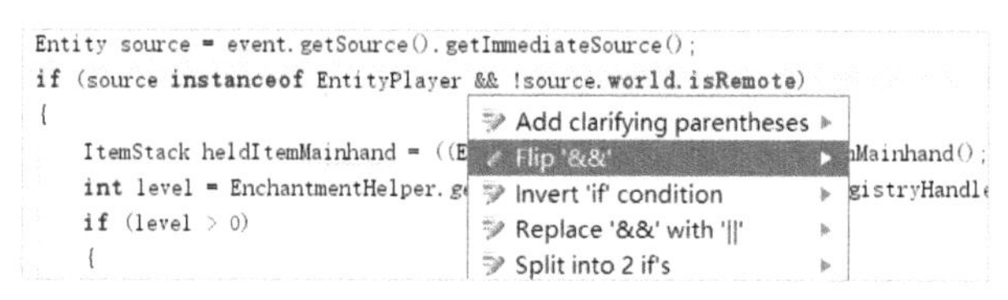

在这里选择 `Flip '&&'`，就是把 `&&` 操作符前和操作符后的表达式调换过来，在很多情况下调换前后没有差别。但是这次会有差别吗？

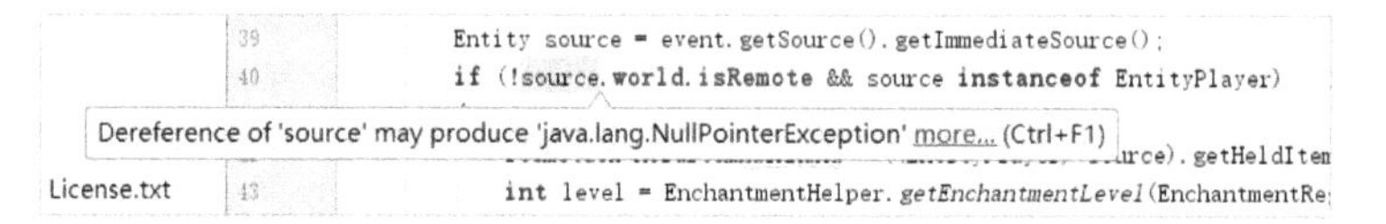

IntelliJ IDEA 直接弹出来了一个警告，因为访问了 `source` 的 `world` 字段，如果针对 `null` 访问这个字段则会报错。再把光标移动到 `&&` 的位置，按 Alt+Enter 组合键再换回去。现在没有报错了。

现在打开 `World` 类的 `createExplosion` 方法。按 Ctrl 键并单击 `createExplosion`，跳转到这个方法的实现：

```
2491    /**
2492     * Creates an explosion in the world.
2493     */
2494    public Explosion createExplosion(@Nullable Entity entityIn, double x, double y, double z, float strength, boolean isSmoking)
2495    {
2496        return this.newExplosion(entityIn, x, y, z, strength, isFlaming: false, isSmoking);
2497    }
```

可以从这个方法的参数列表中获取到一些信息：

- 第二个参数、第三个参数、第四个参数分别传入三个 `double`，不言而喻这三个参数对应的是爆炸发生的坐标。
- 第五个参数的名称是 `strength`，代表这个爆炸的强度。
- 最后一个参数的名称是 `isSmoking`，看起来代表这个爆炸是否冒烟，我们不要让它冒烟，所以传入了一个 `false`。
- 第一个参数要传入一个 `Entity` 的实例，也就是一个实体。但是现在不知道要传入什么实体。

现在似乎处于一个比较绝望的境地——不知道第一个参数应该传入什么。实际上在 Mod

开发的过程中，经常遇到这样的问题。寻找突破口的常见方法就是——看看别人是怎么用的。

再次在方法声明处按 Ctrl 键并单击 createExplosion，IntelliJ IDEA 弹出来一个窗口：

这个窗口告诉了我们哪些地方用到了这个方法。

- DragonSpawnManager 类用到了这个方法——那是末影水晶重生末影龙的时候产生的自爆。
- EntityCreeper 类也用到了这个方法——那是爬行者靠近玩家的时候产生的自爆。
- EntityEnderCrystal 类——那是末影水晶被攻击时产生的爆炸。
- EntityMinecartTNT 类和 EntityTNTPrimed 类——TNT 被点着不久，自然就会自爆了。
- 最后一个 EventHandler 类，就是代码里调用的爆炸。

大概能够总结出来第一个参数的规律：如果这个爆炸是自爆的，那么爆炸的目标就是自己。如果这个爆炸是他人攻击导致的，那么就是 null。当然，这样一个规律也不一定准确，因为毕竟是根据源代码猜出来的，所以在编写 Mod 时，可以视情况修正自己的猜测。根据这样一个猜测，作者决定在第一个参数处填 null。

最后汇总一下方法的全部代码：

```
@SubscribeEvent
public static void onLivingDeath(LivingDeathEvent event)
{
    Entity source = event.getSource().getImmediateSource();
    if (source instanceof EntityPlayer && !source.world.isRemote)
    {
        EntityPlayer player = (EntityPlayer) source;
        ItemStack heldItemMainhand = player.getHeldItemMainhand();
        int level = EnchantmentHelper.getEnchantmentLevel(
                EnchantmentRegistryHandler.EXPLOSION, heldItemMainhand);
        if (level > 0)
        {
            Entity target = event.getEntity();
            target.world.createExplosion(null,
                    target.posX, target.posY, target.posZ, 2 * level, false);
        }
    }
}
```

现在打开游戏，找个生物拿着附魔剑试着砍一砍。

6.2.5　小结

如果读者一步一步地照做下来，那么现在的项目应该较上次多出了两个文件：

src/main/java/zzzz/fmltutor/enchantment/EnchantmentExplosion.java

src/main/java/zzzz/fmltutor/enchantment/EnchantmentRegistryHandler.java

同时以下三个文件发生了一定程度的修改：

src/main/java/zzzz/fmltutor/event/EventHandler.java

src/main/resources/assets/fmltutor/lang/en_us.lang

src/main/resources/assets/fmltutor/lang/zh_cn.lang

最后再简要总结一下这一部分：

- 为了实现自己的附魔，我们继承了 Enchantment 类，并监听 Register<Enchantment> 事件注册了附魔。
- 除了设置 registryName 用于注册，还通过 setName 方法设置了 unlocalizedName。
- 在语言文件里以 enchantment.unlocalizedName=Unlocalized Name 的方式设置了在游戏中看得到的名称。
- 通过覆盖 getMaxLevel 方法设置了一个附魔的最大等级。
- 通过覆盖 getMinEnchantability 和 getMaxEnchantability 两个方法设置了针对附魔的规则。
- 通过覆盖 canApplyTogether 方法设置了自己的附魔和其他附魔的兼容性。
- 通过监听特定事件以响应特定附魔，让附魔得以发挥其真正的效果。
- 通过 EnchantmentHelper 的相应方法可以获知一个物品的特定附魔等级，以及一些其他和附魔有关的数据。

6.3　新的村民交易

村民交易是 Mod 经常用到的一种发展线的辅助手段。总体来说，村民交易一共可以分为三级：

- 村民的职业类型（Profession），通过不同的衣着区分，原版共六种：农民、图书管理员、牧师、铁匠、屠夫和“傻子”。
- 村民的职业（Career），通过打开 GUI 后不同的名称区分，比如原版的图书管理员职业类型分为图书管理员和制图师两种职业。
- 村民的交易（Trade），比如制图师的交易：收购纸、收购纸罗盘及出售三种不同类型的地图。

本节内容也将通过村民的职业类型、职业和交易三个部分讲述村民的交易系统，并以泥土工人为例，引导读者创建自己的交易系统。

6.3.1　村民的职业类型和职业

对原版 Minecraft 来说，职业类型是被紧密耦合到代码中的，但是 Forge 注意到了村民交易在 Mod 中的地位，因此对此进行了一定程度的抽象，Mod 开发者通过一个名为 net.minecraftforge.fml.common.registry.VillagerRegistry.VillagerProfession 的类来创建自己的村民职业类型。新建一个名为 zzzz.fmltutor.villager 的包，并在其中新建一个名为 VillagerRegistryHandler 的类：

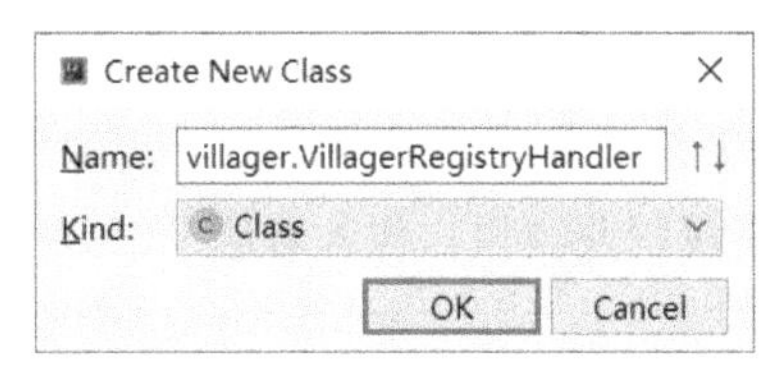

然后创建一个 VillagerProfession 的实例，并监听相应的事件来注册这个实例：

```
package zzzz.fmltutor.villager;

import net.minecraftforge.event.RegistryEvent;
import net.minecraftforge.fml.common.Mod.EventBusSubscriber;
import net.minecraftforge.fml.common.eventhandler.SubscribeEvent;
import net.minecraftforge.fml.common.registry.VillagerRegistry.
VillagerProfession;
import net.minecraftforge.registries.IForgeRegistry;
import zzzz.fmltutor.FMLTutor;

@EventBusSubscriber
public class VillagerRegistryHandler
{
    public static final VillagerProfession DIRT_WORKER =
        new VillagerProfession(FMLTutor.MODID + ":dirt_worker",
            FMLTutor.MODID + ":textures/entity/villager/dirt_worker.png",
            FMLTutor.MODID + ":textures/entity/zombie_villager/zombie_dirt_
worker.png");

    @SubscribeEvent
    public static void onRegistry(RegistryEvent.Register<VillagerProfession>
event)
    {
        IForgeRegistry<VillagerProfession> registry = event.getRegistry();
        registry.register(DIRT_WORKER);
    }
}
```

VillagerProfession 的构造方法一共有三个参数：

- 第一个参数代表该职业类型的 ModID 和 registryName，这里 ModID 是 fmltutor，registryName 是 dirt_worker。
- 第二个参数和第三个参数分别代表该职业类型对应的普通村民和僵尸村民的着装对应的材质的位置。相应位置的选取是任意的，不过通常都有一些惯例。
  - 这里设置的普通村民的着装对应的材质位于 fmltutor:textures/entity/villager/dirt_worker.png。
  - 这里设置的僵尸村民的着装对应的材质位于 fmltutor:textures/entity/

zombie_villager/zombie_dirt_worker.png。

然后再指定一个村民职业，村民职业通过一个 net.minecraftforge.fml.common.registry.VillagerRegistry.VillagerCareer 的实例代表：

```
public static final VillagerProfession DIRT_WORKER =
    new VillagerProfession(FMLTutor.MODID + ":dirt_worker",
        FMLTutor.MODID + ":textures/entity/villager/dirt_worker.png",
        FMLTutor.MODID + ":textures/entity/zombie_villager/zombie_dirt_worker.png");
public static final VillagerCareer DIRT_WORKER_CAREER =
        new VillagerCareer(DIRT_WORKER, FMLTutor.MODID + ".dirtWorker");
```

VillagerCareer 的构造方法一共有两个参数：

- 第一个参数代表该职业所属职业类型，传入对应 VillagerProfession 的实例。
- 第二个参数代表该职业的 unlocalizedName，由于不同村民职业有不同的名称，因此不同的 VillagerCareer 也会有不同的 unlocalizedName。

6.3.2 村民的名称和外观材质

现在把 unlocalizedName 和材质补齐。具体到语言文件时，要添加 entity.Villager. 的前缀：

```
# in en_us.lang
entity.Villager.fmltutor.dirtWorker=Dirt Worker

# in zh_cn.lang
entity.Villager.fmltutor.dirtWorker= 泥土工人
```

填充两张材质。在 Minecraft 中，这两张材质的大小均为 64 像素 ×64 像素，而对村民的材质来说，Minecraft 把这张材质图片划分了七个部分，每个部分都代表一个长方体，下图中 F 表示前面，B 表示后面，L 表示左面，R 表示右面，U 表示顶面，D 表示底面，背景为紫色网格，网格线宽度对应 1 像素。

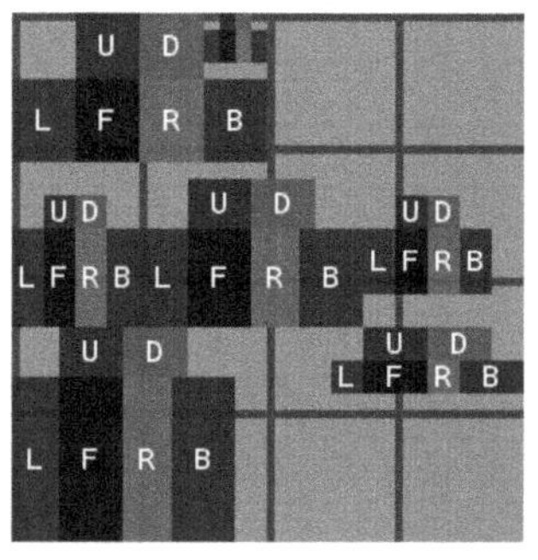

这七个部分分别代表了村民的脑袋、鼻子、身体着装的两个部分、胳膊的两个部分，以及共用同一部分材质的两条腿。

可以根据已有的材质修改，并取名为 dirt_worker.png，然后放入 src/main/resources/assets/fmltutor/textures/entity/villager 目录下：

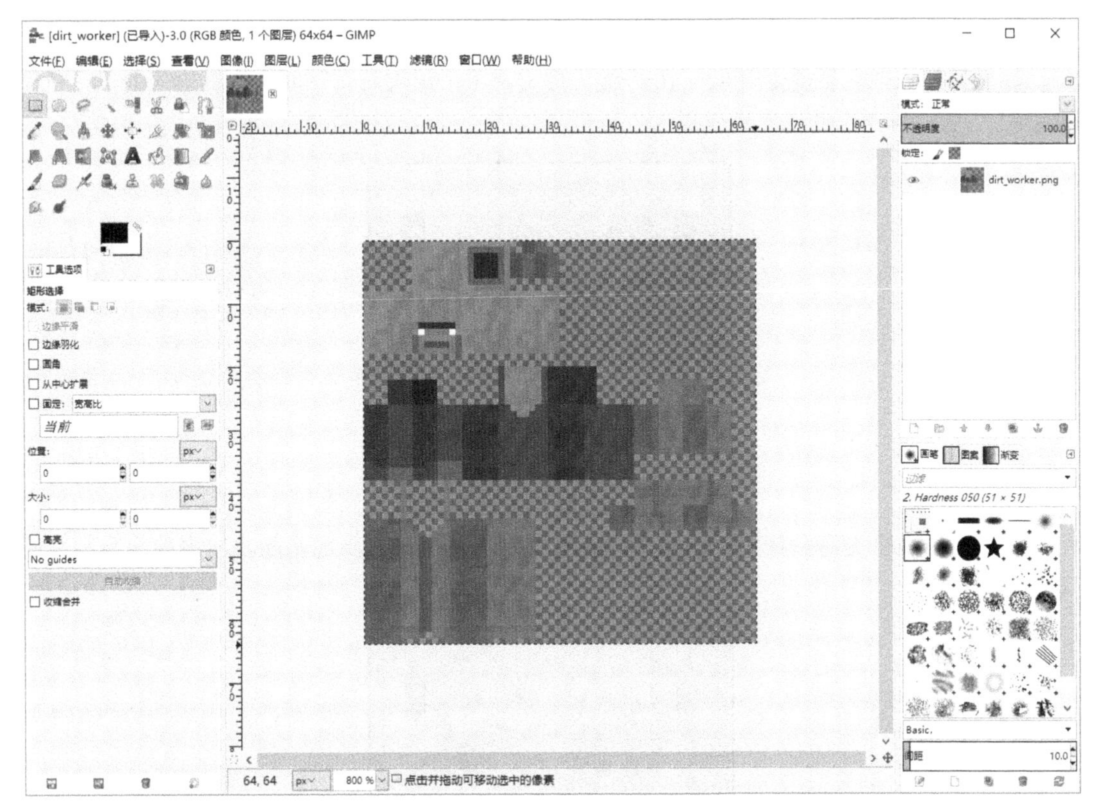

现在打开游戏，不断使用村民刷怪蛋，就能看到穿着土黄色外袍的村民了。

僵尸村民也是同理，只不过按照之前填入的字符串，相应材质应放入 src/main/resources/assets/fmltutor/textures/entity/zombie_villager 目录下，并取名为 zombie_dirt_worker.png。

现在还看不到村民职业的名称，这是因为还没有为村民职业添加交易，新添加的村民职业和“傻子”没什么区别。

6.3.3　村民的交易

修改一下注册村民职业类型的监听器：

```
@SubscribeEvent
public static void onRegistry(RegistryEvent.Register<VillagerProfession> event)
{
    IForgeRegistry<VillagerProfession> registry = event.getRegistry();
    DIRT_WORKER_CAREER.addTrade(1,
            new EntityVillager.EmeraldForItems(ItemRegistryHandler.DIRT_BALL,
                    new EntityVillager.PriceInfo(8, 10)),
            new EntityVillager.ListItemForEmeralds(Item.getItemFromBlock(Blocks.
DIRT),
                    new EntityVillager.PriceInfo(1, 2)));
    registry.register(DIRT_WORKER);
}
```

通过调用 VillagerCareer 的 addTrade 方法为村民添加了两个交易。可以很容易地区分出来，这个方法的第一个参数代表交易的等级（从 1 开始），只有进行过较低等级交易之后才能解锁较高等级交易，这个方法后面的参数就是具体的交易了。

添加的第一个交易是使用 8 ～ 10 个泥土球交易 1 个绿宝石。下面是随机出来的一个村民的交易：

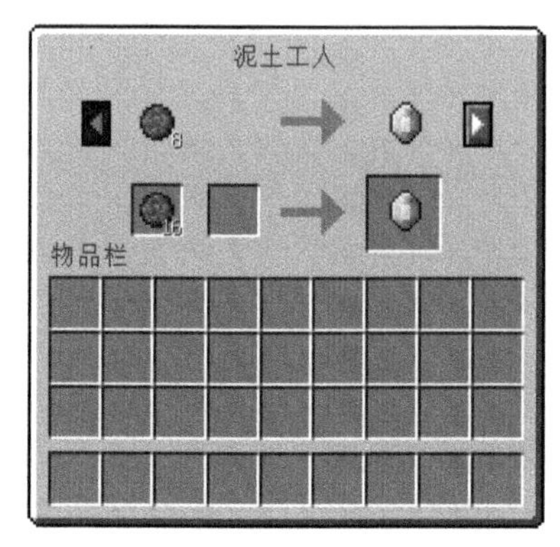

添加的第二个交易是使用 1 ～ 2 个绿宝石交易 1 块泥土。下面是随机出来的一个村民的交易：

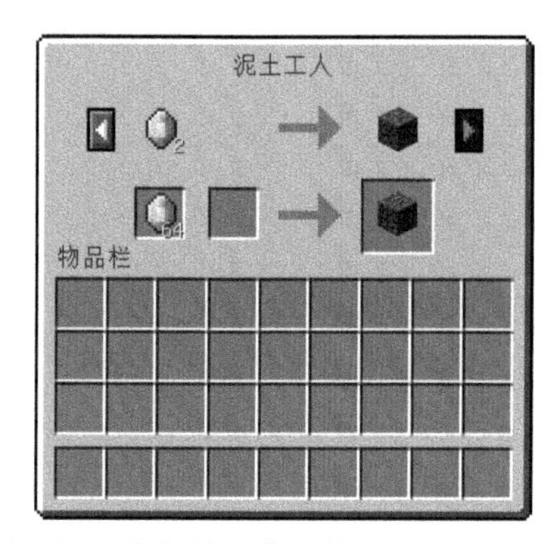

需要补充的一点是，由于泥土同时也是一个方块，因此 `Items` 类是找不到泥土这一物品的，不过 `Item` 类提供了一个名为 `getItemFromBlock` 的方法以获取方块对应的物品，这个方法在编写 Mod 中很常用。

现在从 `addTrade` 这一个方法开始进一步展开讲解。

6.3.4　可变长度参数

`addTrade` 方法应该传入几个参数呢？之前向这个方法首先传入了一个 `int`，然后又传入了两个代表交易类型的参数。但是，如果想要添加三个或四个交易呢？实际上，`addTrade` 方法使用了一种被称为**变长参数**（Variable Length Argument，简称 vararg）的特性，这个特性允许调用该方法时传入多个相同类型的参数。

```
public VillagerCareer addTrade(int level, ITradeList... trades)
{
    if (level <= 0)
        throw new IllegalArgumentException("Levels start at 1");
```

这个方法位于第二个参数的位置的 `trades` 参数类型声明 `ITradeList...`，后面的三个点声明了 addTrade 是一个变长参数方法。可以在第一个参数后传入任意多的 ITradeList 实例，最后 Java 会当作传入一个数组处理，换言之，在执行 addTrade 方法时，trades 参数是被当作数组处理的。也就是说，以下两个方法调用的方式等价：

```
DIRT_WORKER_CAREER.addTrade(1,
        new EntityVillager.EmeraldForItems(ItemRegistryHandler.DIRT_BALL,
                new EntityVillager.PriceInfo(8, 10)),
        new EntityVillager.ListItemForEmeralds(Item.getItemFromBlock(Blocks.DIRT),
                new EntityVillager.PriceInfo(1, 2)));

DIRT_WORKER_CAREER.addTrade(1, new ITradeList[] {
        new EntityVillager.EmeraldForItems(ItemRegistryHandler.DIRT_BALL,
                new EntityVillager.PriceInfo(8, 10)),
        new EntityVillager.ListItemForEmeralds(Item.getItemFromBlock(Blocks.DIRT),
                new EntityVillager.PriceInfo(1, 2))});
```

6.3.5 接口及其实现

现在把鼠标指针放到 ITradeList 类型（其全名为 net.minecraft.entity.passive.EntityVillager.ITradeList）上。跳转到这个类型位于 EntityVillager 类中的的声明：

```
public interface ITradeList
{
    void addMerchantRecipe(IMerchant merchant, MerchantRecipeList recipeList, Random random);
}
```

这个类型的声明和普通的嵌套类的唯一区别就是 class 被换成了 interface。我们称这里定义了一个名为 ITradeList 的接口。

在前面就已经提到，引用类型共分为三种：类（Class）、数组（Array）及接口（Interface）。一个新类使用 class 加类名称的方式定义，我们在之前的章节中已经新建了不少类。一个类型的数组在使用时，在该类型后添加 [] 后缀，比如 int[] 等。

接口在声明上除使用 interface 和 class 的区别外，和类没有区别。既可以新建一个和接口名称相同的 .java 后缀文件声明一个新的接口，也可以把一个接口的声明放在一个类或者一个接口中，形成嵌套接口类型（比如这里位于 EntityVillager 的 ITradeList 接口）。但是在具体使用时，接口和类的不同点是，接口本身代表的是一种约定，或者说一种能力，因此不能直接创建实例，其本身没有也不能有构造方法。接口本身也不能拥有非静态字段，只能为其实例指定非静态方法。

一个类可以**实现**（Implement）一个或多个接口，代表这个类的实例拥有一个或多个特定的约定或能力。从这个角度来说，接口本身拥有其实例可以做什么、不可以做什么的功能，因此**接口中定义的方法默认均为没有实现的抽象方法**。当然对于接口而言，可以通过特定方式定义拥有默认实现的方法。

和继承不同，一方面，继承某个类的声明使用 extends 后加类名的方式，而实现一个接口使用 implements 后加接口名的方式，另一个方面，**一个类只能直接继承一个父类，但是可以实现一个或多个接口**，一个类声明其实现的多个接口之间使用逗号分隔，从而形成

implements A, B, C 的形式。

在 IntelliJ IDEA 中单击 ITradeList 左侧带有向下箭头的按钮，IntelliJ IDEA 会为我们弹出一个下拉选项框，通过该下拉选项框可以看到有哪些类实现了这个接口：

Choose Implementation of **ITradeList** (6 found)	
EmeraldForItems in EntityVillager (net.minecraft.entity.passive)	forgeSrc-1.12.2-14.23.2.2611.jar
ItemAndEmeraldToItem in EntityVillager (net.minecraft.entity.passive)	forgeSrc-1.12.2-14.23.2.2611.jar
ListEnchantedBookForEmeralds in EntityVillager (net.minecraft.entity.passive)	forgeSrc-1.12.2-14.23.2.2611.jar
ListEnchantedItemForEmeralds in EntityVillager (net.minecraft.entity.passive)	forgeSrc-1.12.2-14.23.2.2611.jar
ListItemForEmeralds in EntityVillager (net.minecraft.entity.passive)	forgeSrc-1.12.2-14.23.2.2611.jar
TreasureMapForEmeralds in EntityVillager (net.minecraft.entity.passive)	forgeSrc-1.12.2-14.23.2.2611.jar

我们称 EmeraldForItems 类是 ITradeList 接口的子类型，因此一个 EmeraldForItems 类的实例同时也是 ITradeList 接口的实例，可以对其调用 addMerchantRecipe 方法，也可以传入的 VillagerCareer 类的 addTrade 方法。

可以单击其中的 EmeraldForItems 类，看到这个接口的具体实现。

```
public static class EmeraldForItems implements EntityVillager.ITradeList
    {
        public Item buyingItem;
        public EntityVillager.PriceInfo price;

        public EmeraldForItems(Item itemIn, EntityVillager.PriceInfo priceIn)
        {
            this.buyingItem = itemIn;
            this.price = priceIn;
        }

        public void addMerchantRecipe(IMerchant merchant, MerchantRecipeList recipeList, Random random)
        {
            int i = 1;

            if (this.price != null)
            {
                i = this.price.getPrice(random);
            }

            recipeList.add(new MerchantRecipe(new ItemStack(this.buyingItem, i,  meta: 0), Items.EMERALD));
        }
    }
```

6.3.6 村民交易的具体实现

在开始编写具体的接口实现前，先从之前看到的 EmeraldForItems 类开始研究。这个实现类是代表使用物品换绿宝石的村民交易。对于每一个在世界上生成的村民，游戏都会调用这个方法添加村民的交易。

addMerchantRecipe 方法的最后一个参数是一个 java.util.Random 类的实例。这是一个 Java 官方提供的类，用于产生随机数——由于随机数的存在，每次这个方法调用后添加的交易都不一样。

addMerchantRecipe 方法的第二个参数，也就是一个 MerchantRecipeList，没有办法立刻知道它的含义，但是从这一名称可以猜测出，这个对象存储着一个交易（Merchant

Recipe）的列表（List）。同时，通过浏览这个方法可知，这个具体实现调用了对象的 add 方法，并传入了一个 MerchantRecipe，那么 MerchantRecipe 显然就是针对某个特定村民的具体的交易。

addMerchantRecipe 方法的第一个参数是什么？现在还不知道，只知道它的类型是 IMerchant 类型。既然现在看到的这个类没有用到这个参数，说明这个参数至少在某些情况下是可有可无的。

现在得知有以下几个方面。

- 一个村民在世界上生成的时候，会调用 addMerchantRecipe 方法添加具体的交易。
- addMerchantRecipe 方法的第三个参数用于生成随机数，进而调控交易的随机性（比如农民会使用 18 ～ 22 个小麦交易一个绿宝石，选取 18 ～ 22 这五个数就有一定的随机性）。
- addMerchantRecipe 方法的第二个参数用于添加交易，设计好一个交易后，就创建一个代表具体交易的 MerchantRecipe，然后调用第二个参数的 add 方法把这个 MerchantRecipe 加入村民的交易列表中。
- addMerchantRecipe 方法的第一个参数的作用还不明确，但是这不影响接下来的程序编写。实际上，通过几步操作，就可以验证这个参数实际上代表的就是村民这个实体本身，感兴趣的读者可以自己尝试一下。

现在从构造方法开始分析：

```
public Item buyingItem;
public EntityVillager.PriceInfo price;

public EmeraldForItems(Item itemIn, EntityVillager.PriceInfo priceIn)
{
    this.buyingItem = itemIn;
    this.price = priceIn;
}
```

- 构造方法的第一个参数是一个 Item，很明显它应该代表村民收购的具体的物品种类，并存储在 buyingItem 字段中。
- 构造方法的第二个参数是一个 PriceInfo，在添加交易的时候，已经用到 PriceInfo 了，它代表一个数字范围，并存储在 price 字段中。

然后在调用 addMerchantRecipe 方法的时候出现了以下代码：

```
int i = 1;

if (this.price != null)
{
    i = this.price.getPrice(random);
}
```

设想一个收购 18 ～ 22 个小麦以换取一个绿宝石的交易。这个交易一定是这个类的实例，它一定传入了一个 new EntityVillager.PriceInfo(18, 22) 作为构造方法的第二个参数，以及这个类的 price 字段，在这个字段代表的对象不是 null 的时候调用了它的 getPrice 方法，那么这个方法的返回值就代表当前村民换取一个绿宝石所需要的小麦数。这里传入了 random，因为它被用于产生随机性，从而返回一个范围内的随机值。

然后再看这个方法的最后一行，MerchantRecipe 的构造方法的第一个参数是村民需要的东西，而第二个参数自然就是村民提供的东西（绿宝石）。我们还得知了 ItemStack 的构造方法的第二个参数代表物品的堆叠数量。第三个参数是什么在这里不重要，到时候照旧传入一个 0 即可。

分析完成后，就可以自己动手实现了。

6.3.7 匿名类

实现一个“三个泥土球＋若干绿宝石＝一个泥土镐”的交易。其实，这个交易实现起来很简单，在 VillagerRegistryHandler 类中新添加一个嵌套类：

```
@SubscribeEvent
public static void onRegistry(RegistryEvent.Register<VillagerProfession> event)
{
    IForgeRegistry<VillagerProfession> registry = event.getRegistry();
    DIRT_WORKER_CAREER.addTrade(1,
            new EntityVillager.EmeraldForItems(ItemRegistryHandler.DIRT_BALL,
                new EntityVillager.PriceInfo(8, 10)),
            new EntityVillager.ListItemForEmeralds(Item.getItemFromBlock(Blocks.
DIRT),
                new EntityVillager.PriceInfo(1, 2)));
    DIRT_WORKER_CAREER.addTrade(2,
            new DirtBallToDirtPickaxe(new EntityVillager.PriceInfo(3, 6)));
    registry.register(DIRT_WORKER);
}

private static class DirtBallToDirtPickaxe implements EntityVillager.ITradeList
{
    private final EntityVillager.PriceInfo priceInfo;

    private DirtBallToDirtPickaxe(EntityVillager.PriceInfo dirtPickaxePriceInfo)
    {
        this.priceInfo = dirtPickaxePriceInfo;
    }

    @Override
    public void addMerchantRecipe(IMerchant merchant, MerchantRecipeList
recipeList, Random random)
    {
        int emeraldAmount = this.priceInfo.getPrice(random);
        recipeList.add(new MerchantRecipe(
                new ItemStack(ItemRegistryHandler.DIRT_BALL, 3, 0),
                new ItemStack(Items.EMERALD, emeraldAmount, 0),
                new ItemStack(ItemRegistryHandler.DIRT_PICKAXE)));
    }
}
```

打开游戏，很快就能看得到新添加的交易了：

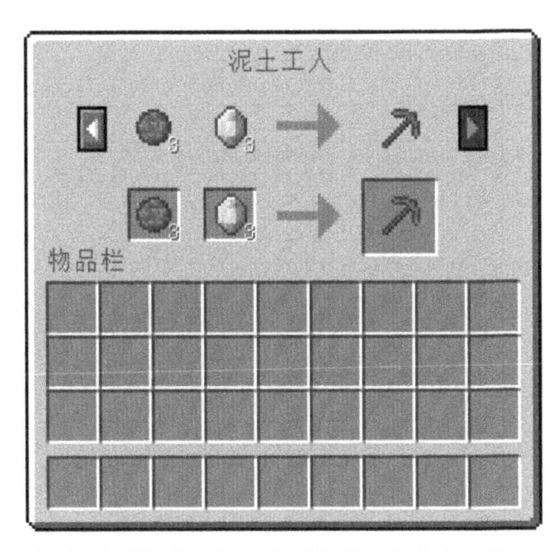

整节内容到这里本应该完全结束了，但是代码中还有一个问题是应当解决的——`DirtBallToDirtPickaxe` 这个类从头到尾只用到过一次，而且可以预测的是，未来也不太可能会用到第二次。那么为一个只会用到一次的类写了这么多代码，是不是太麻烦了呢？

Java 引入了一种被称为**匿名类**（Anonymous Class，又称匿名内部类，Anonymous Inner Class）的机制，大大方便了这种需要继承一个类或接口，但只会被用到一次的类的实现。现在把鼠标指针放到 `DirtBallToDirtPickaxe` 这一类名上，右击选择 `Refactor`，再选择 `Inline`，当然也可以直接使用 Ctrl+Alt+N 组合键：

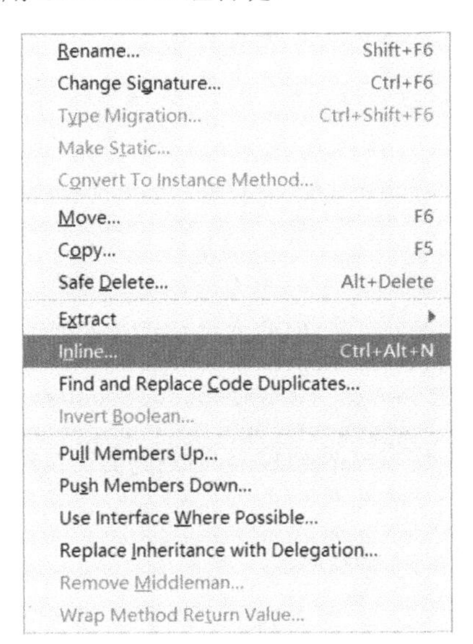

然后就会出现一个 `Inline to Anonymous Class` 的对话框，代表这个类将被替换成匿名类：

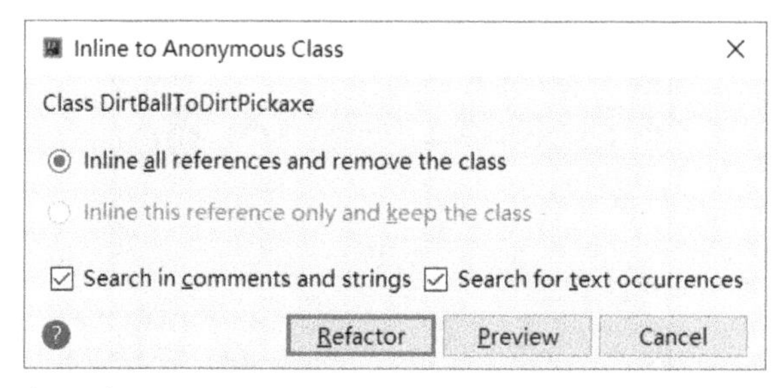

接着按 Enter 键，代码变成了如下这种形式，而 DirtBallToDirtPickaxe 这个类也不见了：

```
@SubscribeEvent
public static void onRegistry(RegistryEvent.Register<VillagerProfession> event)
{
    IForgeRegistry<VillagerProfession> registry = event.getRegistry();
    DIRT_WORKER_CAREER.addTrade(1,
            new EntityVillager.EmeraldForItems(ItemRegistryHandler.DIRT_BALL,
                    new EntityVillager.PriceInfo(8, 10)),
            new EntityVillager.ListItemForEmeralds(Item.getItemFromBlock(Blocks.
DIRT),
                    new EntityVillager.PriceInfo(1, 2)));
    EntityVillager.PriceInfo dirtPickaxePriceInfo = new EntityVillager.
PriceInfo(3, 6);
    DIRT_WORKER_CAREER.addTrade(2, new EntityVillager.ITradeList()
    {
        private final EntityVillager.PriceInfo priceInfo = dirtPickaxePriceInfo;

        @Override
        public void addMerchantRecipe(IMerchant merchant,
                                      MerchantRecipeList recipeList, Random
random)
        {
            int emeraldAmount = this.priceInfo.getPrice(random);
            recipeList.add(new MerchantRecipe(
                    new ItemStack(ItemRegistryHandler.DIRT_BALL, 3, 0),
                    new ItemStack(Items.EMERALD, emeraldAmount, 0),
                    new ItemStack(ItemRegistryHandler.DIRT_PICKAXE)));
        }
    });
    registry.register(DIRT_WORKER);
}
```

可以看到匿名类的结构了：

- 由于匿名类只有一个实例，因此其声明和实例的声明一起出现。
- 匿名类声明的前半部分和使用 new 创建一个对象的格式完全相同，但是 new 后面对应的是被继承 / 实现的类 / 接口名。
- 匿名类声明的后半部分被一对大括号包围，内部是整个匿名类的具体声明，在通常情况下，匿名类的具体声明部分与普通类的具体声明部分写法相同。

这里还可以注意到，由于匿名类的出现，字段 priceInfo 现在只是起到了一个赋值的作用。根本不需要声明这样一个字段，只需要在匿名类外引用 priceInfo 这一变量就可以了。

把鼠标指针放到 priceInfo 上，并再次按下 Ctrl+Alt+N 组合键，IntelliJ IDEA 会弹出一个对话框，如下图所示：

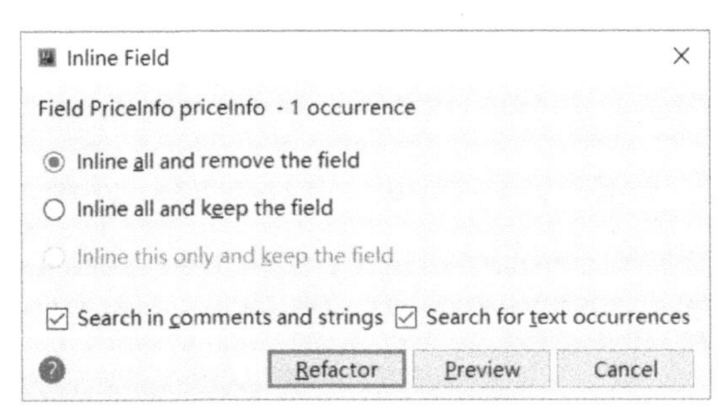

按 Enter 键，代码变成了这种形式：

```
@SubscribeEvent
public static void onRegistry(RegistryEvent.Register<VillagerProfession> event)
{
    IForgeRegistry<VillagerProfession> registry = event.getRegistry();
    DIRT_WORKER_CAREER.addTrade(1,
            new EntityVillager.EmeraldForItems(ItemRegistryHandler.DIRT_BALL,
                    new EntityVillager.PriceInfo(8, 10)),
            new EntityVillager.ListItemForEmeralds(Item.getItemFromBlock(Blocks.
DIRT),
                    new EntityVillager.PriceInfo(1, 2)));
    EntityVillager.PriceInfo dirtPickaxePriceInfo = new EntityVillager.
PriceInfo(3, 6);
    DIRT_WORKER_CAREER.addTrade(2, new EntityVillager.ITradeList()
    {
        @Override
        public void addMerchantRecipe(IMerchant merchant,
                                      MerchantRecipeList recipeList, Random
random)
        {
            int emeraldAmount = dirtPickaxePriceInfo.getPrice(random);
            recipeList.add(new MerchantRecipe(
                    new ItemStack(ItemRegistryHandler.DIRT_BALL, 3, 0),
                    new ItemStack(Items.EMERALD, emeraldAmount, 0),
                    new ItemStack(ItemRegistryHandler.DIRT_PICKAXE)));
        }
    });
    registry.register(DIRT_WORKER);
}
```

与之前的代码相比，现在的代码简洁很多，但能不能把代码变得更简洁一些呢？

6.3.8 Lambda 表达式

对于部分特定的接口，的确可以让代码变得更简洁。但只有满足以下两个条件，才可以这么做：

- 必须是接口，不能是类（包括抽象类）。
- 这一接口有且仅有一个抽象方法，也就是接口本身没有实现的非静态方法。

满足这两个条件的接口称为**函数式接口**（Functional Interface）。Java 从 Java8 开始规定，函数式接口的匿名类实现，可以使用 **Lambda 表达式**（Lambda Expression）代替。实际上，IntelliJ IDEA 已经在这里提示了：

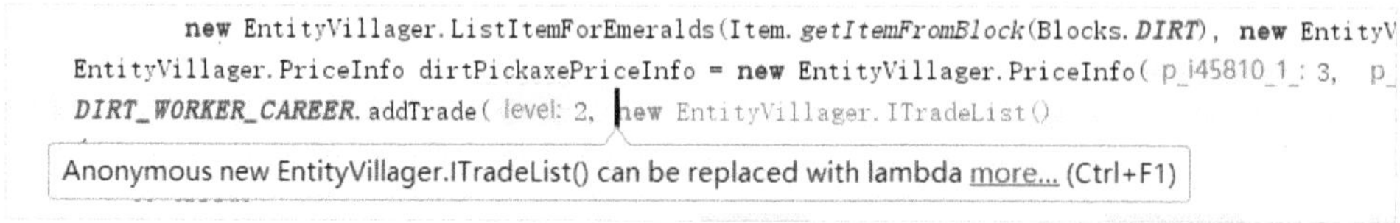

```
        new EntityVillager.ListItemForEmeralds(Item.getItemFromBlock(Blocks.DIRT), new EntityV
EntityVillager.PriceInfo dirtPickaxePriceInfo = new EntityVillager.PriceInfo( p_i45810_1_: 3,  p_
DIRT_WORKER_CAREER.addTrade( level: 2, new EntityVillager.ITradeList()
```

Anonymous new EntityVillager.ITradeList() can be replaced with lambda more... (Ctrl+F1)

把鼠标指针放到 `new EntityVillager.ITradeList()` 处，按 Alt+Enter 组合键：

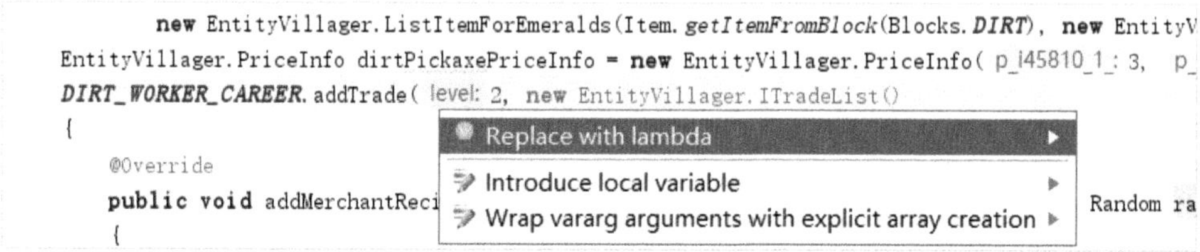

```
        new EntityVillager.ListItemForEmeralds(Item.getItemFromBlock(Blocks.DIRT), new EntityV
EntityVillager.PriceInfo dirtPickaxePriceInfo = new EntityVillager.PriceInfo( p_i45810_1_: 3,  p_
DIRT_WORKER_CAREER.addTrade( level: 2, new EntityVillager.ITradeList()
{
    @Override
    public void addMerchantReci                                              Random ra
    {
```

Replace with lambda
Introduce local variable
Wrap vararg arguments with explicit array creation

选择 `Replace with lambda`，然后就可以看到代码变成了这种形式：

```
@SubscribeEvent
public static void onRegistry(RegistryEvent.Register<VillagerProfession> event)
{
    IForgeRegistry<VillagerProfession> registry = event.getRegistry();
    DIRT_WORKER_CAREER.addTrade(1,
            new EntityVillager.EmeraldForItems(ItemRegistryHandler.DIRT_BALL,
                    new EntityVillager.PriceInfo(8, 10)),
            new EntityVillager.ListItemForEmeralds(Item.getItemFromBlock(Blocks.
DIRT),
                    new EntityVillager.PriceInfo(1, 2)));
    EntityVillager.PriceInfo dirtPickaxePriceInfo = new EntityVillager.
PriceInfo(3, 6);
    DIRT_WORKER_CAREER.addTrade(2, (merchant, recipeList, random) ->
    {
        int emeraldAmount = dirtPickaxePriceInfo.getPrice(random);
        recipeList.add(new MerchantRecipe(
                new ItemStack(ItemRegistryHandler.DIRT_BALL, 3, 0),
                new ItemStack(Items.EMERALD, emeraldAmount, 0),
                new ItemStack(ItemRegistryHandler.DIRT_PICKAXE)));
    });
    registry.register(DIRT_WORKER);
}
```

通过 Lambda 表达式使整段代码变得更简洁了一些。

与包括匿名类在内的类声明不同，Lambda 表达式专注的不是类的声明，而是方法本身。Lambda 表达式的整个声明都可以和函数式接口对应的抽象方法一一对应，在这里，对应的方法自然就是 `EntityVillager.PriceInfo` 接口的 `addMerchantRecipe` 方法。

- `->` 前的 `(merchant, recipeList, random)` 对应 `addMerchantRecipe` 方法的三个参数，它们被自动推断成对应的类型。我们也可以为这三个参数指定类型，在这里 `(merchant, recipeList, random)` 和 `(IMerchant merchant, MerchantRecipeList recipeList, Random random)` 是等价的。
- `->` 后被大括号括起来的部分和对应 `addMerchantRecipe` 方法内部一致。

Lambda 表达式的简洁写法，使其在出现以来就很受开发者的欢迎。在本书的后续章节也会用到 Lambda 表达式。

以下是本节结束后，VillagerRegistryHandler 类的全部代码：

```
package zzzz.fmltutor.villager;

import net.minecraft.entity.passive.EntityVillager;
import net.minecraft.init.Blocks;
import net.minecraft.init.Items;
import net.minecraft.item.Item;
import net.minecraft.item.ItemStack;
import net.minecraft.village.MerchantRecipe;
import net.minecraftforge.event.RegistryEvent;
import net.minecraftforge.fml.common.Mod.EventBusSubscriber;
import net.minecraftforge.fml.common.eventhandler.SubscribeEvent;
import net.minecraftforge.fml.common.registry.VillagerRegistry.VillagerCareer;
import net.minecraftforge.fml.common.registry.VillagerRegistry.
VillagerProfession;
import net.minecraftforge.registries.IForgeRegistry;
import zzzz.fmltutor.FMLTutor;
import zzzz.fmltutor.item.ItemRegistryHandler;

@EventBusSubscriber
public class VillagerRegistryHandler
{
    public static final VillagerProfession DIRT_WORKER =
        new VillagerProfession(FMLTutor.MODID + ":dirt_worker",
            FMLTutor.MODID + ":textures/entity/villager/dirt_worker.png",
            FMLTutor.MODID + ":textures/entity/zombie_villager/zombie_dirt_
worker.png");
    public static final VillagerCareer DIRT_WORKER_CAREER =
            new VillagerCareer(DIRT_WORKER, FMLTutor.MODID + ".dirtWorker");

    @SubscribeEvent
    public static void onRegistry(RegistryEvent.Register<VillagerProfession>
event)
    {
        IForgeRegistry<VillagerProfession> registry = event.getRegistry();
        DIRT_WORKER_CAREER.addTrade(1,
            new EntityVillager.EmeraldForItems(ItemRegistryHandler.DIRT_BALL,
                new EntityVillager.PriceInfo(8, 10)),
            new EntityVillager.ListItemForEmeralds(Item.getItemFromBlock(Blocks.
DIRT),
                new EntityVillager.PriceInfo(1, 2)));
        EntityVillager.PriceInfo dirtPickaxePriceInfo =
            new EntityVillager.PriceInfo(3, 6);
        DIRT_WORKER_CAREER.addTrade(2, (merchant, recipeList, random) ->
        {
            int emeraldAmount = dirtPickaxePriceInfo.getPrice(random);
            recipeList.add(new MerchantRecipe(
                    new ItemStack(ItemRegistryHandler.DIRT_BALL, 3, 0),
                    new ItemStack(Items.EMERALD, emeraldAmount, 0),
                    new ItemStack(ItemRegistryHandler.DIRT_PICKAXE)));
        });
        registry.register(DIRT_WORKER);
    }
}
```

6.3.9 小结

如果读者一步一步地照做下来，那么现在的项目应该较上次多出了三个文件：

src/main/java/zzzz/fmltutor/villager/VillagerRegistryHandler.java

src/main/resources/assets/fmltutor/textures/entity/villager/dirt_worker.png

src/main/resources/assets/fmltutor/textures/entity/zombie_villager/zombie_dirt_worker.png

同时以下两个文件发生了一定程度的修改：

src/main/resources/assets/fmltutor/lang/en_us.lang

src/main/resources/assets/fmltutor/lang/zh_cn.lang

最后再简要总结一下这一部分：

- 新建了一个 VillagerProfession 的实例作为村民的职业类型，并使用 Forge 的注册系统进行注册。
- 在 VillagerProfession 中指定了 registryName 和两种材质的位置，并在相应的位置添加了 64 像素 ×64 像素的材质。
- 新建了一个 VillagerCareer 的实例，作为村民的特定职业，并在构造方法中将其和特定 VillagerProfession 绑定。
- 在 VillagerCareer 中指定了 unlocalizedName，并通过在语言文件中设置 entity.Villager.unlocalizedName 设置了村民的职业名称。
- 调用了 VillagerCareer 的 addTrade 方法，并传入了 EntityVillager.PriceInfo 接口的实例作为村民特定职业的特定交易。
- 为了丰富村民交易，除了使用已有的 EntityVillager.PriceInfo 接口实现，还自己实现了这一接口。
- 为了实现 addMerchantRecipe 方法，尝试了普通嵌套类、匿名类和 Lambda 表达式这三种实现，并推荐使用简洁的 Lambda 表达式实现。

6.4 新的药水效果

Minecraft 的药水体系共分为两部分：状态效果和药水。状态效果指玩家等实体会受到影响的一组特定状态，通常会显示在玩家背包界面的一侧，以及玩家游戏界面（HUD）的右上角。药水指玩家可以使用酿造台等方式获得的物品，一瓶药水可能包含零个或一个状态效果，并在使用时放出。本节将按照先状态效果后药水的顺序介绍 Minecraft 的整个药水体系。

6.4.1 状态效果

状态效果有几十种类型，每一种类型在代码中都对应一个 net.minecraft.potion.Potion 类的实例。所有原版的状态效果类型都可以在 net.minecraft.init.MobEffects

类中找到。状态效果类型可以组成 net.minecraft.potion.PotionEffect。每个 PotionEffect 代表的是特定时长、特定倍率等的状态效果。

新建一个名为 zzzz.fmltutor.potion 的包，并在其中新建一个名为 PotionRegistryHandler 的类：

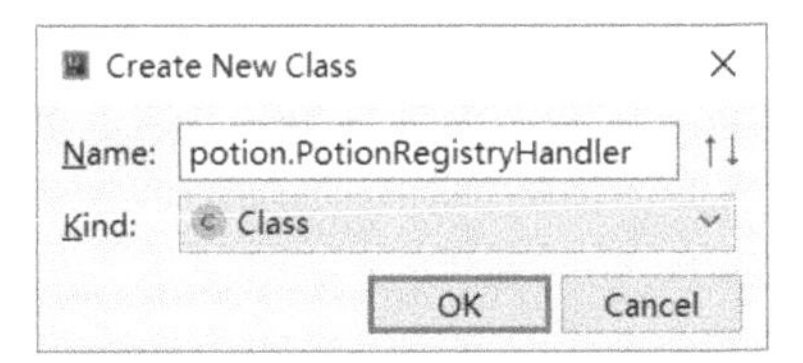

然后添加一个方法，作为 RegistryEvent.Register<Potion> 事件的监听器：

```
package zzzz.fmltutor.potion;

import net.minecraft.potion.Potion;
import net.minecraftforge.event.RegistryEvent;
import net.minecraftforge.fml.common.Mod.EventBusSubscriber;
import net.minecraftforge.fml.common.eventhandler.SubscribeEvent;

@EventBusSubscriber
public class PotionRegistryHandler
{
    @SubscribeEvent
    public static void onPotionRegistry(RegistryEvent.Register<Potion> event)
    {
        // TODO
    }
}
```

然后在这个包下新建一个名为 PotionDirtProtection 的类：

```
package zzzz.fmltutor.potion;

import net.minecraft.potion.Potion;
import zzzz.fmltutor.FMLTutor;

public class PotionDirtProtection extends Potion
{
    public PotionDirtProtection()
    {
        super(false, 0x806144);
        this.setRegistryName(FMLTutor.MODID + ":dirt_protection");
        this.setPotionName("effect." + FMLTutor.MODID + ".dirtProtection");
    }
}
```

- setRegistryName 方法的作用显而易见，这里传入了 fmltutor:dirt_protection。
- setPotionName 方法的作用和 setUnlocalizedName 类似，这里传入的参数是 effect.fmltutor.dirtProtection。
- Potion 类构造方法的第一个参数决定其是否是一个对玩家有害的状态效果，这将决定其在药水的物品介绍上是蓝色还是红色。
- Potion 类构造方法的第二个参数决定其对应药水和粒子效果的颜色——这个值是一个 int 类型的整数，这里传入的是泥土的颜色。

使用了整数字面量的另一种表示方式：十六进制。十六进制的整数字面量使用 0x 作为开头，后面跟着十六进制数，在诸如描述 RGB 颜色等方面有着很大的作用。比如说我们用到的这个十六进制整数 0x806144，就可以直接和 #806144 这个颜色对应上，而相应的，8413508 这个十进制形式，和具体的颜色对应起来就没那么直观。

接着注册这一状态效果：

```
public static final Potion POTION_DIRT_PROTECTION = new PotionDirtProtection();

@SubscribeEvent
public static void onPotionRegistry(RegistryEvent.Register<Potion> event)
{
    IForgeRegistry<Potion> registry = event.getRegistry();
    registry.register(POTION_DIRT_PROTECTION);
}
```

然后打开语言文件，将 unlocalizedName 对应的名称补全：

```
# in en_us.lang
effect.fmltutor.dirtProtection=Dirt Protection

# in zh_cn.lang
effect.fmltutor.dirtProtection=泥土保护
```

现在打开游戏，输入以下命令：

```
/effect @p fmltutor:dirt_protection 32767
```

就可以看到自己身上的状态效果了，目前这个状态效果还没有作用：

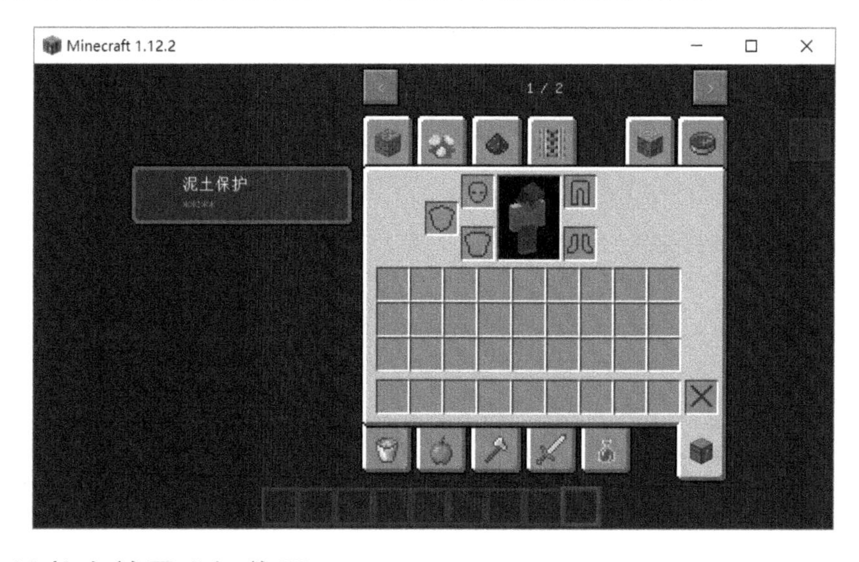

6.4.2　让状态效果发挥作用

我们编写的是一个被称为“泥土保护”的状态效果，希望当拥有这一状态效果的实体落在草方块或泥土上的时候，能够降低甚至免受摔落伤害，那么就需要监听 LivingHurtEvent。在 zzzz.fmltutor.event.EventHandler 类中新添加一个监听器：

```
@SubscribeEvent
public static void onLivingHurt(LivingHurtEvent event)
{
```

```
    DamageSource damageSource = event.getSource();
    if ("fall".equals(damageSource.getDamageType()))
    {
        EntityLivingBase target = event.getEntityLiving();
        Potion potion = PotionRegistryHandler.POTION_DIRT_PROTECTION;
        if (target.isPotionActive(potion))
        {
            PotionEffect effect = target.getActivePotionEffect(potion);
            BlockPos pos = new BlockPos(target.posX, target.posY - 0.2, target.
posZ);
            Block block = target.world.getBlockState(pos).getBlock();
            if (block == Blocks.DIRT || block == Blocks.GRASS)
            {
                event.setAmount(effect.getAmplifier() > 0 ? 0 : event.getAmount() / 2);
            }
        }
    }
}
```

首先通过事件的 getSource 方法获取到一个 DamageSource：

```
DamageSource damageSource = event.getSource();
```

并检查其是否来自摔落伤害：

```
if ("fall".equals(damageSource.getDamageType()))
```

DamageSource 是一个在 Minecraft 中非常常用的类，因为它代表实体受伤害的来源（可能是来自自然界的伤害，比如岩浆、闪电和窒息等；也可能是来自生物的伤害，比如怪物攻击等），而这个类的 getDamageType 方法定义了一个 Getter，用于获取伤害来源的类型。通过检查其是否是 fall 来判定伤害是否来自摔落伤害。感兴趣的读者可以通过自己翻阅 DamageSource 的方式来了解更多可能的伤害来源的类型。

通过 getEntityLiving 这一 Getter 获取受到伤害的实体：

```
EntityLivingBase target = event.getEntityLiving();
```

然后获取状态效果（在这里就是泥土保护）对应的 Potion 的实例：

```
Potion potion = PotionRegistryHandler.POTION_DIRT_PROTECTION;
```

并使用 isPotionActive 方法以检查特定的状态效果是否存在：

```
if (target.isPotionActive(potion))
```

如果存在，那么通过 getActivePotionEffect 方法获取具体的状态效果，也就是一个 PotionEffect 类的实例：

```
PotionEffect effect = target.getActivePotionEffect(potion);
```

然后使用玩家脚下 0.2 格位置作为寻找的方块位置，并构造一个 BlockPos：

```
BlockPos pos = new BlockPos(target.posX, target.posY - 0.2, target.posZ);
```

根据受伤害实体的世界获取对应的方块：

```
Block block = target.world.getBlockState(pos).getBlock();
```

这自然就是实体脚下的方块了，那么检查一下这个方块是不是泥土或草方块：

```
if (block == Blocks.DIRT || block == Blocks.GRASS)
```

如果是泥土或草方块，那么调用 getAmount 这一 Getter 获取原有的伤害数值，并调用 setAmount 这一 Setter 设置伤害的数值：

```
event.setAmount(effect.getAmplifier() > 0 ? 0 : event.getAmount() / 2);
```

getAmplifier 方法用于获取状态效果的倍率（Amplifier）。如果倍率大于 0（即二级或以上等级的状态效果），就把伤害设置为 0，否则（即一级状态效果）就设置为原来的一半。

6.4.3 药水

药水是 Minecraft 中的一类（准确说是三种）物品的统称。一瓶药水可能存储零个或一个状态效果，实际上，Minecraft 的代码允许创建带有多个状态效果的药水。所有药水的类型都是 net.minecraft.potion.PotionType 类的实例，同时所有原版的药水类型都可以在 net.minecraft.init.PotionTypes 类中找到。

通过浏览 PotionTypes 构造方法的声明：

```
public PotionType(String baseName, PotionEffect... effects)
```

可以注意到一个 PotionType 可能会存储一个 baseName（用作 unlocalized Name），以及一系列 PotionEffect。PotionEffect 的构造方法有很多，可以根据不同的情况选择不同的构造方法来创建 PotionEffect。

```
public PotionEffect(Potion potionIn)
{
    this(potionIn, 0, 0);
}

public PotionEffect(Potion potionIn, int durationIn)
{
    this(potionIn, durationIn, 0);
}

public PotionEffect(Potion potionIn, int durationIn, int amplifierIn)
{
    this(potionIn, durationIn, amplifierIn, false, true);
}

public PotionEffect(Potion potionIn, int durationIn, int amplifierIn,
                    boolean ambientIn, boolean showParticlesIn)
{
    this.potion = potionIn;
    this.duration = durationIn;
    this.amplifier = amplifierIn;
    this.isAmbient = ambientIn;
    this.showParticles = showParticlesIn;
}
```

本节接下来的部分使用了第二个构造方法用于指定等级默认为一级的状态效果的时长和类型，以及第三个构造方法用于指定状态效果的时长、类型和等级。

在 PotionRegistryHandler 类下新创建一个 PotionType 类的实例：

```
public static final PotionType POTION_TYPE_DIRT_PROTECTION = getDirtProtection();

private static PotionType getDirtProtection()
{
    PotionType dirtProtection =
            new PotionType("dirtProtection",
```

```
                new PotionEffect(POTION_DIRT_PROTECTION, 3600));
    dirtProtection.setRegistryName("dirt_protection");
    return dirtProtection;
}
```

实际上，上面的静态字段声明方式和下面的声明方式是等价的：

```
public static final PotionType POTION_TYPE_DIRT_PROTECTION = getDirtProtection();

private static PotionType getDirtProtection()
{
    String baseName = FMLTutor.MODID + ".dirtProtection";
    PotionType dirtProtection = new PotionType(baseName,
            new PotionEffect(POTION_DIRT_PROTECTION, 3600));
    PotionType newDirtProtection = dirtProtection.setRegistryName("dirt_
protection");
    return newDirtProtection;
}
```

为什么可以说这是等价的呢？因为 setRegistryName 这一方法的返回值，正是被调用该方法的 dirtProtection 自身，也就是说，dirtProtection 和 newDrtProtection 实际上引用的是同一个对象。换言之，下面两个表达式的值是相同的：

```
new PotionType(baseName,
        new PotionEffect(POTION_DIRT_PROTECTION, 3600))
new PotionType(baseName,
        new PotionEffect(POTION_DIRT_PROTECTION, 3600))
                .setRegistryName("dirt_protection")
```

因此可以把 getDirtProtection 方法简化到只剩下一个语句：

```
public static final PotionType POTION_TYPE_DIRT_PROTECTION = getDirtProtection();

private static PotionType getDirtProtection()
{
    return new PotionType(FMLTutor.MODID + ".dirtProtection",
            new PotionEffect(POTION_DIRT_PROTECTION, 3600))
                .setRegistryName("dirt_protection");
}
```

甚至直接把这个方法删掉：

```
public static final PotionType POTION_TYPE_DIRT_PROTECTION =
        new PotionType(FMLTutor.MODID + ".dirtProtection",
                new PotionEffect(POTION_DIRT_PROTECTION, 3600))
                        .setRegistryName("dirt_protection");
```

这种调用方法的方式被称为**链式调用**（Call Chaining）。链式调用可以调用一个对象的多个不同的方法，而不需要为该对象创建一个额外的变量。

接着再创建一个延时更长的 PotionType，以及一个等级为二的 PotionType：

```
public static final PotionType POTION_TYPE_DIRT_PROTECTION =
        new PotionType(FMLTutor.MODID + ".dirtProtection",
                new PotionEffect(POTION_DIRT_PROTECTION, 3600))
                        .setRegistryName("dirt_protection");
public static final PotionType POTION_TYPE_LONG_DIRT_PROTECTION =
        new PotionType(FMLTutor.MODID + ".dirtProtection",
                new PotionEffect(POTION_DIRT_PROTECTION, 9600))
                        .setRegistryName("long_dirt_protection");
```

```
public static final PotionType POTION_TYPE_STRONG_DIRT_PROTECTION =
        new PotionType(FMLTutor.MODID + ".dirtProtection",
                new PotionEffect(POTION_DIRT_PROTECTION, 1800, 1))
                        .setRegistryName("strong_dirt_protection");
```

然后写一个监听器注册这三个状态效果：

```
@SubscribeEvent
public static void onPotionTypeRegistry(RegistryEvent.Register<PotionType> event)
{
    IForgeRegistry<PotionType> registry = event.getRegistry();
    registry.register(POTION_TYPE_DIRT_PROTECTION);
    registry.register(POTION_TYPE_LONG_DIRT_PROTECTION);
    registry.register(POTION_TYPE_STRONG_DIRT_PROTECTION);
}
```

然后需要根据 baseName 补全语言文件。与其他游戏元素不同，一个 PotionType 需要补全三个语言文件，因为药水共三种：普通药水、喷溅药水和滞留药水。同时，相应的语言文件也会分别以 potion.effect、splash_potion.effect. 和 lingering_potion.effect. 开头：

```
# in en_us.lang
potion.effect.fmltutor.dirtProtection=Dirt Protection Potion
splash_potion.effect.fmltutor.dirtProtection=Splash Potion of Dirt Protection
lingering_potion.effect.fmltutor.dirtProtection=Lingering Potion of Dirt
Protection

# in zh_cn.lang
potion.effect.fmltutor.dirtProtection= 泥土保护药水
splash_potion.effect.fmltutor.dirtProtection= 喷溅型泥土保护药水
lingering_potion.effect.fmltutor.dirtProtection= 滞留型泥土保护药水
```

现在打开游戏，并打开创造模式物品栏的“酿造”一栏，就可以看到新添加的九瓶药水了：

6.4.4 添加酿造配方

Minecraft 中添加和其他药水类似的酿造配方主要通过 net.minecraft.potion.PotionHelper 类的相关方法来实现。只要通过浏览其 init 方法就能够得知添加酿造配方的大致过程：

只需要调用 PotionHelper 类的 addMix 方法就可以了。在 PotionRegistryHandler 中新添加一个名为 register 的静态方法：

```
public static void register()
{
    PotionHelper.addMix(POTION_TYPE_DIRT_PROTECTION,
            Items.REDSTONE, POTION_TYPE_LONG_DIRT_PROTECTION);
    PotionHelper.addMix(POTION_TYPE_DIRT_PROTECTION,
            Items.GLOWSTONE_DUST, POTION_TYPE_STRONG_DIRT_PROTECTION);
    PotionHelper.addMix(PotionTypes.AWKWARD,
            ItemRegistryHandler.ITEM_COMPRESSED_DIRT, POTION_TYPE_DIRT_PROTECTION);
}
```

由于 Forge 没有为其添加相应的注册事件，所以在 Mod 主类，也就是 FMLTutor 类下的 init 方法下调用这个方法：

```
@EventHandler
public void init(FMLInitializationEvent event)
{
    FurnaceRecipeRegistryHandler.register();
    PotionRegistryHandler.register();
}
```

然后打开游戏，就可以使用酿造台酿造药水了。

以下是 PotionRegistryHandler 类的全部代码：

```
package zzzz.fmltutor.potion;

import net.minecraft.init.Items;
import net.minecraft.init.PotionTypes;
```

```
import net.minecraft.potion.Potion;
import net.minecraft.potion.PotionEffect;
import net.minecraft.potion.PotionHelper;
import net.minecraft.potion.PotionType;
import net.minecraftforge.event.RegistryEvent;
import net.minecraftforge.fml.common.Mod.EventBusSubscriber;
import net.minecraftforge.fml.common.eventhandler.SubscribeEvent;
import net.minecraftforge.registries.IForgeRegistry;
import zzzz.fmltutor.FMLTutor;
import zzzz.fmltutor.item.ItemRegistryHandler;

@EventBusSubscriber
public class PotionRegistryHandler
{
    public static final Potion POTION_DIRT_PROTECTION = new PotionDirtProtection();

    public static final PotionType POTION_TYPE_DIRT_PROTECTION =
            new PotionType(FMLTutor.MODID + ".dirtProtection",
                    new PotionEffect(POTION_DIRT_PROTECTION, 3600))
                            .setRegistryName("dirt_protection");
    public static final PotionType POTION_TYPE_LONG_DIRT_PROTECTION =
            new PotionType(FMLTutor.MODID + ".dirtProtection",
                    new PotionEffect(POTION_DIRT_PROTECTION, 9600))
                            .setRegistryName("long_dirt_protection");
    public static final PotionType POTION_TYPE_STRONG_DIRT_PROTECTION =
            new PotionType(FMLTutor.MODID + ".dirtProtection",
                    new PotionEffect(POTION_DIRT_PROTECTION, 1800, 1))
                            .setRegistryName("strong_dirt_protection");

    @SubscribeEvent
    public static void onPotionRegistry(RegistryEvent.Register<Potion> event)
    {
        IForgeRegistry<Potion> registry = event.getRegistry();
        registry.register(POTION_DIRT_PROTECTION);
    }

    @SubscribeEvent
    public static void onPotionTypeRegistry(RegistryEvent.Register<PotionType>
event)
    {
        IForgeRegistry<PotionType> registry = event.getRegistry();
        registry.register(POTION_TYPE_DIRT_PROTECTION);
        registry.register(POTION_TYPE_LONG_DIRT_PROTECTION);
        registry.register(POTION_TYPE_STRONG_DIRT_PROTECTION);
    }

    public static void register()
    {
        PotionHelper.addMix(POTION_TYPE_DIRT_PROTECTION,
                Items.REDSTONE, POTION_TYPE_LONG_DIRT_PROTECTION);
        PotionHelper.addMix(POTION_TYPE_DIRT_PROTECTION,
                Items.GLOWSTONE_DUST, POTION_TYPE_STRONG_DIRT_PROTECTION);
        PotionHelper.addMix(PotionTypes.AWKWARD,
                ItemRegistryHandler.ITEM_COMPRESSED_DIRT, POTION_TYPE_DIRT_PROTECTION);
    }
}
```

6.4.5　显示状态效果的图标

目前还没有为出现在 HUD 和背包界面上的状态效果指定图标。不过，Forge 指定了两个方法，用于在 Minecraft 试图渲染图标时调用，可以通过覆盖这两个方法的方式来渲染状态效果图标。

Minecraft 中状态效果的图标大小是 18 像素 ×18 像素。首先需要准备一个 256 像素 ×256 像素大小的图片，并在上面放上 18 像素 ×18 像素的图标：

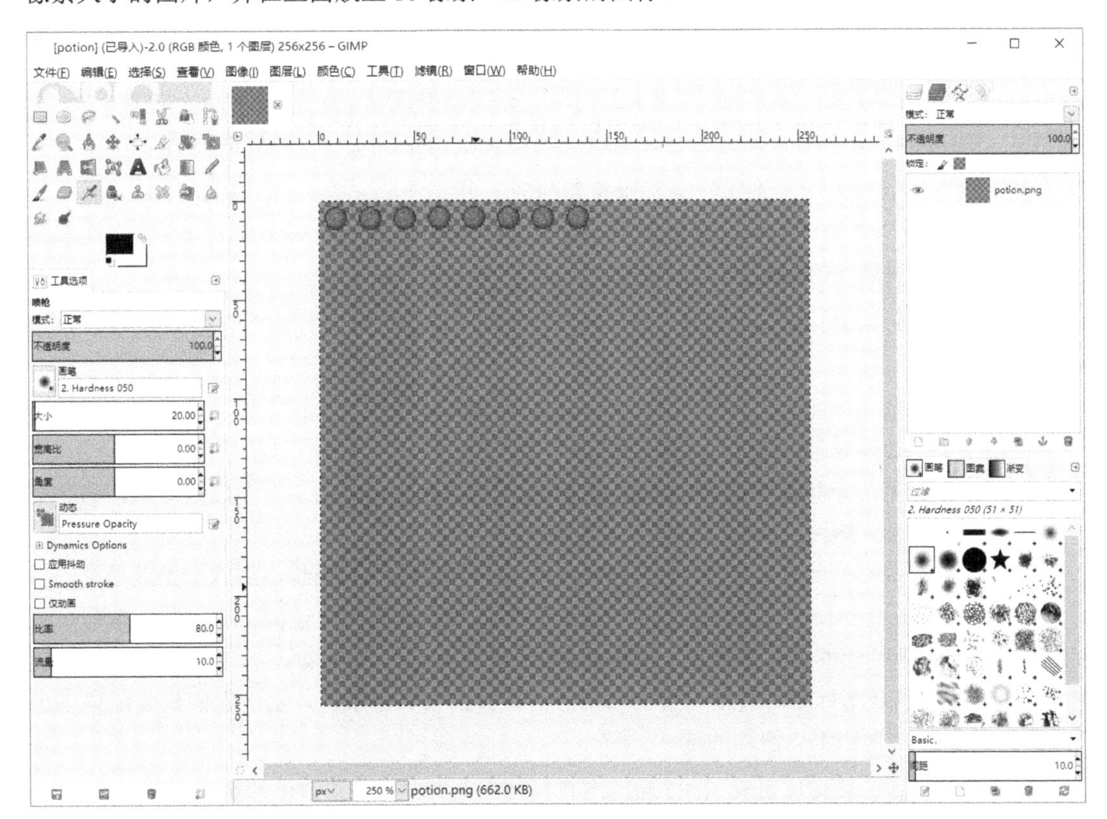

在这张材质里画了八个图标，并将这个图片放到了 src/main/resources/assets/fmltutor/textures/gui/potion.png 目录下。也就是说，稍后在代码中，应该使用 fmltutor:textures/gui/potion.png 引用这一资源。

首先使用左上角的图标，剩下七个备用。

现在向 PotionDirtProtection 类中写入以下代码：

```java
private static final ResourceLocation TEXTURE =
        new ResourceLocation(FMLTutor.MODID + ":textures/gui/potion.png");

@Override
public void renderInventoryEffect(int x, int y, PotionEffect e, Minecraft mc)
{
    mc.getTextureManager().bindTexture(TEXTURE);
    mc.currentScreen.drawTexturedModalRect(x + 6, y + 7, 0, 0, 18, 18);
}
```

```
    @Override
    public void renderHUDEffect(int x, int y, PotionEffect e, Minecraft mc, float alpha)
    {
        mc.getTextureManager().bindTexture(TEXTURE);
        mc.ingameGUI.drawTexturedModalRect(x + 3, y + 3, 0, 0, 18, 18);
    }
```

Potion 类的 renderInventoryEffect 方法会在渲染玩家背包界面时被调用，而 renderHUDEffect 方法会在渲染 HUD 时被调用，所以覆盖了这两个方法。

Minecraft 类是整个 MC 中十分根源的类，几乎所有的客户端资源基本都可以通过 Minecraft 对象得到。我们通过调用其 getTextureManager 这一 Getter 获取到一个 TextureManager 的实例，进一步使用 bindTexture 方法绑定一个特殊的材质。

然后通过 currentScreen（渲染玩家背包时）及 ingameGUI（渲染 HUD 时）两个字段分别获取到了 Gui 类的实例，然后调用 Gui 类的 drawTexturedModalRect 方法在屏幕上画出一个被材质填充的矩形。

drawTexturedModalRect 是一个在绘制 GUI 时非常常用的方法，它的六个参数是相对固定的：

- 第一个和第二个参数代表待画出的矩形**相对于屏幕左上角**的坐标，第一个参数是横轴，第二个参数是纵轴，这两个参数又被称为 XY 值。
- 第三个和第四个参数代表待画出的矩形**相对于材质**的坐标，第三个参数是横轴，第四个参数是纵轴，这两个参数又被称为 UV 值。
- 第五个和第六个参数代表待画出的矩形的长宽，第五个参数是长，第六个参数是宽。

传入 renderInventoryEffect 和 renderHUDEffect 两个方法的 x 和 y 两个参数对应的 XY 值是图标所处边框左上角的值。对渲染的 XY 值来说，x + 6 和 y + 7，以及 x + 3 和 y + 3 这种位置是图标相对边框位置的惯例。对渲染的 UV 值来说，由于我们只会渲染左上角的那一个图标，所以 UV 值均为零。

现在打开游戏，就可以看到 HUD 和玩家背包两个地方已经渲染好的图标了：

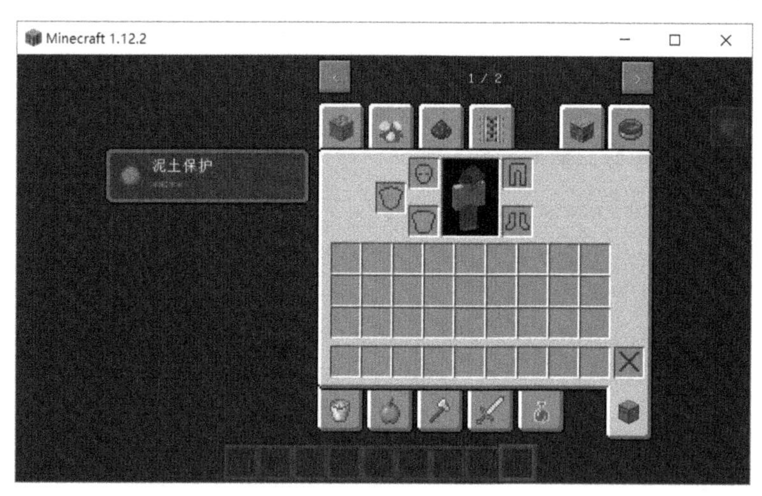

和原版静态的图标不同，能不能让图标动起来，利用已经在材质图上画好的八帧图标做一

个动画呢？答案是可以的。

首先要找到一个随着时间变化的量——状态效果的持续时间，而 PotionEffect 已经被作为参数传入这两个方法了，所以获取状态效果还可以持续多久还是很容易的：

- 当状态效果还剩下 0tick 或 1tick 时，渲染第一帧，也就是 UV 值均为 0 的那一帧图标。
- 当状态效果还剩下 2tick 或 3tick 时，渲染第二帧，也就是 U 值为 18，V 值为 0 的那一帧图标。
- 当状态效果还剩下 4tick 或 5tick 时，渲染第三帧，也就是 U 值为 36，V 值为 0 的那一帧图标。
- 依次类推，当状态效果还剩下 14tick 或 15tick 时，渲染第八帧，当状态效果还剩下 16tick 或 17tick 时，重新回到第一帧并进行渲染。

修改这两个方法：

```
@Override
public void renderInventoryEffect(int x, int y, PotionEffect e, Minecraft mc)
{
    int duration = e.getDuration();
    int fIndex = (duration % 16) / 2;
    mc.getTextureManager().bindTexture(TEXTURE);
    mc.currentScreen.drawTexturedModalRect(x + 6, y + 7, fIndex * 18, 0, 18, 18);
}

@Override
public void renderHUDEffect(int x, int y, PotionEffect e, Minecraft mc, float alpha)
{
    int duration = e.getDuration();
    int fIndex = (duration % 16) / 2;
    mc.getTextureManager().bindTexture(TEXTURE);
    mc.ingameGUI.drawTexturedModalRect(x + 3, y + 3, fIndex * 18, 0, 18, 18);
}
```

首先使用 getDuration 方法获取状态效果还可以持续多久，然后利用取余运算符将 duration 控制在 0～15 之间，再除以 2 以控制在 0～7 之间，并将结果放入 fIndex 变量下。那么当 fIndex 为 0 时，渲染第一帧，当其为 1 时渲染第二帧，依次类推，当其为 7 时渲染第八帧：

```
int duration = e.getDuration();
int fIndex = (duration % 16) / 2;
```

那么选取图标的 UV 值就应该分别是 fIndex * 18 和 0。然后在调用 drawTexturedModalRect 方法时把这两个参数传入就可以了。

现在打开游戏，就可以看到动画一样的效果了。

以下是修改后的 PotionDirtProtection 类的全部代码：

```
package zzzz.fmltutor.potion;

import net.minecraft.client.Minecraft;
import net.minecraft.potion.Potion;
import net.minecraft.potion.PotionEffect;
import net.minecraft.util.ResourceLocation;
import zzzz.fmltutor.FMLTutor;
```

```java
public class PotionDirtProtection extends Potion
{
    private static final ResourceLocation TEXTURE =
            new ResourceLocation(FMLTutor.MODID + ":textures/gui/potion.png");

    public PotionDirtProtection()
    {
        super(false, 0x806144);
        this.setRegistryName(FMLTutor.MODID + ":dirt_protection");
        this.setPotionName("effect." + FMLTutor.MODID + ".dirtProtection");
    }

    @Override
    public void renderInventoryEffect(int x, int y, PotionEffect e, Minecraft mc)
    {
        int duration = e.getDuration();
        int fIndex = (duration % 16) / 2;
        mc.getTextureManager().bindTexture(TEXTURE);
        mc.currentScreen.drawTexturedModalRect(x + 6, y + 7, fIndex * 18, 0, 18, 18);
    }

    @Override
    public void renderHUDEffect(int x, int y, PotionEffect e, Minecraft mc, float
alpha)
    {
        int duration = e.getDuration();
        int fIndex = (duration % 16) / 2;
        mc.getTextureManager().bindTexture(TEXTURE);
        mc.ingameGUI.drawTexturedModalRect(x + 3, y + 3, fIndex * 18, 0, 18, 18);
    }
}
```

6.4.6 小结

如果读者一步一步地照做下来，那么现在的项目应该较上次多出了三个文件：

src/main/java/zzzz/fmltutor/potion/PotionRegistryHandler.java

src/main/java/zzzz/fmltutor/potion/PotionDirtProtection.java

src/main/resources/assets/fmltutor/textures/gui/potion.png

同时以下四个文件发生了一定程度的修改：

src/main/java/zzzz/fmltutor/FMLTutor.java

src/main/java/zzzz/fmltutor/event/EventHandler.java

src/main/resources/assets/fmltutor/lang/en_us.lang

src/main/resources/assets/fmltutor/lang/zh_cn.lang

最后再简要总结一下这一部分：

- 继承了 Potion 类作为自己新建的状态效果类型，并使用 Forge 的注册系统注册了一个对应的新的状态效果实例。

- 使用 setPotionName 方法设置了 Potion 的 unlocalizedName，并以 effect. unlocalizedName 的方式指定了名称。
- 监听了相应的事件，并使用 isPotionActive 方法检查实体身上是否有特定状态效果，并通过 getActivePotionEffect 方法来获取特定状态效果。
- 通过获取得到的 PotionEffect 的 getDuration 方法获取状态效果剩余的持续时间，以及 getAmplifier 方法来获取倍率。
- 新建了若干 PotionType 的实例，分别作为不同的药水类型，并使用 Forge 的注册系统注册。
- 在 PotionType 的构造方法中指定了 baseName，其作用和 unlocalizedName 类似，作为语言文件中对应的后缀。
- 针对药水类型在语言文件中分别指定了 potion.effect、splash_potion. effect. 和 lingering_potion.effect. 前缀的对应值。
- 在 FMLInitializationEvent 触发时，调用了 PotionHelper 的 addMix 方法，为特定药水类型指定了其在酿造台的酿造方式。
- 通过覆盖 Potion 类的 renderInventoryEffect 和 renderHUDEffect 两个方法实现了在玩家背包和 HUD 处渲染状态效果的图标。

6.5 客户端和服务端的差异

Minecraft 是客户端和服务端分离的 Java 软件。以 1.12.2 版本为例，Minecraft 客户端是位于 .minecraft 目录下的 versions/1.12.2/1.12.2.jar 文件，而服务端文件通常从官方网站下载，其名称通常为 minecraft_server.1.12.2.jar。在开发环境中，也可以通过在第 1 章中讲述到的方式运行 runClient 或 runServer，或在 IntelliJ IDEA 等集成开发环境中选择相应的启动选项启动 Minecraft 客户端或服务端。

虽然 Minecraft 客户端和服务端是独立的两个文件，但显而易见的是，其中大部分的代码理应是相同的。在编写 Mod 时，我们也希望最终产出的 JAR，既能直接放到客户端的 mods 目录下使用，又能不加修改直接放到服务端的 mods 目录下使用。因此，了解客户端和服务端的差异，是一个 Mod 开发者需要做足的功课。

本节将帮助读者大致了解客户端和服务端的相关差异。若欲了解更多，请参阅 Forge 官方文档（英文）的相关章节。

6.5.1 物理端和逻辑端

先从本书中监听的第一个 Minecraft 游戏事件开始。这是在前面章节写下的代码：

```
@SubscribeEvent
public static void onPlayerJoin(EntityJoinWorldEvent event)
{
    Entity entity = event.getEntity();
    if (entity instanceof EntityPlayer)
    {
        String message = "Welcome to FMLTutor, " + entity.getName() + "! ";
        TextComponentString text = new TextComponentString(message);
```

```
            entity.sendMessage(text);
        }
    }
```

然后在运行时看到了两句相同的输出：

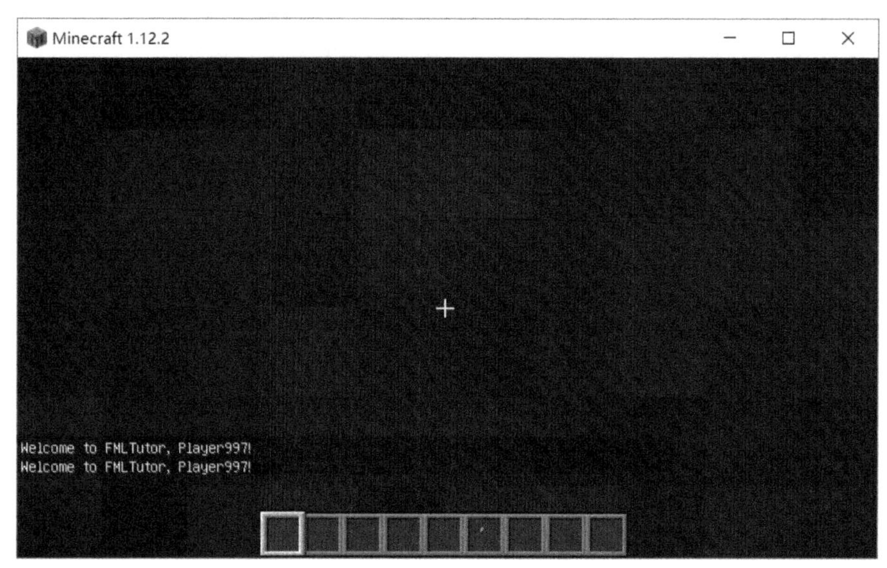

同时输出两句话的原因是 Minecraft 在单人游戏的时候，会同时开启一个本地服务端，整个游戏建立在客户端和本地服务端的交互上。Minecraft 使用 Java 中不同的**线程**（Thread）分别运行客户端和服务端。监听的 `EntityJoinWorldEvent` 事件，是同时在客户端和服务端触发的事件，因此在客户端和服务端分别触发了一次，并各自产生了一次控制台输出。

一个独立的线程可以被看作一个独立运行的小程序。一个线程在运行时可能会创建不同的对象。比如在 Minecraft 中，客户端线程创建客户端的对象，而服务端线程创建服务端的对象。不同线程创建的对象通常没有相关性，而在 Minecraft 中跨越线程存取对象是十分危险的。换言之，在通常情况下，客户端线程只应存取客户端线程创建的对象，而服务端线程只应存取服务端线程创建的对象。跨越线程存取对象，尤其是服务端线程存取客户端线程创建的对象，是初学者开发 Mod 时常犯的错误。

现在考虑使用从官方网站上下载的可执行文件启动服务端开服的情况。在玩家加入服务器开始游玩时，客户端将会开启一个客户端进程，而玩家连接到的服务端有一个一直存在的服务端进程，不时会有玩家加入和退出。我们立刻能够发现跨越线程存取对象会带来的问题：假如服务器上的一个 Mod 想要跨越线程去获取客户端线程创建的对象，而客户端线程却在千里之外的玩家电脑上，这怎么可能获取得到呢？

为了区分 Minecraft 的运行方式不同及线程不同所带来的客户端和服务端的差异，将其分为物理端和逻辑端的概念：

- 使用诸如 `minecraft_server.1.12.2.jar` 这样的 JAR 直接开启服务器，启动的是**物理服务端**（Physical Server Side）。
- 使用诸如 `versions/1.12.2/1.12.2.jar` 这样的 JAR 游玩 Minecraft，启动的是**物理客户端**（Physical Client Side）。

- 在加载 Minecraft 世界后启动的服务端线程，被称为**逻辑服务端**（Logical Server Side）。
- 在游玩 Minecraft 时使用的客户端线程，被称为**逻辑客户端**（Logical Client Side）。

再使用物理端和逻辑端的术语复述一次玩家游玩 Minecraft 时的相关现象：

- 玩家在退出 Minecraft 世界后，玩家的物理客户端只会运行一个逻辑客户端。
- 玩家在打开一个本地世界游玩 Minecraft 时，玩家的物理客户端会开启一个逻辑服务端，并使用玩家的逻辑客户端连接游玩。
- 玩家在试图连接多人服务器时，是在试图使用物理客户端连接服务器的物理服务端，同时玩家的逻辑客户端试图进入服务器的逻辑服务端游玩。

本书的后续章节，若不会引起歧义，将省略“逻辑”及“物理”等前缀，统一使用“客户端”和“服务端”的方式进行表述（在通常情况下指逻辑端）。

6.5.2　区分逻辑客户端和逻辑服务端

逻辑服务端（以下简称服务端）主要用于计算游戏逻辑，而逻辑客户端（以下简称客户端）通常执行一些绘图渲染相关的代码。然而，很多 Minecraft 游戏事件，以及相关方法调用，都是同时会在客户端和服务端触发的。

在大部分情况下，需要使代码只在服务端而不在客户端运行，或者反过来。不管是在客户端还是服务端运行，都会创建对应世界的对象，因此，我们经常通过诸如`if (!world.isRemote)`等样式的句式，通过检查对应的世界，把客户端的情况排除。下面是在之前的章节中添加新的附魔时，在`EventHandler`类中添加的`LivingDeathEvent`的监听器代码：

```
@SubscribeEvent
public static void onLivingDeath(LivingDeathEvent event)
{
    Entity source = event.getSource().getImmediateSource();
    if (source instanceof EntityPlayer && !source.world.isRemote)
    {
        ItemStack heldItemMainhand = ((EntityPlayer) source).getHeldItemMainhand();
        int level = EnchantmentHelper.getEnchantmentLevel(
                EnchantmentRegistryHandler.EXPLOSION, heldItemMainhand);
        if (level > 0)
        {
            Entity target = event.getEntity();
            target.world.createExplosion(null,
                    target.posX, target.posY, target.posZ, 2 * level, false);
        }
    }
}
```

使用`!source.world.isRemote`这一判断条件，保证只有其为`true`，也就是`source.world.isRemote`为`false`时，`if`语句内的代码才会执行。换言之，**`world.isRemote`的返回值为`true`时，说明`world`是客户端线程的对象，而其为`false`时，`world`为服务端线程的对象。**

Minecraft 的代码本身就包含大量`!world.isRemote`的判定。因此在不确定一段代码是在客户端还是服务端执行时，就应该多使用这种方式判断代码正处于客户端还是服务端，并决定接下来的代码逻辑是否应该忽略特定情况。

6.5.3 规避物理客户端和物理服务端的不同

逻辑服务端既可能会在物理服务端（以下简称服务端）运行，又可能会在物理客户端（以下简称客户端）运行，而逻辑客户端只会在客户端运行。换言之，大量方法、字段及类等，是只会在客户端用到而不会在服务端用到的。这种只在客户端存在而不会在服务端存在的代码，我们称其为客户端（Client Side Only）代码。当然事实上也存在服务端（Server Side Only）代码，不过很少。

如果你试图在客户端调用服务端代码，或者在服务端调用客户端代码，那么调用不存在的代码就会导致游戏报错，甚至崩溃。由于客户端代码相对较多，因此在服务端调用客户端代码更容易犯错。

不过，Forge 为所有客户端代码都加上了 `@SideOnly(Side.CLIENT)` 的注解，同时为所有服务端代码加上了 `@SideOnly(Side.SERVER)` 的注解。可以通过检查一个类，一个字段，或者一个方法是否拥有 `@SideOnly` 注解的方式来了解相应代码是否只在客户端或服务端存在。此外，Minecraft 代码中几乎所有的客户端代码，都被放到了 `net.minecraft.client` 包下，通过一个类的包名我们也可以较容易地判断一个类是否属于客户端代码。

客户端代码中十分著名的类之一，就是 `net.minecraft.client.Minecraft` 类。在本书的后续章节中我们将不断接触到这个类的字段和方法。但是，由于这个类属于客户端代码，所以**决不能在逻辑服务端运行时引用诸如 `Minecraft` 这样的属于客户端代码的类**。这种错误往往很隐蔽，Mod 开发者常常只会测试客户端的情况，而对于客户端里的逻辑服务端，在运行时引用客户端代码是不会报错的。

为了减少错误的出现，作为 Mod 开发者，在编写针对客户端的代码时，可以也将其加上 `@SideOnly(Side.CLIENT)` 这样的注解，这样的代码就只会在客户端启动时加载了。比如在注册物品时监听的 `ModelRegistryEvent`：

```
@SubscribeEvent
@SideOnly(Side.CLIENT)
public static void onModelRegistry(ModelRegistryEvent event)
{
    registerModel(DIRT_BALL);
    registerModel(DIRT_PICKAXE);
    registerModel(DIRT_BOOTS);
    registerModel(DIRT_LEGGINGS);
    registerModel(DIRT_CHESTPLATE);
    registerModel(DIRT_HELMET);
    registerModel(ITEM_COMPRESSED_DIRT);
}
```

在这一监听器上添加了 `@SideOnly(Side.CLIENT)`，这样就可以保证这一事件只会在客户端被监听，而在服务端，这个方法就像凭空消失了一样，相应的事件也不会被监听了。`ModelRegistryEvent` 是用于注册物品材质的事件，自然没有必要在服务端监听。

还有一种方便 Mod 开发者检查的手段，就是把所有针对客户端代码的类都放到 `client`

子包下，比如对于本书，就可以放到 zzzz.fmltutor.client 子包下。目前还没有编写这样的类，不过在本书的后续章节，这样的类将会不断地被创造出来。

6.6　本章小结

下面总结了这一章讲到的所有知识点，这些知识点将会在实际的 Mod 开发中被经常用到。

通过对本章的学习，大大扩展了 Mod 能够做的事情的范围。通过修改或补充某些特定的游戏机制，已经能够在原版 Minecraft 的基础上，大大增强 Mod 的可玩性。

Java 基础：

知道 Java 中如何对一个对象进行强制类型转换，从而转换成另一个特定的类型。

知道 Java 中两个对象相同和相等的区别，并能够合理采用 == 运算符及 equals 方法判断两个对象是否相等或相同。

知道 ! 运算符和 != 运算符分别在 Java 中起到的作用，并能够在 Java 代码中正确使用这两个运算符。

知道 null 这一字面量的特殊用途，初步了解使用 null 可能会带来的问题，并知道 @Nullable 注解的存在意义。

知道 Java 中可变长度参数的声明、调用方式及相应的等价形式，并能够正确编写调用可变长度参数方法的代码。

知道 Java 中接口的声明方式，以及其和类的区别，并能够正确声明一个类实现一个接口。

知道什么是匿名类及匿名类的组成结构，并能够将一个接口的实现类声明为匿名类的形式。

知道什么样的接口是函数式接口，并知道函数式接口可以使用 Lambda 表达式作为其实现。

知道如何编写 Lambda 表达式的代码并加以使用。

知道什么是链式调用，并知道什么样的方法能够产生链式调用。

Minecraft Mod 开发：

知道如何为熔炉添加新的烧炼规则。

知道如何添加自己的物品和游戏中已有物品为燃料。

知道如何继承 Enchantment 类以实现自己新添加的附魔。

知道如何监听事件和获取物品的附魔等级以使自己新添加的附魔发挥作用。

知道如何利用 VillagerProfession 和 VillagerCareer 添加新的村民职业类型。

知道如何利用 ITradeList 及其实现添加原版类型和自己类型的村民交易。

知道如何继承 Potion 类添加新的状态效果，利用 PotionType 添加新的药水类型。

知道如何监听事件和获取生物的状态效果以使自己新添加的状态效果发挥作用。

知道如何添加药水配方，使自己的药水类型能够在酿造台酿造得到。

知道如何在 HUD 和玩家背包界面显示状态效果的图标。

知道逻辑客户端、逻辑服务端和物理客户端、物理服务端的区别。

知道如何通过诸如 `!world.isRemote` 等语句判断正在执行代码的是逻辑客户端还是逻辑服务端。

知道如何通过 `@SideOnly` 注解判断哪些类、方法、字段等是否属于客户端代码，或是否属于服务端代码。

第III部分

登堂入室

本书的第III部分挑选了Mod开发中常见的几大体系，并以实体、技能和带GUI的机器等方式展现出来。读者在编写Mod时可能不会完全用到这些体系的内容，但是这些体系在Mod开发中的确常见，并且冗杂繁复，需要单独挑出来讲解。

这一部分的内容相较本书之前的部分难度陡然提升，因此读者如果实在无法理解，则可以先将代码复制过来，然后在运行时修改几个参数，观察整个游戏的变化，从而加深对于相关体系的理解。

先说实体生物。实体生物相关的对象是相对独立的，也不会涉及太多Mod开发中的其他知识点，因此作者在这一部分先将其拿出来讲解。读者如果一步一步地走过来，则至少能够对实体生物的相关体系形成一个相对全面的认识。

再说技能。实现一个技能需要的知识点相对零散，而且一定程度上需要一些实现实体生物的知识，因此作者将其放到了第8章。这一章提到的知识点读者可能不会全部用到，但是如果读者想要构架一个较为大型的Mod，则这一章的知识点很多都是不可或缺的。

最后再说带GUI的机器。很多人在开发Mod时，最想要实现的功能之一，可能就是带GUI的机器了。但是对于Mod开发而言，实现一个带GUI的机器需要的前置知识点实在太多。考虑到实现带GUI的机器这一需求在Mod开发中相当常见，本书还是在谨慎选择后加入了这一章，同时，也因为这一章的难度，本书将其放在了这一部分的最后。希望读者在阅读此章后，能够实现一个基础的机器，对于更高级更丰富的功能，还是要看读者自身了。

千里之行，始于足下。扎实的Java基础，也是非常重要的。如果想要更深层次地提高自己的Mod开发水平，则还是要多尝试，多翻阅Minecraft和Forge的相关代码，这样才能带来Mod开发水平和能力的提升。希望读者再接再厉，能够开发出在趣味性和技术性上都足够高的Mod。

第 7 章

会动的长方体

7.1 新的实体生物

实体是 Minecraft 中特别重要的一类游戏元素。实体本身也分为很多种，其中一类非常重要的、和游戏体验关系密切的实体被称为生物。Minecraft 中的生物系统是一套相对大且相对复杂的系统，值得在 Mod 开发中单独提出来研究。本章将会从头开始，带领玩家一步一步创建属于自己的生物。

7.1.1 实体对象的管理模式

之前遇到的游戏元素，包括 `Block`、`Item` 等，它们的实例都代表**一类**方块、物品等。换言之，一个 `Blocks.GRASS` 代表的是草方块这一方块类型，并代指这个世界上的所有草方块。

这种做法是明智的。我们设想这样一种做法——世界上的每一个方块都是某一个或多个类的实例，那么这个世界上很可能有数十万个方块，这就会为游戏带来数十万个对象，这是一个正常的 Java 应用程序难以承受的。Minecraft 的做法是在用到这一方块的时候，把代表这一位置方块的相关信息，根据存档中的数据临时构建出一个对象，程序使用完的对象就会交由垃圾回收处理。这种做法可以很好地保证整个游戏中特定位置的方块所代表的对象的数量减少到最小。

对于方块或者物品的这种将对象数量减少到最小的机制，称其为**享元模式**（Flyweight Pattern）。不过对实体而言，由于世界上的实体往往只有几百或者几千个，所以 Minecraft 不是这样做的。Minecraft 会为世界上的每一个实体，都生成一个特定的对象，只有在实体死亡后，或者游戏世界终止后，对应的实体对象才失去作用，交由垃圾回收销毁处理。

因此，在 Minecraft 中，每一种类型的实体都由某个特定的类代表。虽然 Minecraft 中大部分方块也是一个方块有一个代表类，但这和实体不同，在之前的章节中接触到的 `ItemBlock` 类，它就会对几乎每一个方块产生一个实例，代表对应的物品，但是不同的实例代表不同类型的物品。然而，**一个实体类产生的所有实例，都属于这个实体类所代表的实体**。

读者可能已经猜到了，所有实体类都有一个共同的父类：`net.minecraft.entity.Entity` 类。例如，考虑到本章所用到的所有实体都是生物，因此它们对应的实体类都是 `net.minecraft.entity.EntityLivingBase` 的子类，其中又有 `net.minecraft.entity.player.EntityPlayer` 代表玩家等。如果想要继承已有的类，实现一种自定义生物，那么有以下方案可选：

- 对于可以繁殖后代的动物，应该选择并继承 EntityAnimal 类。
- 对于可以产生对其他实体的攻击的怪物，应该选择并继承 EntityMob 类。
- 对于和雪傀儡、铁傀儡或潜影贝等类似的生物，应该选择并继承 EntityGolem 类。
- 对于村民，应该考虑在之前章节中提到的村民交易系统，而不是尝试实现一种新的实体。

7.1.2 Class 类型

应该如何使用某个对象代表一个特定的实体类呢？Java 提供了 java.lang.Class 类型，这一类型的实例可以代表 Java 中出现的任何类、接口、数组和基本数据类型。同时，对于 void，Java 也提供了对应的 Class。Class 类型的实例有以下几种较为直接的获取方式：

- Class 类本身的 forName 静态方法可用于获取 Class 类型，在使用时向该方法传入带有包名的类名或接口名即可。比如 EntityItem 类对应的 Class 可以通过 Class.forName("net.minecraft.entity.item.EntityItem") 得到。当然，若传入名称不存在对应 Class，则代码执行时会报错。
- 在一个类型后添加 .class 后缀就可获得这一类型对应的 Class。该做法可同时用于类（EntityItem.class）、接口（ITradeList.class）、数组（String[].class）和基本数据类型（int.class），甚至 void 对应的 Class 也可以通过 void.class 这一方式获取。
- 调用一个对象的 getClass 方法就可以获得构造这一对象的类对应的 Class。比如 "".getClass() 这一表达式的值，和 String.class，以及 Class.forName("java.lang.String") 表达式的值都完全相同。

在 Minecraft 中，Class 类型被用于表示特定实体类型，我们很快就会用到 Class 类型及其实例。此外，在使用时往往还要注意的一点是，在 Java 中 class 不能直接用作变量名，因此常常使用 cls、clz、或者 clazz 等，来为一个 Class 类型的变量命名。

7.1.3 生成器模式

现在创建一个新的实体。Forge 提供了一个名为 net.minecraftforge.fml.common.registry.EntityEntry 的类，这个类用于代表某个实体类型。我们马上就会继承某个实体类，然后使用这个类对应的 Class 类型的实例，构造一个 EntityEntry 类的实例，并监听相应的事件将其注册到 Forge 的系统中。

不过在实际情况中，不是直接生成 EntityEntry 的。还会用到另一个名为 net.minecraftforge.fml.common.registry.EntityEntryBuilder 的类。这个类的作用是什么呢？

在之前的章节中提到，在代码中使用链式调用可以节省代码量，因为不需要创建一个额外的变量。现在设想这样一个表达式：

```
new Foo().setBar(0).setFooBar(true).setBaz("baz")
```

这三个 Setter 针对某个 Foo 类型的实例，设置了 bar、foobar 和 baz。在设计 Foo 类的代码时，会将 setBar、setFooBar 和 setBaz 的返回值都设置成 this，因为这是实施链式调用的基础。但是，以下四个表达式都代表同一个对象：

```
new Foo()
new Foo().setBar(0)
new Foo().setBar(0).setFooBar(true)
new Foo().setBar(0).setFooBar(true).setBaz("baz")
```

很多时候我们不希望这样，因为同一个对象，它的内部状态变化了三次，使用 new Foo() 这一方式生成了一个对象，并把它传入到了某一个方法中，如果不仔细阅读这个方法，或者使用某些特定的工具，那么根本没有办法得知这个方法内部是否会调用这个对象的 setBar、setFooBar 或者 setBaz 等方法，而这会使这个对象的内部状态发生改变。传入了一个在未来内部状态会发生改变的对象，希望对象从创建出来后的任何一个时刻，其状态都不会发生改变，这样就可以在任何时刻放心大胆地说，如果在某一段代码中检查到某一对象具有什么样的性质，那么在之后执行的所有代码中，都可以认为这一性质同样被其拥有。

通常会有一个比较折中的方法解决这一问题——要求 Foo 类的构造方法必须传入某些特定的参数：

```
new Foo(0, true, "baz")
```

这的确解决了问题。但是根本看不出来这三个参数的作用，到底哪个设置了 foo，哪个设置了 fooBar，哪个又设置了 bar 呢？而且如果参数一旦多起来，那么这一问题会变得更严重。我们既希望生成的对象的内部状态不会发生变动，又希望让设置参数的方式能够一眼看出，可以怎么做呢？

为达到这一目的，通常会创建一个新的类，专门用于生成这一类型的对象——这个类的实例通常被称为**生成器**（Builder），其类名通常以 Builder 结尾，并提供一个名为 build 的方法，build 方法的返回值就是想要的对象。先创建一个生成器，然后调用（通常也是链式调用）其若干方法，再调用 build 方法，就可以创造想要的对象了。设想这样一个表达式：

```
new FooBuilder().setBar(0).setFooBar(true).setBaz("baz").build()
```

很多时候，FooBuilder 会通过 Foo 类或者 FooBuilder 类的静态方法（通常方法名为 builder 或者 create）的返回值提供，比如：

```
FooBuilder.create().setBar(0).setFooBar(true).setBaz("baz").build()
```

对于生成器，其 Setter 的 set 前缀经常被省略，从而进一步节省代码量：

```
FooBuilder.create().bar(0).fooBar(true).baz("baz").build()
```

这个表达式的返回值是想要生成的 Foo 类型的实例，而以下四个表达式的返回值均为 FooBuilder 类型的实例：

```
FooBuilder.create()
FooBuilder.create().bar(0)
FooBuilder.create().bar(0).fooBar(true)
FooBuilder.create().bar(0).fooBar(true).baz("baz")
```

不仅把设置参数时内部状态的变化控制在生成器内，从而保证了生成的对象内部状态可以不发生变动，还通过调用生成器的若干方法这一方式，清晰明了地设置了想要生成的对象的若干参数。此外，节省 set 前缀的方式可以使代码变得更短，从而变得更整洁。

把这种使用生成器这一辅助对象的方式来创建对象的代码写法称为**生成器模式**（Builder Pattern）。在接下来的注册实体类型过程中，EntityEntry 对应的就是想要创建的对象，而 EntityEntryBuilder 对应的就是生成器。

7.1.4 创建新的生物类型

新建一个名为 entity 的子包，然后新建一个类，把它命名为“土球王”（EntityDirtBallKing）：

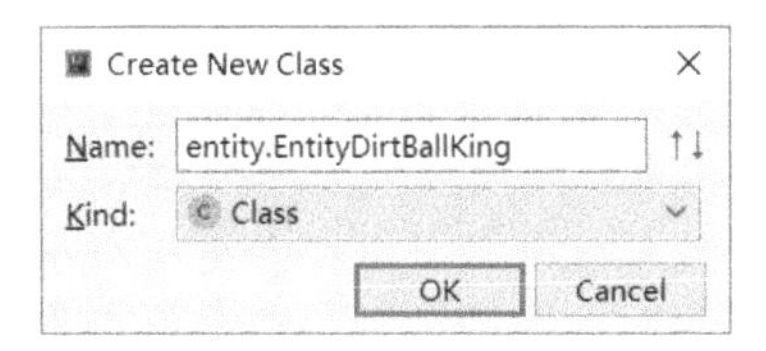

然后在这个类中写入以下代码：

```
package zzzz.fmltutor.entity;

import net.minecraft.entity.monster.EntityMob;
import net.minecraft.world.World;
import zzzz.fmltutor.FMLTutor;

public class EntityDirtBallKing extends EntityMob
{
    public static final String ID = "dirt_ball_king";
    public static final String NAME = FMLTutor.MODID + ".DirtBallKing";

    public EntityDirtBallKing(World worldIn)
    {
        super(worldIn);
        this.setSize(1.2F, 1.95F);
    }
}
```

设置一个代表某种生物类型的类，必需的代码只有这些。这里有几个要点需要注意：

- 一定要预留一个需要传入 World 参数的构造方法，这是在世界上生成该实体的基础：Minecraft 会调用这一构造方法生成实体。
- 继承 EntityMob 代表这是一个怪物（当然，也可以考虑继承 EntityAnimal 或者 EntityGolem）。
- 在通常情况下，会在构造方法中调用类本身的 setSize 方法，设置实体的大小。

setSize 方法的第一个参数设置生物的横向宽度，第二个参数设置生物的高度。我们在这里设置为 x 方向和 z 方向各 1.2 格宽，y 方向 1.95 格高的生物。

稍后还会用到这个生物的名称和 ID，将这个生物的 ID（也就是 registryName）设置为 dirt_ball_king，名称（也就是 unlocalizedName）设置为 fmltutor.DirtBallKing。不过我们不是在代表该生物的类中直接使用 setUnlocalizedName 及 setRegistryName 等方法设置，所以将其以静态不可变字段的方式存储在 EntityDirtBallKing 中，以便后续代码调用。

7.1.5 注册新的生物类型

在同一个包下新建一个名为 EntityRegistryHandler 的类，并写入以下代码：

```java
package zzzz.fmltutor.entity;

import net.minecraftforge.event.RegistryEvent;
import net.minecraftforge.fml.common.Mod.EventBusSubscriber;
import net.minecraftforge.fml.common.eventhandler.SubscribeEvent;
import net.minecraftforge.fml.common.registry.EntityEntry;
import net.minecraftforge.fml.common.registry.EntityEntryBuilder;
import net.minecraftforge.registries.IForgeRegistry;

@EventBusSubscriber
public class EntityRegistryHandler
{
    public static final EntityEntry DIRT_BALL_KING =
            EntityEntryBuilder.create().entity(EntityDirtBallKing.class)
                    .id(EntityDirtBallKing.ID, 0).name(EntityDirtBallKing.NAME).
tracker(80, 3, true).build();

    @SubscribeEvent
    public static void onRegistry(RegistryEvent.Register<EntityEntry> event)
    {
        IForgeRegistry<EntityEntry> registry = event.getRegistry();
        registry.register(DIRT_BALL_KING);
    }
}
```

现在完成了实体的注册过程。我们逐个讨论在这里用到的 EntityEntryBuilder 的方法：

- create 是静态方法，用于创建一个新的 EntityEntryBuilder。
- entity 的方法参数代表使用哪一个类生成实体，这里传入代表 EntityDirtBallKing 的 EntityDirtBallKing.class。
- id 方法的第一个参数代表实体的 registryName，第二个参数是一个和网络同步的参数，要求同一个 Mod 的不同实体参数不相同。在通常情况下，Mod 注册的第一个实体类型设置为 0，第二个实体类型设置为 1，依次类推。
- name 的方法参数代表实体的 unlocalizedName，稍后会去语言文件内设置相应的值。
- tracker 方法的三个参数代表实体的跟踪情况，第一个参数代表跟踪多大范围内的实体，第二个参数代表多少 tick 刷新一次跟踪状态，第三个参数代表是否跟踪实体的速度数据。对生物来说，这三个参数在大部分情况下均为 80，3，true。
- build 方法用于创建一个新的 EntityEntry。

去语言文件中设置相关的值：

```
# in en_us.lang
entity.fmltutor.DirtBallKing.name=Dirt Ball King

# in zh_cn.lang
entity.fmltutor.DirtBallKing.name= 土球王
```

现在打开游戏，输入命令：

```
/summon fmltutor:dirt_ball_king
```

就可以看到世界上出现了一个长宽均为 1.2 格，高为 1.95 格的白色长方体了：

由于还没有设置相应的生物模型，所以这个生物本身还只能是白色长方体。在后面章节中就会了解如何为生物设置模型了。

7.1.6 小结

如果读者一步一步地照做下来，那么现在的项目应该较上次多出了两个文件：

src/main/java/zzzz/fmltutor/entity/EntityDirtBallKing.java

src/main/java/zzzz/fmltutor/entity/EntityRegistryHandler.java

同时以下两个文件发生了一定程度的修改：

src/main/resources/assets/fmltutor/lang/en_us.lang

src/main/resources/assets/fmltutor/lang/zh_cn.lang

最后再简要总结一下这一部分：

- 创建了一个代表特定生物的类，这个类继承了 EntityMob 类，代表它是一个怪物。
- 为这个类预留了一个构造方法，并在其中设置了生物的长、宽和高，也就是生物的大小。
- 然后使用 EntityEntry 的生成器设置了该实体类型的 registryName、unlocalizedName 对应的类。
- 还设置了实体类型的跟踪情况，虽然对绝大部分实体来说，其代表跟踪情况的三个值都是完全一样的。
- 最后使用 EntityEntry 的生成器生成了 EntityEntry，并监听注册事件注册了这一对象。
- 又在语言文件中设置了 entity.unlocalizedName.name 对应的值，从而设置了实体在游戏中显示的名称。

7.2 生物的长方体模型

作为 Minecraft 的特色之一，Minecraft 中的所有实体生物都是由长方体堆砌而成的。Minecraft 采用了一套独特的方式来描述这些长方体，并在适宜的时机将它们绘制到游戏中。

本节将从基本的长方体模型的构成开始，一步一步带领读者了解 Minecraft 中与之相关的内容，从而完成制作基础的生物模型的过程。在阅读本章节前，读者需要了解一些和空间几何有关的知识。

7.2.1 实体模型类

首先需要创建一个新类，并继承 net.minecraft.client.model.ModelBase 类。新建一个名为 zzzz.fmltutor.client.model 的包，然后在其中新建一个名为 ModelDirtBallKing 的类：

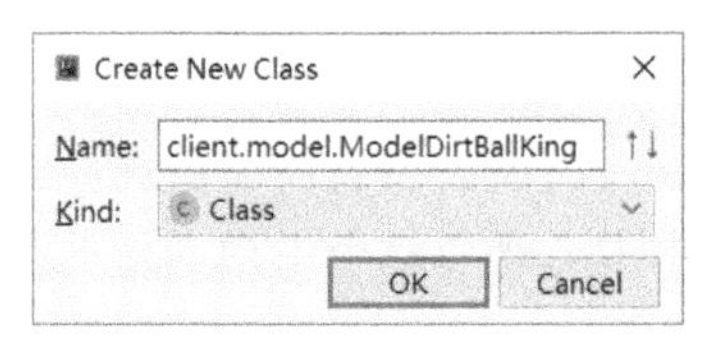

使这个类继承 ModelBase 类：

```
package zzzz.fmltutor.client.model;

import net.minecraft.client.model.ModelBase;

public class ModelDirtBallKing extends ModelBase
{
    public ModelDirtBallKing()
    {
        // TODO
    }
}
```

然后一步一步充实这个模型类。

7.2.2 实体坐标系

在 Minecraft 中，世界地图分为 *X* 轴、*Y* 轴、*Z* 轴，其中 *X* 轴朝东，*Y* 轴朝天，*Z* 轴朝南。但是，Minecraft 将两个坐标轴翻转了过来，导致在接下来指定实体模型的时候，*X* 轴、*Y* 轴、*Z* 轴方向的坐标点的值和读者预想中的可能有所不同。

在这里给出两个相对简便的判定方法：

当实体面向正南时，*X* 轴朝东，*Y* 轴朝**地（和坐标轴相反）**，*Z* 轴朝**北（和坐标轴相反）**。

当以第一人称视角观察实体时，*X* 轴朝**左（和直觉上的朝右相反）**，*Y* 轴朝**下（和直觉上的朝上相反）**，*Z* 轴朝屏幕外侧。

在默认情况下，Minecraft 中实体坐标轴的长度单位为$\frac{1}{16}$格，也就是游戏中一个方块的宽度相当于 16 个单位。同时，为方便计量，Minecraft 将实体坐标轴的原点放置在位于实体底部中心点上方 1.5 格处，也就是 24 个单位的位置。

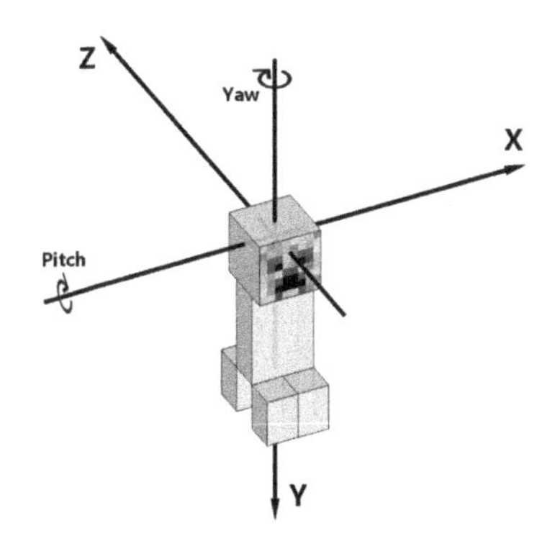

可以注意到，和针对世界的坐标系不同，实体的坐标系会随着实体的运动而变化，对于世界的坐标系，不管实体如何运动，它的原点都位于坐标为（0，0，0）的方块的一个角落处，但是对于实体坐标系，如果实体的身体发生移动和转动，那么实体的三个坐标轴也会发生相应的偏移，从而保证其原点总是在距离脚下 1.5 格处的正上方，而 *Z* 轴也永远指向实体身体的正后方。

我们称针对实体的坐标系为**局部坐标系**（Local Coordinate System），而针对世界的坐标系为**全局坐标系**（Global Coordinate System）。很明显，在讨论实体模型的时候，全局坐标系是没有意义的，因此接下来若无特殊声明，讨论中提到的实体坐标系，均为局部坐标系。

7.2.3　实体模型的基本原件

总结一下，不考虑转动，需要多少个参数才能确定一个组成实体模型的长方体。作为实体模型的基本原件，一个长方体首先需要三个参数，以确定它在 *X* 轴、*Y* 轴、*Z* 轴方向对应的长宽高（以下简称尺寸），这三个参数无论如何转动平移，都不会发生变化。

长方体不是一个尺寸大小为 0 的点，而是三维空间中的一块区域，因此我们需要指定一个相对于长方体固定的点，然后以这个点在坐标系的位置代表长方体的位置（以下简称基点位置）。

还需要三个参数代表长方体相对于基点的偏移，在这里采用长方体在 Minecraft 中最小的点（也就是长方体的某个顶点）在坐标系中相对于基点的位置，也就是该顶点与基点坐标的差（以下简称偏移值）。

总的来说，在 Minecraft 中，如果不考虑长方体的材质，以及长方体的转动，则控制一个组成实体的长方体共需要 9 个参数。

描述一个实体的模型可能比原本想象中的要复杂，不过拆开来看其实很简单。先从组成爬行者的身体的这一个长方体开始。爬行者的身体在 *X* 轴、*Y* 轴、*Z* 轴方向的尺寸分别为（8，12，4）。爬行者的身体基点位置，理论上其实可以任意选取，这里选取身体正上方（*Y* 轴最小值）的中心点处。这一点距离地面 18 个单位高，也就是距离原点 6 个单位远，因此，基点坐标为（0，6，0）。

然后考虑偏移值。对于 *X* 轴和 *Z* 轴，为保证基点位于长方体的中轴上，因此对应的偏移值应分别为长宽一半的相反数，也就是 -4 和 -2。对于 *Y* 轴，由于刚刚选取基点为 *Y* 轴最小值处，因此偏移值为 0。这三个值合并到一起为（-4，0，-2）。现在来看 Minecraft 原版代码中，`net.minecraft.client.model.ModelCreeper` 类构造方法的一部分：

```
this.body.addBox(-4.0F, 0.0F, -2.0F, 8, 12, 4, 0.0F);
this.body.setRotationPoint(0.0F, 6.0F, 0.0F);
```

上面代码中的 addBox 方法有七个参数，其最后一个参数先不管，剩下的六个参数，和 setRotationPoint 的三个参数，很快就能对应上：

- addBox 的前三个参数为 (-4, 0, -2)，和爬行者身体的偏移值对应。
- addBox 的第四到第六个参数为 (8, 12, 4)，和爬行者身体的尺寸对应。
- setRotationPoint 的三个参数为 (0, 6, 0)，和爬行者身体的基点位置对应。

最后一个没有提到的参数用于描述长方体相对于实体的大小，在通常情况下其值为零。为方便开发者编写代码，Minecraft 同时重载了一个包含六个参数的 addBox 方法，该方法可以省略最后一个参数，并将其自动设置为零。换言之，以下两个语句是等价的：

```
this.body.addBox(-4.0F, 0.0F, -2.0F, 8, 12, 4);
this.body.addBox(-4.0F, 0.0F, -2.0F, 8, 12, 4, 0.0F);
```

在 Minecraft 代码中，带有第七个参数的方法调用写法仍然大量存在，不过在一些比较新的代码中，六个参数的方法调用写法变得更常见了。因此，本书编写的 Mod，将只会采用六个参数的写法。

有时读者会在其他类的代码中注意到这样的写法：

```
this.body.addBox(-4.0F, 0.0F, -2.0F, 8, 12, 4).setRotationPoint(0.0F, 6.0F, 0.0F);
```

这一写法和上面的写法是等价的，因为 addBox 的返回值正是调用该方法的对象本身。为了使代码变得更精炼，本书后续章节将一直采用这种写法。

我们注意到 this.body 表达式引用了一个名为 body 的字段，查找这个字段的定义，就会发现这个字段的值是 ModelRenderer 类的实例。大概可以总结出来关于使用代码指定长方体的步骤：

- 首先要有一个模型类。
- 在模型类中指定几个类型为 ModelRenderer 的字段，每个 ModelRenderer 都代表一个长方体。
- 调用 ModelRenderer 的 addBox 和 setRotationPoint 方法设置该长方体的尺寸、偏移值及基点位置。

开始设计模型。

```
package zzzz.fmltutor.client.model;

import net.minecraft.client.model.ModelBase;
import net.minecraft.client.model.ModelRenderer;

public class ModelDirtBallKing extends ModelBase
{
    private ModelRenderer body;
    private ModelRenderer head;
    private ModelRenderer leftLeg;
    private ModelRenderer rightLeg;

    public ModelDirtBallKing()
    {
        this.body.addBox(-9, 0, -9, 18, 14, 18).setRotationPoint(0, 6, 0);
        this.head.addBox(-7, -14, -7, 14, 14, 14).setRotationPoint(0, 8, 0);
```

```
        this.leftLeg.addBox(-2, 2, -6, 4, 6, 12).setRotationPoint(4, 16, 0);
        this.rightLeg.addBox(-2, 2, -6, 4, 6, 12).setRotationPoint(-4, 16, 0);
    }
}
```

设计了四个长方体，首先设计了一个长宽均为 18，高为 14 的长方体（也就是 body 字段）代表土球王的肚子，然后添加了一个长宽高均为 14 的立方体（也就是 head 字段）代表土球王的脑袋，最后添加了两个扁平的长方体（也就是 leftLeg 和 rightleg 两个字段）作为土球王的两条腿。现在使用第三方工具，渲染一下建立的土球王的模型：

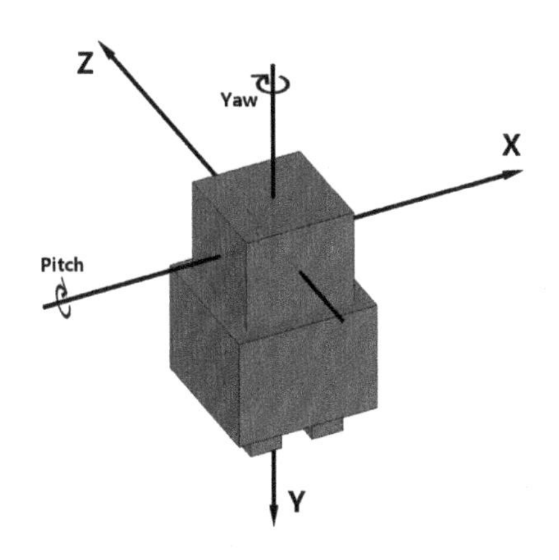

7.2.4　实体模型的材质坐标

通过一些方法能够指定长方体的位置和旋转方向，那么接下来需要做的是给长方体上色——添加材质。

首先要面对这样一个问题，一个实体可能有多种不同的上色方式。同一类型的生物可能有很多种，比如牛有两种，豹猫有四种，鹦鹉有五种，兔子有八种，而诸如马、村民这样的生物，可能出现的种类更是不计其数。即使是同一个生物，也可能有不同的状态，比如恶魂有正常和发射火球两种状态。因此，将模型使用的材质资源路径写在实体模型中是不现实的。

可以将实体模型的每一个面上的材质，和材质资源路径对应图片上的某一个区域对应起来，那么，只要更换这张图片上相应位置的材质，就可以更换实体的外观了。我们需要将材质上的某一个矩形，和组成实体模型的某个长方体的某个面对应。

在一张 2D 图片上确定一个矩形需要四个参数——矩形的位置和矩形的大小。事实上完全不需要关心矩形的大小，因为它已经通过组成实体模型的长方体的尺寸确定了，可以精确地知道一个面的长和宽分别是多少，并在材质上扩展相应的长宽。决定这一矩形的只剩下代表其位置的两个值，准确地说，是矩形左上角相对于图片左上角的**材质坐标**（Texture Coordinates），又称 **UV 坐标**（UV Coordinates）。

通常在 ModelRenderer 的构造方法中指定材质坐标，比如之前提到的 body 字段：

```
this.body = new ModelRenderer(this, 16, 16);
```

它的第一个参数建立了它和整个模型的关联，而后两个参数声明了爬行者身体的材质左上角的位置：(16, 16)。

读者可能很快就会发现一个问题：一个长方体有六个面，为什么只指定了一个材质坐标呢？这是因为 Minecraft 对于六个材质的排布方式有一定的约定，实际上之前在使用盔甲及村民材质时就已经用到这一约定了。在这里以使用图示的方式全面介绍一次：

在默认情况下，Minecraft 认为实体的材质文件长为 64 像素，宽为 32 像素。左图已经将整个材质，使用橙色的框框了起来，而蓝色的框框出的是爬行者身体材质的位置，可以看到，蓝色的框相对于橙色的框，左上角于两个方向各差了 16 格。右图展示的是放大后的蓝色框内部情况，Mojang 约定了长方体的六个面的排布方式，其中 F 是前面，B 是后面，L 是左面，R 是右面，U 是上面，D 是下面。

我们还可以很容易地把爬行者头部和四条腿的材质区分出来：

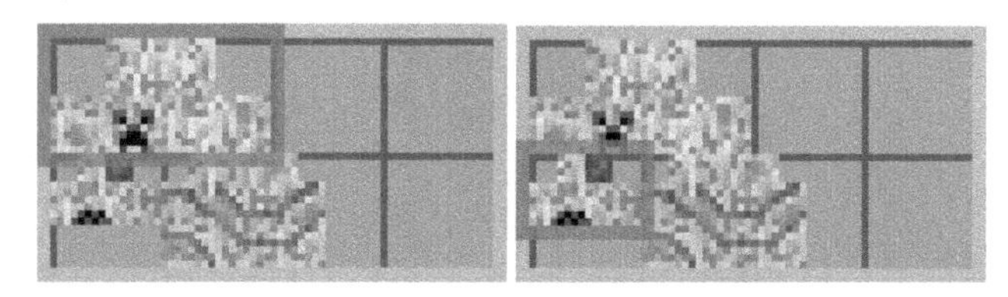

读者可以很容易地证明这两部分的材质，对应到爬行者身上，正好也和爬行者显示的结果一致，这里就不再赘述了。

现在应该想办法指定土球王模型对应的材质位置。首先注意到两条腿的材质可以使用相同的，因此可以省去一块材质的位置，只需要指定三块。建立一张长为 128 像素，宽为 32 像素的材质，并指定三块材质的位置：

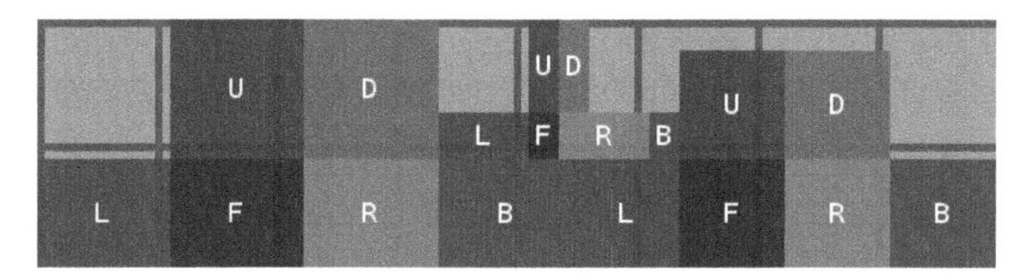

然后可以确定 `body` 字段对应的材质左上角位置为 `(0, 0)`，`head` 对应的为 `(72, 4)`，`leftLeg` 和 `rightLeg` 对应的为 `(54, 0)`。将其应用到 `ModelRenderer` 的构造方法上。现在代码是这种形式的：

```
public ModelDirtBallKing()
{
    this.body = new ModelRenderer(this, 0, 0);
    this.head = new ModelRenderer(this, 72, 4);
    this.leftLeg = new ModelRenderer(this, 54, 0);
    this.rightLeg = new ModelRenderer(this, 54, 0);

    this.body.addBox(-9, 0, -9, 18, 14, 18).setRotationPoint(0, 6, 0);
    this.head.addBox(-7, -14, -7, 14, 14, 14).setRotationPoint(0, 8, 0);
```

```
        this.leftLeg.addBox(-2, 2, -6, 4, 6, 12).setRotationPoint(4, 16, 0);
        this.rightLeg.addBox(-2, 2, -6, 4, 6, 12).setRotationPoint(-4, 16, 0);
    }
```

需要强调的一点是，在默认情况下，Minecraft 认为实体的材质文件长为 64 像素，宽为 32 像素，而这里却采用了一份长为 128 像素，宽为 32 像素的材质。这里需要在模型类（也就是 ModelBase 的子类）的构造方法的**最开始，也就是 ModelRenderer 的构造方法调用前**声明材质的长宽，这样才能保证接下来的 ModelRenderer 的构造方法调用时，可以从模型类的实例获取材质文件的正确长宽。在这里设置 textureWidth 和 textureHeight 两个字段，现在代码是这种形式的：

```
public ModelDirtBallKing()
{
    this.textureWidth = 128;
    this.textureHeight = 32;

    this.body = new ModelRenderer(this, 0, 0);
    this.head = new ModelRenderer(this, 72, 4);
    this.leftLeg = new ModelRenderer(this, 54, 0);
    this.rightLeg = new ModelRenderer(this, 54, 0);

    this.body.addBox(-9, 0, -9, 18, 14, 18).setRotationPoint(0, 6, 0);
    this.head.addBox(-7, -14, -7, 14, 14, 14).setRotationPoint(0, 8, 0);
    this.leftLeg.addBox(-2, 2, -6, 4, 6, 12).setRotationPoint(4, 16, 0);
    this.rightLeg.addBox(-2, 2, -6, 4, 6, 12).setRotationPoint(-4, 16, 0);
}
```

最后需要覆盖 render 方法，以轮流渲染长方体。这一段代码形式相对固定，没有什么变化：

```
@Override
public void render(Entity entity, float a, float b, float c, float d, float e, float scale)
{
    this.body.render(scale);
    this.head.render(scale);
    this.leftLeg.render(scale);
    this.rightLeg.render(scale);
}
```

以下是 ModelDirtBallKing 类的代码：

```
package zzzz.fmltutor.client.model;

import net.minecraft.client.model.ModelBase;
import net.minecraft.client.model.ModelRenderer;
import net.minecraft.entity.Entity;

public class ModelDirtBallKing extends ModelBase
{
    private ModelRenderer body;
    private ModelRenderer head;
    private ModelRenderer leftLeg;
    private ModelRenderer rightLeg;
```

```
        public ModelDirtBallKing()
        {
            this.textureWidth = 128;
            this.textureHeight = 32;

            this.body = new ModelRenderer(this, 0, 0);
            this.head = new ModelRenderer(this, 72, 4);
            this.leftLeg = new ModelRenderer(this, 54, 0);
            this.rightLeg = new ModelRenderer(this, 54, 0);

            this.body.addBox(-9, 0, -9, 18, 14, 18).setRotationPoint(0, 6, 0);
            this.head.addBox(-7, -14, -7, 14, 14, 14).setRotationPoint(0, 8, 0);
            this.leftLeg.addBox(-2, 2, -6, 4, 6, 12).setRotationPoint(4, 16, 0);
            this.rightLeg.addBox(-2, 2, -6, 4, 6, 12).setRotationPoint(-4, 16, 0);
        }

        @Override
        public void render(Entity entity, float a, float b, float c, float d, float e,
float scale)
        {
            this.body.render(scale);
            this.head.render(scale);
            this.leftLeg.render(scale);
            this.rightLeg.render(scale);
        }
    }
```

7.2.5 实体渲染类

已经指定了生物模型，现在要让游戏得知在渲染实体时使用这个模型，因此需要编写实体渲染类。

首先创建一个名为 `zzzz.fmltutor.client.renderer` 的包：

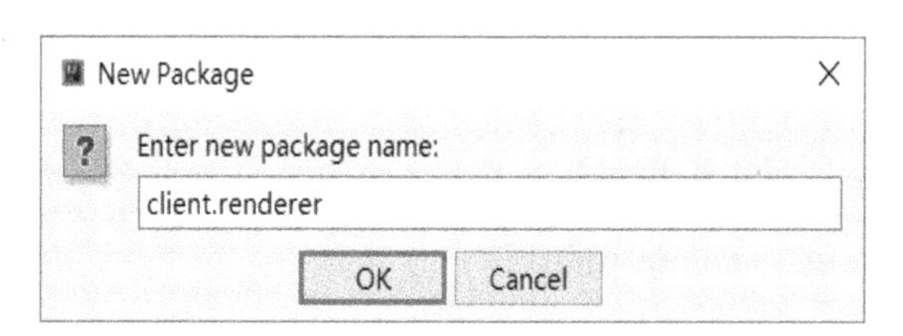

新建一个名为 `RenderDirtBallKing` 的类：

Create New Class
Name: RenderDirtBallKing
Kind: Class
OK Cancel

并让它继承 `net.minecraft.client.renderer.entity.RenderLiving` 类，作为渲染类：

```
package zzzz.fmltutor.client.renderer;

import net.minecraft.client.renderer.entity.RenderLiving;
import net.minecraft.client.renderer.entity.RenderManager;
import net.minecraft.entity.Entity;
import net.minecraft.util.ResourceLocation;
import zzzz.fmltutor.FMLTutor;
import zzzz.fmltutor.client.model.ModelDirtBallKing;
import zzzz.fmltutor.entity.EntityDirtBallKing;

public class RenderDirtBallKing extends RenderLiving
{
    private static final ResourceLocation ENTITY_DIRT_BALL_KING_TEXTURE = new
ResourceLocation(
            FMLTutor.MODID + ":textures/entity/" + EntityDirtBallKing.ID + "/" +
EntityDirtBallKing.ID + ".png");

    public RenderDirtBallKing(RenderManager manager)
    {
        super(manager, new ModelDirtBallKing(), 0.8F);
    }

    @Override
    protected ResourceLocation getEntityTexture(Entity entity)
    {
        return ENTITY_DIRT_BALL_KING_TEXTURE;
    }
}
```

RenderLiving 类是 net.minecraft.client.renderer.entity.Render 类的子类。Render 类是专用于实体（也就是 Entity 类的实例）渲染的类的共同父类，而 RenderLiving 类是专用于生物（也就是 EntityLiving 类的实例）的渲染类，它的构造方法有三个参数：

- 第一个参数是 Minecraft 中负责渲染的类，将其通过子类的构造方法传入。
- 第二个参数是生物模型，这里传入创建的 ModelDirtBallKing 类的实例。
- 第三个参数是生物阴影大小，Minecraft 会在渲染这个生物时在生物脚下绘制相应半径的一个暗色圆面。我们传入 0.8 这个值。

RenderLiving 类是一个抽象类，有一个名为 getEntityTexture 的抽象方法，用于根据不同的实体选择不同的材质。可以注意到这个方法返回一个 ResourceLocation。通过覆盖这个方法，将其返回值确定为 fmltutor:textures/entity/dirt_ball_king/dirt_ball_king.png。创建 assets/fmltutor/textures/entity/dirt_ball_king 目录，把一个名为 dirt_ball_king.png 的文件放入目录中。

如何绘制材质不是本书的重点，因此在这里只采用三个不同色调的色块来代替：

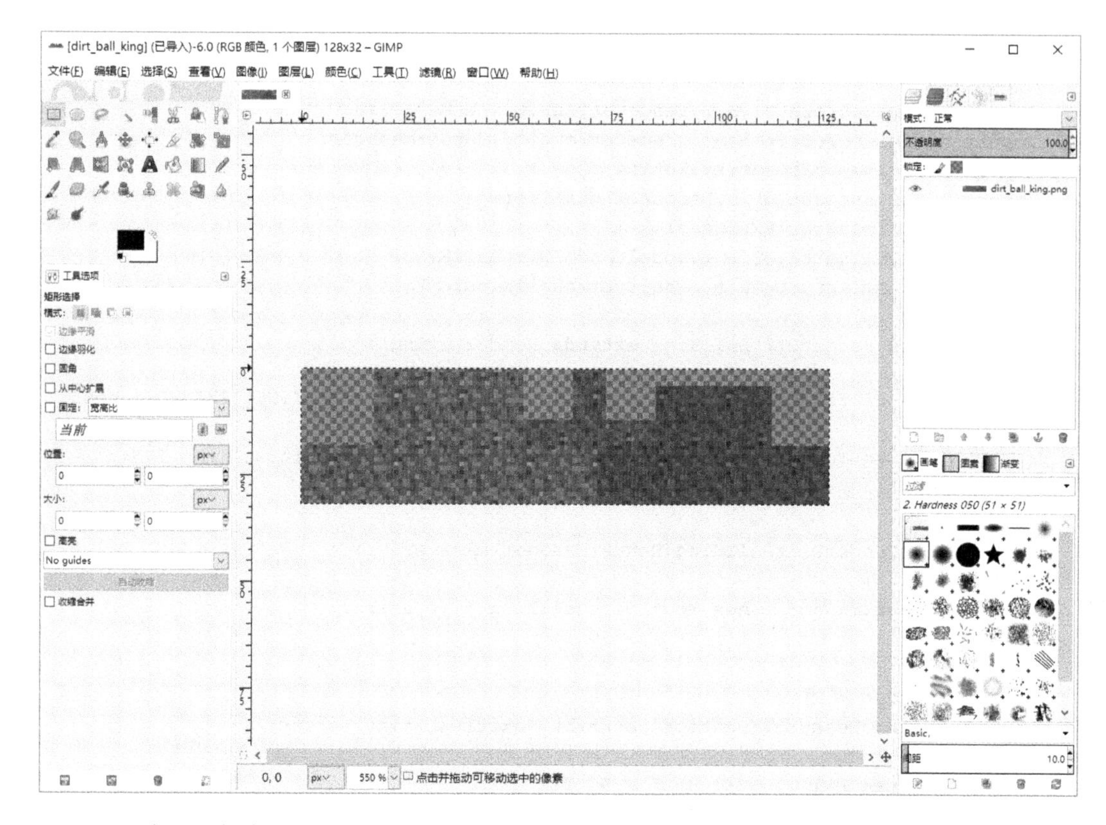

7.2.6　注册渲染类

现在需要让 Forge 知道这个渲染类的存在。

首先写一个名为 `zzzz.fmltutor.client.renderer.RenderRegistryHandler` 的类，并暴露出一个静态方法：

```
    package zzzz.fmltutor.client.renderer;

    import net.minecraftforge.fml.client.registry.RenderingRegistry;
    import zzzz.fmltutor.entity.EntityDirtBallKing;

    public class RenderRegistryHandler
    {
        public static void register()
        {
            RenderingRegistry.registerEntityRenderingHandler(EntityDirtBallKing.
class, manager ->
            {
                return new RenderDirtBallKing(manager);
            });
        }
    }
```

调用了 `net.minecraftforge.fml.client.registry.RenderingRegistry` 类的 `registerEntityRenderingHandler` 方法注册了这一渲染类。该方法的第一个参数需要传入实体对应的 `Class`，第二个参数是 `net.minecraftforge.fml.client.registry.IRenderFactory` 接口的实例，通过观察这个接口可以注意到这个接口只有一个抽象方法需

要实现，因此传入一个 Lambda 表达式。

然后需要在 Mod 主类中添加一个方法监听 `FMLPreInitializationEvent` 这一事件，并调用这一方法注册渲染类。由于渲染类只会在客户端起作用，还需要将监听器加上 `@SideOnly` 注解：

```
package zzzz.fmltutor;

import net.minecraftforge.fml.common.Mod;
import net.minecraftforge.fml.common.Mod.EventHandler;
import net.minecraftforge.fml.common.event.FMLInitializationEvent;
import net.minecraftforge.fml.common.event.FMLPreInitializationEvent;
import net.minecraftforge.fml.relauncher.Side;
import net.minecraftforge.fml.relauncher.SideOnly;
import zzzz.fmltutor.client.renderer.RenderRegistryHandler;
import zzzz.fmltutor.crafting.FurnaceRecipeRegistryHandler;
import zzzz.fmltutor.potion.PotionRegistryHandler;

@Mod(modid = FMLTutor.MODID, name = "FMLTutor", version = FMLTutor.VERSION,
     acceptedMinecraftVersions = "[1.12,1.13)")
public class FMLTutor
{
    public static final String MODID = "fmltutor";
    public static final String VERSION = "1.0";

    @EventHandler
    @SideOnly(Side.CLIENT)
    public void preInitClient(FMLPreInitializationEvent event)
    {
        RenderRegistryHandler.register();
    }

    @EventHandler
    public void init(FMLInitializationEvent event)
    {
        FurnaceRecipeRegistryHandler.register();
        PotionRegistryHandler.register();
    }
}
```

最后打开游戏，就可以观察到这个生物了：

7.2.7 单行 Lambda 表达式和方法引用

之前用到了一个 Lambda 表达式：

```
manager ->
{
    return new RenderDirtBallKing(manager);
}
```

很快就会注意到这个 Lambda 表达式对应的方法体只有一行，却占了四行的空间，而且多出来的 {} 和 return 并没有额外的意义。

Java 设计者也考虑到了这一点，并提出了将 -> 后的方法体转写为表达式的写法：

```
manager -> new RenderDirtBallKing(manager)
```

直接使用表达式代替一个方法体，四行缩成了一行，而且没有了两个大括号和一个 return，看上去简洁很多。

有没有更简洁的方案呢？对 Lambda 这一表达式来说是有的，这就是**方法引用**（Method Reference）。

方法引用由使用 :: 连接的两部分构成。下面的代码和上面的两个 Lambda 表达式等价：

```
RenderDirtBallKing::new
```

方法引用共有四种：

- 第一种由类名或数组名和 new 组成，与传入特定参数，返回相应的实例的 Lambda 表达式等价。
- 第二种由引用类型的名称和该类型的某静态方法名组成，与传入特定参数，返回该方法后返回值的 Lambda 表达式等价。
- 第三种由某个类型的实例对象和该类型本身的某方法组成，与传入特定参数，返回针对该实例对象调用方法后返回值的 Lambda 表达式等价。
- 第四种由引用类型的名称和该类型的某非静态方法名组成，与传入某个该类型的实例与特定参数，返回该方法后返回值的 Lambda 表达式等价。

假设有一个名为 Bar 的类：

```
public class Bar
{
    public Bar(Foo foo) {}

    public static void fooBar(Foo foo) {}

    public void fooBarNonStatic(Foo foo) {}
}
```

则以下是对应的四种方法引用和注释中对应的等价 Lambda 表达式（假设 bar 是 Bar 的实例）：

```
Bar::new // foo -> new Bar(foo)
Bar::fooBar // foo -> Bar.fooBar(foo)
bar::fooBarNonStatic // foo -> bar.fooBarNonStatic(foo)
Bar::fooBarNonStatic // (bar, foo) -> bar.fooBarNonStatic(foo)
```

最终将 Lambda 表达式化简到了极致。以下是化简后的整个类的代码：

```
package zzzz.fmltutor.client.renderer;
```

```
    import net.minecraftforge.fml.client.registry.RenderingRegistry;
    import zzzz.fmltutor.entity.EntityDirtBallKing;

    public class RenderRegistryHandler
    {
        public static void register()
        {
            RenderingRegistry.registerEntityRenderingHandler(EntityDirtBallKing.
class, RenderDirtBallKing::new);
        }
    }
```

相较以前的代码更简洁了。最后来看如果将这一方法引用使用嵌套类的方式展开，则类会变成这种形式：

```
    package zzzz.fmltutor.client.renderer;

    import net.minecraft.client.renderer.entity.Render;
    import net.minecraft.client.renderer.entity.RenderManager;
    import net.minecraftforge.fml.client.registry.IRenderFactory;
    import net.minecraftforge.fml.client.registry.RenderingRegistry;
    import zzzz.fmltutor.entity.EntityDirtBallKing;

    public class RenderRegistryHandler
    {
        public static void register()
        {
            RenderingRegistry.registerEntityRenderingHandler(EntityDirtBallKing.
class, new DirtBallKingRenderFactory());
        }

        private static class DirtBallKingRenderFactory implements IRenderFactory<Enti
tyDirtBallKing>
        {
            @Override
            public RenderDirtBallKing createRenderFor(RenderManager manager)
            {
                return new RenderDirtBallKing(manager);
            }
        }
    }
```

Lambda 表达式和方法引用的出现，是 Java 的一大进步。

7.2.8 小结

如果读者一步一步地照做下来，那么现在的项目应该较上次多出了四个文件：

src/main/java/zzzz/fmltutor/client/model/ModelDirtBallKing.java

src/main/java/zzzz/fmltutor/client/renderer/RenderDirtBallKing.java

src/main/java/zzzz/fmltutor/client/renderer/RenderRegistryHandler.java src/main/resources/assets/fmltutor/textures/entity/dirt_ball_king/dirt_ball_king.png

同时以下文件发生了一定程度的修改：

src/main/java/zzzz/fmltutor/FMLTutor.java

最后再简要总结一下这一部分：

- 继承 ModelBase 类形成了实体模型类。
- 在实体模型类中使用多个 ModelRenderer 的实例，分别代表每一个不同的长方体。
- 调用 ModelRenderer 的 addBox 和 setRotationPoint 两个方法分别设置了长方体的尺寸、偏移值及基点位置。
- 通过设置 ModelBase 类的 textureWidth 和 textureHeight 两个字段指定模型材质的长宽（默认值为 64 和 32）。
- 在 ModelRenderer 的构造方法中指定了每一个长方体对应材质的左上角坐标，并分别对应到实际绘制的材质上。
- 覆盖了 ModelBase 类的 render 方法，并依次调用 ModelRenderer 的 render 方法使各个长方体依次渲染。
- 继承了 RenderLiving 类作为实体渲染类，并在其构造方法中指定了模型类的实例，以及绘制的生物阴影大小。
- 在实体渲染类的构造方法中指定了模型类的实例，以及绘制的生物阴影大小。
- 覆盖了 RenderLiving 类的 getEntityTexture 方法，并指定了其返回的 ResourceLocation，同时绘制了对应的材质图。
- 在 Mod 主类监听了 FMLPreInitializationEvent 这一生命周期事件以注册渲染类，并保证注册行为只会在客户端发生。
- 调用 RenderingRegistry 的 registerEntityRenderingHandler 注册了渲染类。
- 在注册实体渲染类时传入了一个方法引用，从而大大简化了代码。

7.3 生物模型的转动

决定生物模型的还有其他参数吗？答案是有的，实际上参数有很多。这些参数大多和生物的运动有关，主要用于控制长方体来使它们转动。本节的主要目标便是研究这些参数，并使用这些参数来控制生物模型的转动，使生物动起来。

7.3.1 生物头部的转动

先从决定实体头部转动的两个参数说起。数学上已经证明，任何类型的转动，最后就可以分解为绕三个特定轴旋转的复合。绕这三个轴的旋转都有特定的术语，它们通常被称为 Pitch，Yaw，Roll。这里可以想象一架飞机，它在起飞的时候机头会上仰，在降落的时候机头会下压，这种方向的旋转称其为 Pitch，飞机在飞行的时候会有航向，这个方向的旋转称其为 Yaw，飞机在调整左右平衡的时候，机翼会向左或向右倾斜，这种方向的旋转称其为 Roll。这三个词也分别有中文术语（俯仰，偏航，滚动），但是由于在实际交流中中文术语不太常用，因此在后续内容中，作者都将用英文表示这三个概念。

在 Minecraft 的实体坐标系中，**Pitch 表示 *X* 轴方向的旋转，Yaw 表示 *Y* 轴方向的旋转，Roll 表示 *Z* 轴方向的旋转**。在 Minecraft 中，不需要生物头部绕 *Z* 轴旋转，因此 Roll 总为零。剩下的两个参数，分别被用于控制生物的头部。

那么，绕哪个方向旋转是正呢？和大多数系统的约定一样，Minecraft 约定**右旋**（Right Handed）为正。什么是右旋呢？把右手握拳，大拇指露出，并指向坐标轴的正方向，那么剩下四个指头所指向的旋转方向，便是特定轴的右旋方向了，如下图所示：

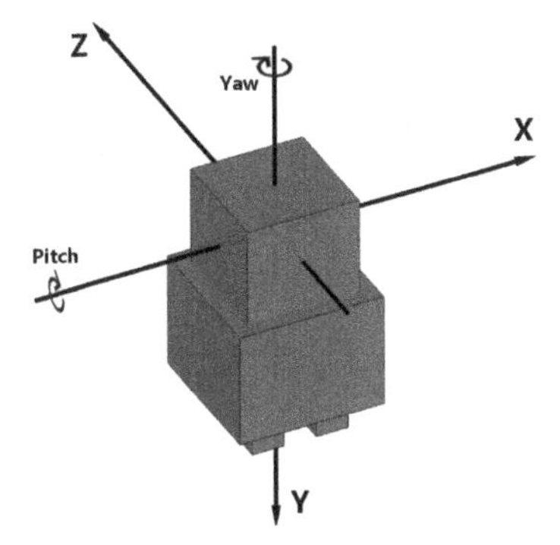

上图标出了 Pitch（绕 *X* 轴旋转）和 Yaw（绕 *Y* 轴旋转）的正方向。我们现在试着让实体的 Pitch 旋转 7.5 度，Yaw 为零：

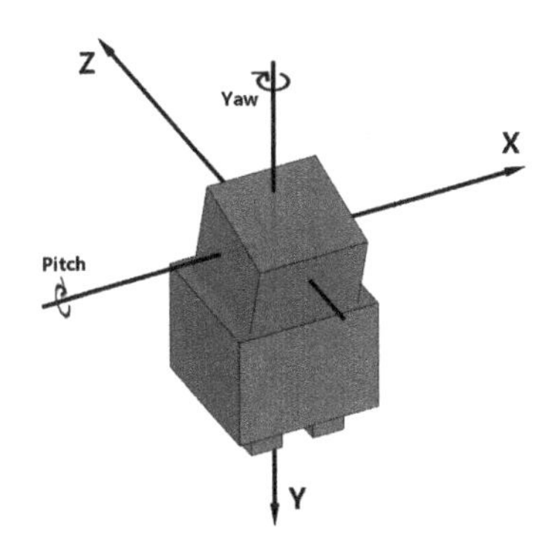

可以注意到当 Pitch 为正时，实体的脑袋保持着低头的姿势。现在再让实体的 Yaw 旋转 15 度，Pitch 为零：

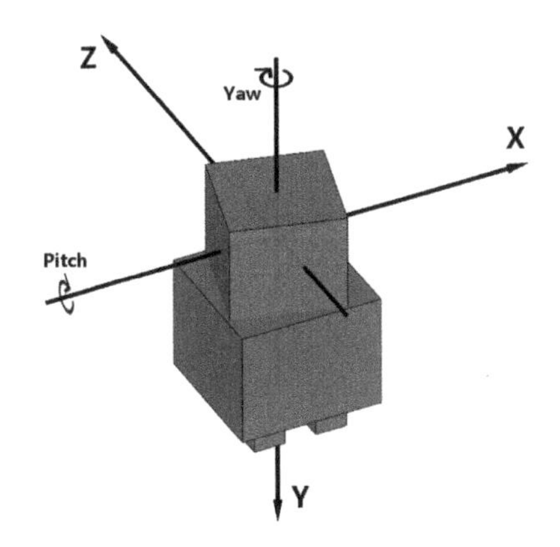

可以注意到当 Yaw 为正时，实体的脑袋转向右，当然 Yaw 为负时，实体的脑袋就转向左了。

了解了 Pitch 和 Yaw 这两个参数，它们是控制实体模型转动的重要组成部分。

7.3.2 生物四肢的摆动

就生物四肢而言，摆动是一个动态的过程，因此需要一个描述动态过程的基本的单位——时间。在 Minecraft 中，用于描述时间的就是 tick。取生物出生后的第一个 tick 为 1，第二个 tick 为 2，依次类推。我们标记这个量为 ageInTicks，然后讨论四肢摆动的问题。

首先会想到生物四肢的摆动幅度——这应该和生物的运动速度有关。在这里模拟一次玩家疾跑的过程：玩家在第 6 个 tick（约 0.3s）时开始奔跑，在第 72 个 tick（约 3.6s）时结束奔跑。由于玩家的四肢起停应有一个缓慢的过渡过程，实际上玩家在改变运动状态后，四肢的摆动幅度是连续趋近于某个值的。

将这个量标记为 limbSwingAmount，很明显，limbSwingAmount 是随 ageInTicks 变化的：

```
limbSwingAmount = limbSwingAmount(ageInTicks)
```

取 ageInTicks 为 1、2、3 等，就可以得到对应的 limbSwingAmount(1)，limbSwingAmount(2)，limbSwingAmount(3) 等。直到 limbSwingAmount(6)，其值都为 0，不过从 limbSwingAmount(7) 开始，相应的值将会在十几个 tick 后上升到 1 左右，并保持在这个值不动，最后从 limbSwingAmount(72) 开始回落到 0。

在下方画出 limbSwingAmount（纵轴）和 ageInTicks（横轴）之间的关系：

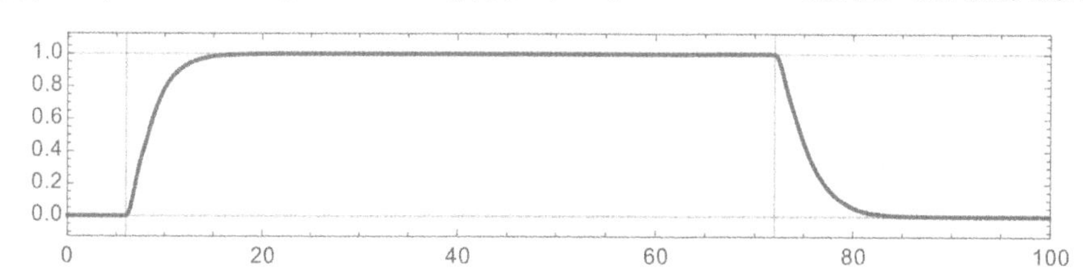

如果想要模拟玩家四肢不停摆动，也就是四肢绕 X 轴的旋转角度（也即 Pitch），则使用自变量为 ageInTicks 的余弦函数。能够写出这样的公式：

```
pitch = pitch(ageInTicks)
      = A * cos(ω * ageInTicks + φ)
```

这里 A、ω、φ 均为参数。取 A 为 1，ω 和 φ 为适当值，可以画出旋转角度（纵轴）和 ageInTicks（横轴）的关系：

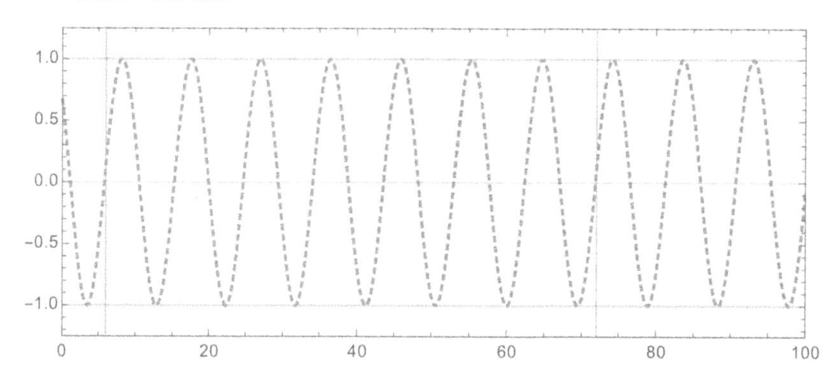

已经可以得到相对稳定地摆动了。这里选取的参数，使玩家在 6tick 和 72tick 之间共摆动了约 7 次。

现在需要将摆动限制住，使玩家在静止（也就是 limbSwingAmount 为 0）时不摆动四肢。将这个结果乘 limbSwingAmount：

```
pitch = pitch(ageInTicks)
      = A * limbSwingAmount * cos(ω * ageInTicks + φ)
```

现在把 limbSwingAmount（实线）和设计的旋转角度（虚线）放在一起：

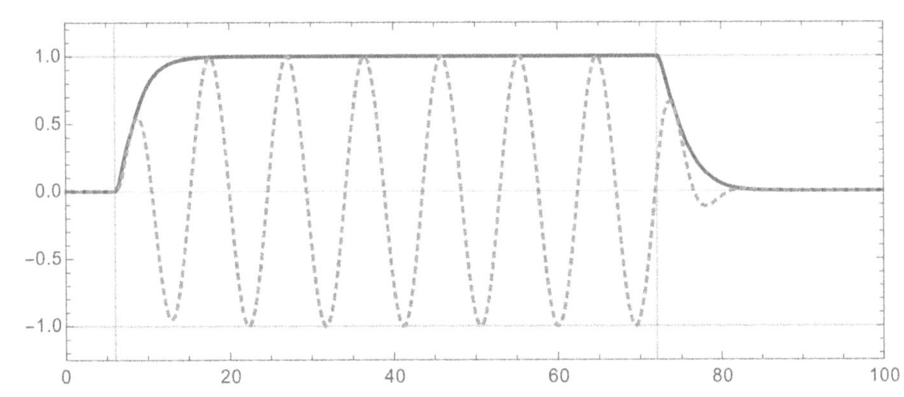

现在看起来，玩家四肢地摆动足够自然了。这并不是在 Minecraft 代码中大量存在的摆动形式。为了使摆动更自然，引入第三个量：limbSwing。将这个量定义为：

```
limbSwing = limbSwing(ageInTicks)
          = limbSwingAmount(1) + limbSwingAmount(2) + ... +
limbSwingAmount(ageInTicks)
```

也就是 limbSwingAmount 对每个已经发生过的 tick 求和。现在作出这个量（纵轴）和 ageInTicks（横轴）之间的关系：

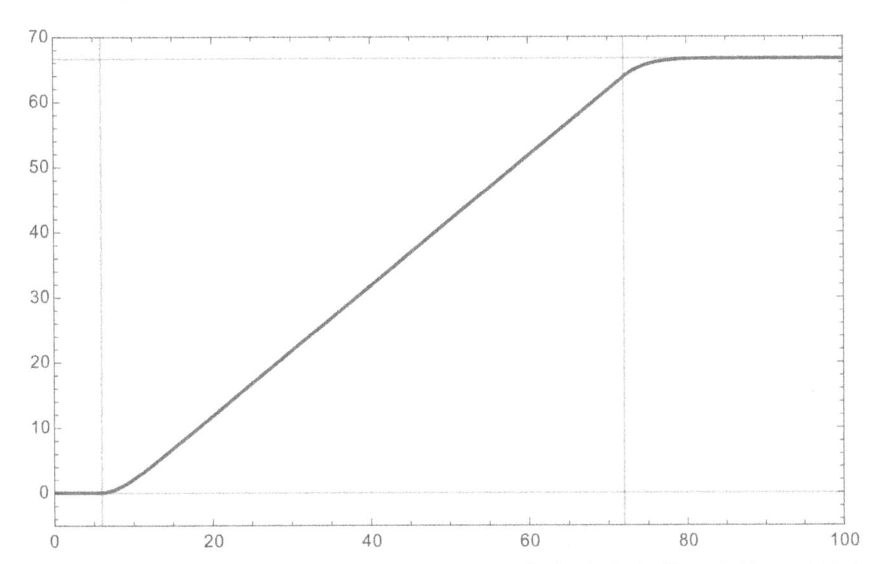

可以注意到，当玩家停止运动时，limbSwing 将会稳定在某一个值，而玩家持续运动时，limbSwing 将会按玩家运动的速度持续上升。如果使用 limbSwing 代替三角函数里的 ageInTicks，那么能够根据玩家运动的速度，决定玩家四肢摆动的速度。

将旋转角度重新定义如下：

```
pitch = pitch(ageInTicks)
      = A * limbSwingAmount * cos(ω * limbSwing(ageInTicks) + φ)
```

现在绘制出新的旋转角度和 ageInTicks 的关系（虚线）：

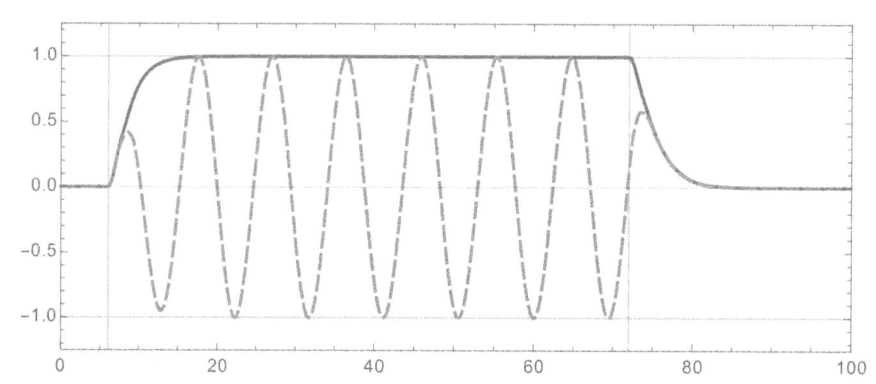

大致看起来，这里的旋转角度和 ageInTicks 的关系，与刚刚设计的关系相差不多，但实际上，它们在玩家起步和停步的时候，是有一定区别的，停步尤为明显。将两种设计放在一起，并取 ageInTicks 于第 68 个和第 88 个 tick 之间的部分。注意玩家是从第 72 个 tick 开始停步的。

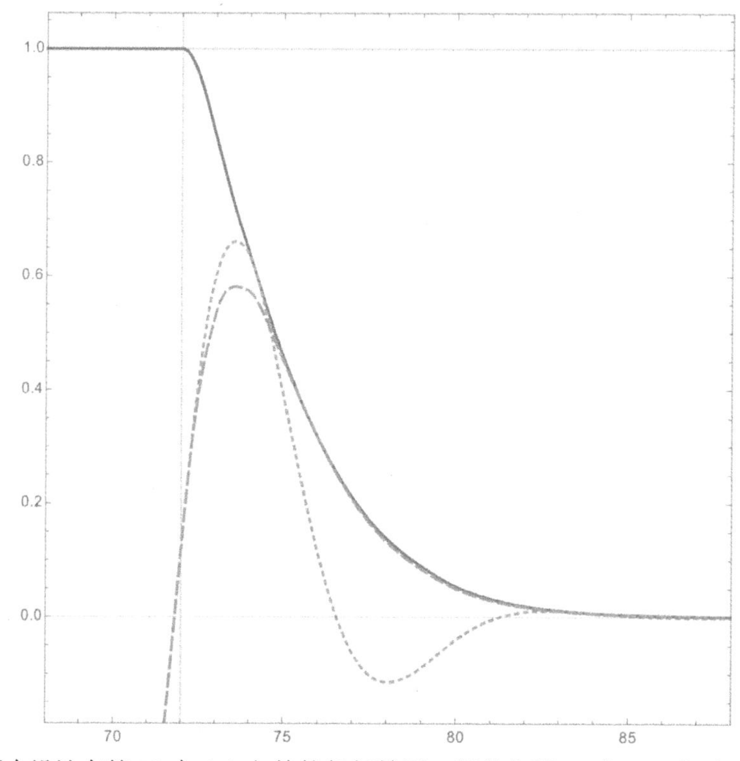

看不出两个设计在第 72 个 tick 之前的任何差别，但是在第 72 个 tick 之后，更早提出的设计（短虚线）经历了几次振荡才回到零点，而最后提出的设计（长虚线）在一小段振荡后逐渐减回到零点。Minecraft 认为，这种逐渐减回到零点的设计，要优于反复振荡的设计。

记住最终得到的四肢振荡角度的公式。马上就会用到这个公式：

```
pitch = A * limbSwingAmount * cos(ω * limbSwing + φ)
```

这里的 A 和 ω 通常会随生物和生物部位的不同而变化（不过大部分生物的 ω 都会取 0.6662），φ 通常只会取 0 和 π 这两个值。这两个值意味着最后计算得到的结果正好为相反数，从而表示相对立的运动，比如双臂及双腿的交错。

7.3.3 Minecraft 中的数学运算

我们终将使用到四则运算以外的数学运算，比如三角函数。Java 实际上已经将一些有一定复杂度的运算包装了起来，并让开发者通过调用一个名为 `java.lang.Math` 的类的静态方法的方式来完成这些运算。一些常用的运算包括三角函数（`sin`、`cos`、`tan`）和反三角函数（`asin`、`acos`、`atan`、`atan2`），对数函数（`log`、`log10`、`log1p`）和指数函数（`exp`、`expm1`），双曲函数（`sinh`、`cosh`、`tanh`），乘方开方（`pow`、`sqrt`、`cbrt`），取整（`ceil`、`floor`、`round`），绝对值（`abs`）等。`Math` 类本身还提供了两个常数，它们以静态字段的方式存储：圆周率（`PI`）和自然对数的底（`E`）。

Minecraft 中有很多地方需要用到数学运算，都是通过调用 `Math` 类的静态方法来完成的。不过，有些较为方便的运算，`java.lang.Math` 类本身没有提供，而有些运算，虽然 `Math` 类本身的计算结果足够精确，但是对于某些特定的硬件，计算起来不够迅速。

Minecraft 为这些特定的数学运算提供了一个名为 `net.minecraft.util.math.MathHelper` 的类。这个类收集了一些三角函数、反三角函数、平方根等运算的快速算法，以及一些数学运算的方便实现。在本书的后续章节将不断用到这个类中的静态方法。

7.3.4 控制模型的转动

Minecraft 会在合适的时机调用 `ModelBase` 类的 `setRotationAngles` 方法以使开发者借机设置生物模型的各个长方体部分的转动。我们需要覆盖这个方法，打开 `ModelDirtBallKing` 类，然后按 Ctrl+O 组合键。选中 `setRotationAngles` 方法，并按 Enter 键。

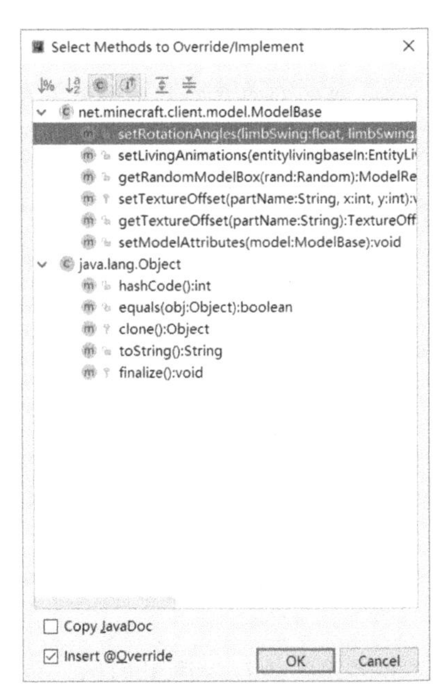

现在观察一下这个方法。这个方法一共有七个参数：

```
    @Override
    public void setRotationAngles(float limbSwing, float limbSwingAmount, float
ageInTicks,
    float netHeadYaw, float headPitch, float scaleFactor, Entity entityIn)
    {
        super.setRotationAngles(limbSwing, limbSwingAmount, ageInTicks, netHeadYaw,
headPitch, scaleFactor, entityIn);
    }
```

其中最后一个参数代表待渲染的实体，而倒数第二个参数代表长方体相对实体的体积大小，这两个参数我们目前都不会用到。剩下五个参数中，前三个参数是用于描述模型部分的摆动的，而第四个参数和第五个参数分别代表生物头部转动的 Pitch 和 Yaw。

把这个方法填上想要填写的内容：

```
    @Override
    public void setRotationAngles(float limbSwing, float limbSwingAmount, float
ageInTicks,
                                          float netHeadYaw, float headPitch, float
scaleFactor, Entity entityIn)
    {
        this.head.rotateAngleX = (float) (Math.PI / 180) * headPitch;
        this.head.rotateAngleY = (float) (Math.PI / 180) * netHeadYaw;
        this.rightLeg.rotateAngleX = MathHelper.cos(limbSwing * 0.6662F) *
limbSwingAmount * 1.25F;
        this.leftLeg.rotateAngleX = MathHelper.cos(limbSwing * 0.6662F + (float) Math.
PI) * limbSwingAmount * 1.25F;
    }
```

这里设置了土球王的大脑袋，以及两条腿。我们针对这个生物，取 A 为 1.25，ω 为 0.6662，两条腿的 φ 分别为 0 和 π。

现在打开游戏，然后推一下土球王，就可以看到它晃悠着的小短腿了。

7.3.5 小结

如果读者一步一步地照做下来，那么现在的项目应该有一个文件发生了一定程度的修改：

src/main/java/zzzz/fmltutor/client/model/ModelDirtBallKing.java

最后再简要总结一下这一部分：

- 归纳得到了生物头部转动和四肢摆动的方式，并得知前者由两个参数决定，后者由三个参数决定。
- 覆盖了 ModelBase 类的 setRotationAngles 方法，根据传入的五个参数，自定义生物模型不同部分的转动。

7.4 生物的行为逻辑

我们现在有了生物，但是它看起来死气沉沉的，自己不会动。需要想个办法使生物自己活动起来。

这一节将以怪物通常的攻击模式中的行为逻辑为例，介绍生物的人工智能（Artificial Intelligence），简称 AI，从而使生物自己动起来。

7.4.1 生物 AI 的执行方式

Minecraft 针对生物 AI 设计了相应的针对性的系统。这套系统通常包括生物的自发运动，比如游泳等。**一部分 AI 是互斥的**，比如一只羊不能同时游泳和吃草，一个僵尸不能同时追逐玩家和村民等。Minecraft 为解决互斥 AI 的问题，设计了**优先级**（Priority）的概念，当生物试图同时执行多个互斥的 AI 时，Minecraft 将只会保留优先级高的 AI 执行。在 Minecraft 代码中，优先级将用一个整数来表示，整数值越低，优先级越高。通常而言，在代码中将 0 作为最高优先级的对应值。

Minecraft 虽然会在每 tick **执行**（Execute）所有需要用到的 AI 算法，但并非所有的 AI 都会在每 tick 执行一次。Minecraft 的系统调度 AI 前会调用相应方法**检查**（Check）该 AI 是否可执行（比如生物只会在水中执行游泳相关的 AI）。如果相应 AI 算法拒绝在当前 tick 执行，或有更高优先级的互斥 AI 试图执行，那么该 AI 就会被**中断**（Interrupt），Minecraft 会在通知 AI 调用相应方法后停止执行。对于上一 tick 未执行的 AI 算法，Minecraft 会每过 3 个 tick 检查一次，对于上一 tick 已执行的算法，Minecraft 会在每 tick 检查一次。

大部分 AI 都会控制生物的动作，如身体移动，头部转动和身体姿态等。然而，对怪物而言，一部分 AI 将用于锁定攻击目标，这部分 AI 是单独的，和控制生物动作的 AI 是互不相干的，在稍后编写代码时能够看到。

7.4.2 为生物添加 AI

所有与生物 AI 相关的类，都是 `EntityAIBase` 的子类，其中 Minecraft 预置了大量可重复利用的子类，它们都在 `net.minecraft.entity.ai` 包下。前面提到生物的 AI 通常还会有优先级的区别，因此在为生物绑定 AI 的时候，除了提供 `EntityAIBase` 的实例，我们还要提供一个 `int` 类型的整数。绑定 AI 的整个过程是通过覆盖 `EntityLiving` 类的 `initEntityAI` 方法来完成的。

打开 `EntityDirtBallKing` 类，按 Ctrl+O 组合键，然后选择 `initEntityAI` 方法：

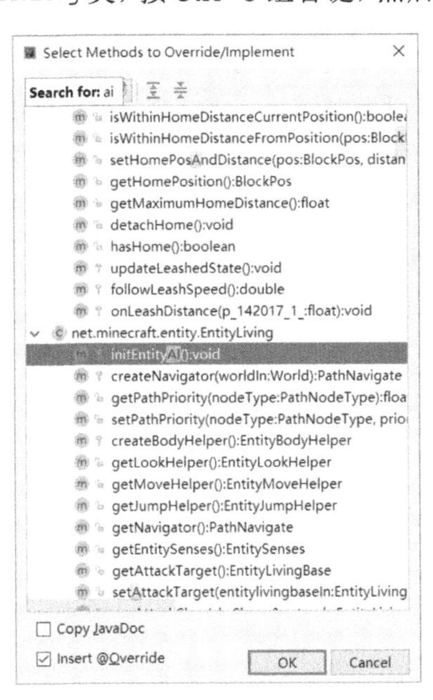

先绑定几个 AI：

```
@Override
protected void initEntityAI()
{
    this.tasks.addTask(0, new EntityAISwimming(this));
    this.tasks.addTask(1, new EntityAIAttackMelee(this, 1.0, false));
    this.tasks.addTask(2, new EntityAIWanderAvoidWater(this, 0.8));
    this.tasks.addTask(4, new EntityAIWatchClosest(this, EntityPlayer.class,
8.0F));
    this.tasks.addTask(5, new EntityAILookIdle(this));
}
```

到此已经绑定完要用的所有和控制生物动作有关的 AI 了。

调用了 tasks 字段对应值的 addTask 方法，并传入了优先级和 AI 本身。然后逐行展开说：

- this.tasks.addTask(0, new EntityAISwimming(this)); 在 Minecraft 中，游泳永远是优先级最高的。
- this.tasks.addTask(1, new EntityAIAttackMelee(this, 1.0, false)); 这代表的是怪物的攻击方式：近战攻击。怪物会移动到攻击目标处并在距离足够近的时候给予伤害。相应 AI 类的构造方法传入参数相对固定，第二个参数代表怪物移动到攻击目标时的相对速度，通常为 1.0，第三个参数通常填 false。
- this.tasks.addTask(2, new EntityAIWanderAvoidWater(this, 0.8)); 这代表的是怪物的日常行为：闲逛。类名中 AvoidWater 指的是怪物几乎不会在水中闲逛。构造方法的最后一个参数代表闲逛的相对速度，这里作者选择 0.8，代表比怪物打起精神攻击时的速度要慢 20%。读者在编写代码时可以酌情选择这一参数的值，不过参数的值应尽量保证在 1.0 左右。
- this.tasks.addTask(4, new EntityAIWatchClosest(this, EntityPlayer.class, 8.0F)); 这代表的是生物的日常行为：朝玩家看。构造方法的第二个参数代表生物会看向玩家，而第三个参数代表生物只会找 8.0 格之内的玩家，并朝玩家看。
- this.tasks.addTask(5, new EntityAILookIdle(this)); 这是这一生物优先级最低的行为了。如果生物执行这一 AI，那么这个生物将不会做任何有意义的事情，而只是将自己的目光随机地朝一个方向看着，这也是它优先级比较低的原因。

把数字 3 代表的优先级留下来。稍后会添加一个全新的自定义的 AI，这里暂时不影响。

现在打开游戏，已经可以注意到土球王会自由行走，并会转身了。然而，它不会对任何生物作出攻击，即使玩家在生存模式中攻击它，它也不会还手。

现在需要绑定锁定攻击目标的 AI。与控制生物动作不同，锁定攻击目标的 AI 需要调用 targetTasks 而非 tasks 字段对应值的方法。将其做成一个中立生物，只有当生物攻击它的时候，它才会还手：

```
@Override
protected void initEntityAI()
{
    this.tasks.addTask(0, new EntityAISwimming(this));
```

```
        this.tasks.addTask(1, new EntityAIAttackMelee(this, 1.0, false));
        this.tasks.addTask(2, new EntityAIWanderAvoidWater(this, 0.8));
        this.tasks.addTask(4, new EntityAIWatchClosest(this, EntityPlayer.class,
8.0F));
        this.tasks.addTask(5, new EntityAILookIdle(this));

        this.targetTasks.addTask(0, new EntityAIHurtByTarget(this, false));
    }
```

EntityAIHurtByTarget 代表该生物会将攻击它的生物设为攻击目标，而其构造方法的最后一个参数代表它在被攻击时是否会请求同伴支援。这里将这个参数设置为 false，设置为 true 的情况在 Minecraft 中也存在，一个典型的例子是僵尸猪人。

如果读者想要使怪物自动追踪玩家攻击，那么可以尝试 EntityAINearestAttackableTarget 类，读者可自己分析其具体使用方法。

现在打开游戏，尝试在生存模式中攻击土球王，来感觉土球王的愤怒。

7.4.3 自定义生物 AI

在自定义生物 AI 前，需要了解 Minecraft 会调用 EntityAIBase 的实例的以下方法用于检查、执行和通知中断：

- shouldExecute 方法是抽象方法，用于检查，该方法可能会在不同 tick 被调用多次。
- startExecuting 方法在检查通过后首先执行，通常用于一些准备工作，默认为空。
- resetTask 方法在由于检查失败等原因中断后执行，通常用于一些收尾工作，默认为空。
- updateTask 会在检查通过直到中断之间的每一个 tick 执行，用于执行真正的 AI 算法，默认为空。

作为演示，想要使土球王在运动的时候，把脚下的草方块换成泥土方块。需要做到以下两点。

- 检查：只有土球王脚下的方块是草方块时，AI 才应执行。在这里实现 shouldExecute 方法。
- 执行：将土球王脚下的方块替换成泥土方块。在这里覆盖 updateTask 方法。

整理一下并以嵌套类的方式在 EntityDirtBallKing 中定义一个 AIChangeGrassToDirt 类，并补充构造方法：

```
private static class AIChangeGrassToDirt extends EntityAIBase
{
    private final EntityDirtBallKing entity;

    private AIChangeGrassToDirt(EntityDirtBallKing entity)
    {
        this.entity = entity;
    }

    @Override
    public void updateTask()
```

```
        {
            BlockPos blockPos = new BlockPos(this.entity.posX, this.entity.posY - 0.2,
this.entity.posZ);
            this.entity.world.setBlockState(blockPos, Blocks.DIRT.getDefaultState());
        }

        @Override
        public boolean shouldExecute()
        {
            BlockPos blockPos = new BlockPos(this.entity.posX, this.entity.posY - 0.2,
this.entity.posZ);
            return this.entity.world.getBlockState(blockPos).getBlock() == Blocks.
GRASS;
        }
    }
```

首先为 blockPos 赋值。在之前的章节中已经提到过如何获取生物脚下的方块坐标，此处不再赘述。

在之前章节中也已用过 getBlockState 方法来获取世界中对应位置的方块。在这里用到的 setBlockState 方法是相辅相成的，用于设置世界中对应位置的方块。这两个方法分别返回和传入一个 IBlockState 接口的实例。

getBlock 方法用于将 IBlockState 转换成 Block，而 getDefaultState 方法用于将 Block 转换为其默认的 IBlockState。有关 Block 和 IBlockState 的关系，本书后续章节将会有更多讲解。

AI 类的实现也并不复杂。现在将这一 AI 的实例绑定到生物上，并为其设置优先级为 3：

```
@Override
protected void initEntityAI()
{
    this.tasks.addTask(0, new EntityAISwimming(this));
    this.tasks.addTask(1, new EntityAIAttackMelee(this, 1.0, false));
    this.tasks.addTask(2, new EntityAIWanderAvoidWater(this, 0.8));
    this.tasks.addTask(3, new AIChangeGrassToDirt(this));
    this.tasks.addTask(4, new EntityAIWatchClosest(this, EntityPlayer.class,
8.0F));
    this.tasks.addTask(5, new EntityAILookIdle(this));

    this.targetTasks.addTask(0, new EntityAIHurtByTarget(this, false));
}
```

现在打开游戏，将土球王放置在草地上，效果是立竿见影的。

7.4.4 小结

如果读者一步一步地照做下来，那么现在的项目应该有一个文件发生了一定程度的修改：

src/main/java/zzzz/fmltutor/entity/EntityDirtBallKing.java

最后再简要总结一下这一部分：

- 覆盖了 initEntityAI 这一方法，并在其中调用相应字段对应值的 addTask 方法添加 AI。

- 向 addTask 方法中传入了代表优先级的数字（数字越小优先级越高），以及 EntityAIBase 的实例。
- 针对锁定攻击目标和控制生物动作的不同，分别使用 targetTasks 和 tasks 这两个字段来添加 AI。
- 继承 EntityAIBase 实现了 AI，并通过四个方法了解到生物 AI 的检查、执行和通知中断等机制。

7.5　生物属性和数据同步

在 Minecraft 中，所有实体都要面临的一个问题，就是（逻辑）服务端到客户端的数据同步。这些数据包括但远不限于实体的名称、实体可见状态、实体是否在火中等，对生物来说，可能还有生命值、状态效果等特殊的数据。其中有一类数据相对稳定，并可能会随着生物手持物品、佩带盔甲等原因发生变化。这类数据通常以浮点数的形式存储，并由 Minecraft 的游戏系统单独管理，它们被称为**属性**（Attribute）。

由于定义属性本身和定义其他数据的做法有很多不同，因此在稍后将分开来介绍。

7.5.1　设置基础属性

所有通用的属性类型都位于 net.minecraft.entity.SharedMonsterAttributes 类下，以静态字段的方式呈现。

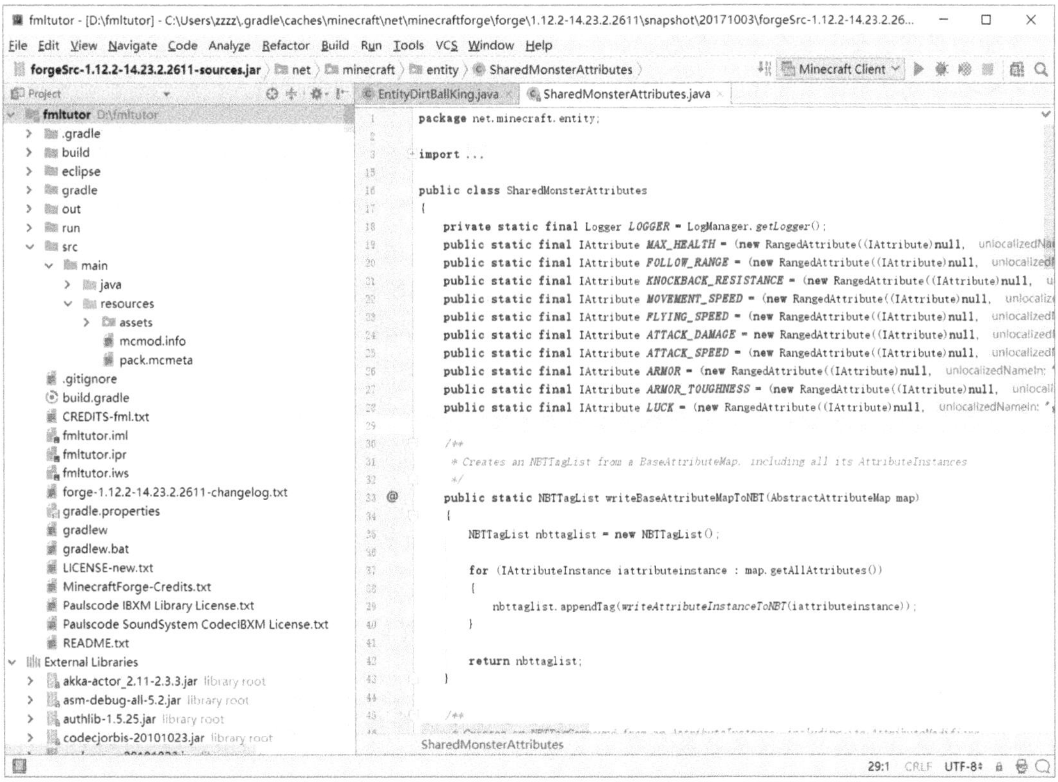

```
package net.minecraft.entity;

import ...

public class SharedMonsterAttributes
{
    private static final Logger LOGGER = LogManager.getLogger();
    public static final IAttribute MAX_HEALTH = (new RangedAttribute((IAttribute)null, unlocalizedNa
    public static final IAttribute FOLLOW_RANGE = (new RangedAttribute((IAttribute)null, unlocalized
    public static final IAttribute KNOCKBACK_RESISTANCE = (new RangedAttribute((IAttribute)null, u
    public static final IAttribute MOVEMENT_SPEED = (new RangedAttribute((IAttribute)null, unlocaliz
    public static final IAttribute FLYING_SPEED = (new RangedAttribute((IAttribute)null, unlocalized
    public static final IAttribute ATTACK_DAMAGE = new RangedAttribute((IAttribute)null, unlocalized
    public static final IAttribute ATTACK_SPEED = (new RangedAttribute((IAttribute)null, unlocalized
    public static final IAttribute ARMOR = (new RangedAttribute((IAttribute)null, unlocalizedNameIn: "
    public static final IAttribute ARMOR_TOUGHNESS = (new RangedAttribute((IAttribute)null, unlocali
    public static final IAttribute LUCK = (new RangedAttribute((IAttribute)null, unlocalizedNameIn: "

    /**
     * Creates an NBTTagList from a BaseAttributeMap, including all its AttributeInstances
     */
    public static NBTTagList writeBaseAttributeMapToNBT(AbstractAttributeMap map)
    {
        NBTTagList nbttaglist = new NBTTagList();

        for (IAttributeInstance iattributeinstance : map.getAllAttributes())
        {
            nbttaglist.appendTag(writeAttributeInstanceToNBT(iattributeinstance));
        }

        return nbttaglist;
    }

    /**
```

通过了解字段名称，能够大概知道各个属性的作用。通过覆盖 applyEntityAttributes 方法设置生物的基础属性值。比如把土球王的运动速度设置为0.3，攻击力设置为 3.0，再把基础血量设置为 25.0，并在 EntityDirtballKing 类中添加用于覆盖的方法。**记住在代码中首先调用父类的同一个方法**。代码如下：

```
    @Override
    protected void applyEntityAttributes()
    {
        super.applyEntityAttributes();
        this.getEntityAttribute(SharedMonsterAttributes.MAX_HEALTH).
setBaseValue(25.0);
        this.getEntityAttribute(SharedMonsterAttributes.ATTACK_DAMAGE).
setBaseValue(3.0);
        this.getEntityAttribute(SharedMonsterAttributes.MOVEMENT_SPEED).
setBaseValue(0.3);
    }
```

getEntityAttribute 方法的返回值，是 net.minecraft.entity.ai.attributes.IAttributeInstance 接口的实例。这一接口有一个名为 setBaseValue 的方法，用于设置生物的基础属性值。稍后还可以看到这一接口的更多方法。

7.5.2 设置附加属性

我们不希望生物的属性值是一成不变的，而希望它能够随着生物的变化而变化。虽然可以通过重新调用 setBaseValue 方法来修改属性值，但实际上这并不是推荐的行为。可以通过为生物添加**属性修饰符**（Attribute Modifier）以达成修改属性值的目的。

生物属性值变化分为两种情况：

- 在生物状态发生变化的时候使某些属性值发生变化，比如僵尸猪人被激怒时移动速度会变快等。
  - 这种变化是相对固定的，一般不太会出现随机浮动。
  - 对同一种变化而言，无法对同一个生物应用多次。
  - 这种变化不应在游戏关闭的时候保存到世界存档中。
- 在实体出生的时候随机赋予一个属性值的变化，比如血量上下浮动等。
  - 这种变化是相对灵活的，一般经常会出现随机浮动。
  - 这种变化需要在游戏关闭的时候保存到世界存档中。

对第一种情况而言，需要一个相对稳定的标识符以标记属性修饰符。在 Minecraft 中采用 UUID 的形式进行标记，使得同一个生物无法对同一种属性应用两个 UUID 相同的属性修饰符。对第二种情况而言，虽然 Minecraft 也需要使用 UUID 标记，但是这里的 UUID 大可在使用的时候随机生成。对是否保存到世界存档中而言，Minecraft 提供了一个名为 setSaved 的方法决定，稍后就能看到这一方法是如何使用的。

先试着实现第一种情况。希望土球王在追逐玩家的时候，其速度会上升 50%。需要在土球王确定攻击目标的时候添加或移除一个属性。

首先需要使用第三方软件生成一个 UUID，并指定成静态字段备用。

```
    private static final UUID SPEED_BOOST = UUID.fromString("707f7535-349a-4613-b33f-
4a5eaf4d0ed7");
```

请不要使用和本书上面代码生成的 UUID 完全相同的 UUID。

现在需要找到一个方法，它会在土球王设置攻击目标的时候被调用。很快就能找到一个名为 `setAttackTarget` 的 Setter 来覆盖这个方法：

```
    @Override
    public void setAttackTarget(EntityLivingBase entity)
    {
        super.setAttackTarget(entity);
        IAttributeInstance attribute = this.getEntityAttribute(SharedMonsterAttribut
es.MOVEMENT_SPEED);
        if (entity == null)
        {
            attribute.removeModifier(SPEED_BOOST);
        }
        else if (attribute.getModifier(SPEED_BOOST) != null)
        {
            attribute.applyModifier(new AttributeModifier(SPEED_BOOST, "Speed boost",
0.5, 2).setSaved(false));
        }
    }
```

在这个 Setter 设置的生物为 `null` 时移除了 UUID 为 `SPEED_BOOST` 的修饰符，而在生物不为 `null`，同时没有 UUID 为 `SPEED_BOOST` 的修饰符时调用 `AttributeModifier` 的四个参数的构造方法，生成了新的修饰符，调用了 `setSaved` 方法以标记其不会被保存到世界存档中，最后应用到了生物身上。

`AttributeModifier` 的这一构造方法的第一个参数是 UUID，第二个参数是修饰符的描述（通常是英文），第三个参数是修饰符的具体数值（50%），第四个参数是什么呢？`AttributeModifier` 的这一构造方法的第四个参数代表修饰符的种类，有 0、1、2 共三种：

- 标记为 0 的种类代表绝对数量的叠加，比如有两个修饰符，它们的具体数值分别是 5 和 2，那么对于 20 这一基础值而言，最后的结果是：$20 + 5 + 2 = 27$。
- 标记为 1 的种类代表相对数量的叠加，比如有两个修饰符，它们的具体数值分别是 0.5 和 0.2，那么对于 20 这一基础值而言，最后的结果是：$20 \times (1 + 0.5 + 0.2) = 34$。
- 标记为 2 的种类同样代表相对数量的叠加，只不过使用的是复利计算模式，比如对于具体数值分别为 0.5 和 0.2 的两个修饰符，20 这一基础值对应的最后结果是：$20 \times (1 + 0.5) \times (1 + 0.2) = 36$。

对于生物，0 和 2 这两个种类是比较常用的。在这里使用了 2 对应的模式，那么土球王在添加这一修饰符后的移动速度，从 0.3 变成了 0.45。

接下来实现第二种情况。Minecraft 会在生物出生的时候调用 `onInitialSpawn` 方法。现在覆盖这一方法，然后添加一个针对血量随机变化的修饰符：

```
    @Override
    public IEntityLivingData onInitialSpawn(DifficultyInstance difficulty,
IEntityLivingData data)
    {
```

```
        IAttributeInstance attribute = this.getEntityAttribute(SharedMonsterAttribut
es.MAX_HEALTH);
        attribute.applyModifier(new AttributeModifier("Health boost", this.rand.
nextInt(6), 0));
        return super.onInitialSpawn(difficulty, data);
    }
```

在这里使用的 AttributeModifier 方法只有三个参数，和四个参数的构造方法相比，第一个参数被省略了，使用的是随机的 UUID。在构造方法中，使用了标记为 0 的修饰符种类，并调用了 rand 字段的 nextInt 方法以获取一个可能在 [0, 1, 2, 3, 4, 5] 中的随机数，以保证最大血量位于 25 和 30 之间。没有调用 setSaved 方法，因为在默认情况下修饰符是保存到世界存档中的。

rand 字段返回的是 java.util.Random 的实例，这个类有若干 next 开头的方法用于返回不同类型的随机数，常见的有：

- 无参数的 nextInt 方法返回一个在 int 的最大值和最小值间所有可能取值均匀分布的 int 类型整数。
- 有一个整数 n 作为参数的 nextInt 方法返回一个介于 [0, n) 之间，均匀分布的 int 类型整数。
- nextLong 方法返回一个在 long 的最大值和最小值间所有可能取值均匀分布的 long 类型整数。
- nextBoolean 方法返回一个有一半概率为 true，另一半概率为 false 的布尔值。
- nextDouble 方法返回一个介于 [0, 1) 之间，均匀分布的 double 类型整数。
- nextFloat 方法返回一个介于 [0, 1) 之间，均匀分布的 float 类型整数。
- nextGaussian 方法返回一个服从标准正态分布的 double 类型整数。

onInitialSpawn 方法有一个返回值，可以直接使用父类方法的返回值。

7.5.3 添加额外数据

属性本身作为生物的附加数据，是远远不够的——因为它只能用于表示数字的场合。实体本身存储的数据是多种多样的，比如可以是布尔值（是否可见）、字符串或者 Minecraft 的文本格式（自定义名称），也可以是一个物品、一个方块，甚至只是一个纯粹的 NBT 标签。其中，大部分数据都是需要自动在客户端和服务端之间同步的。

在 Minecraft 中，这种自动同步大多由 net.minecraft.network.datasync.EntityDataManager 类管理。每个实体都内含一个 EntityDataManager 的实例，并在初始化的时候添加需要同步的数据及其初始值。当然，获取和设置值的工作也是通过 EntityDataManager 来完成的。不同的数据会通过不同的 net.minecraft.network.datasync.DataParameter 加以识别。

为土球王的外观添加两个变种，这两个变种可以通过添加两张不同的材质得到：

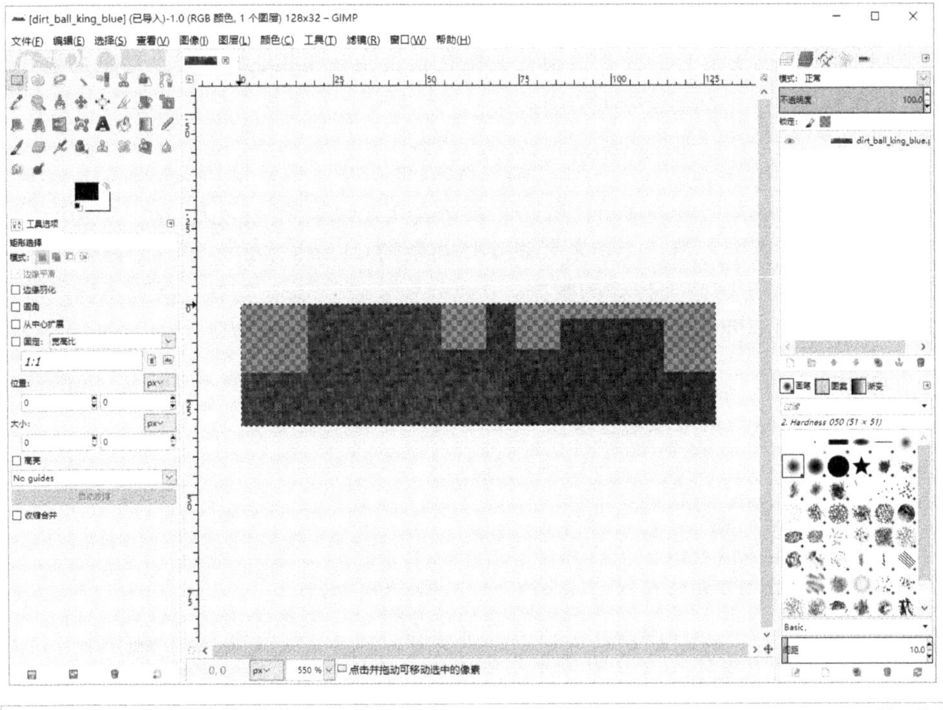

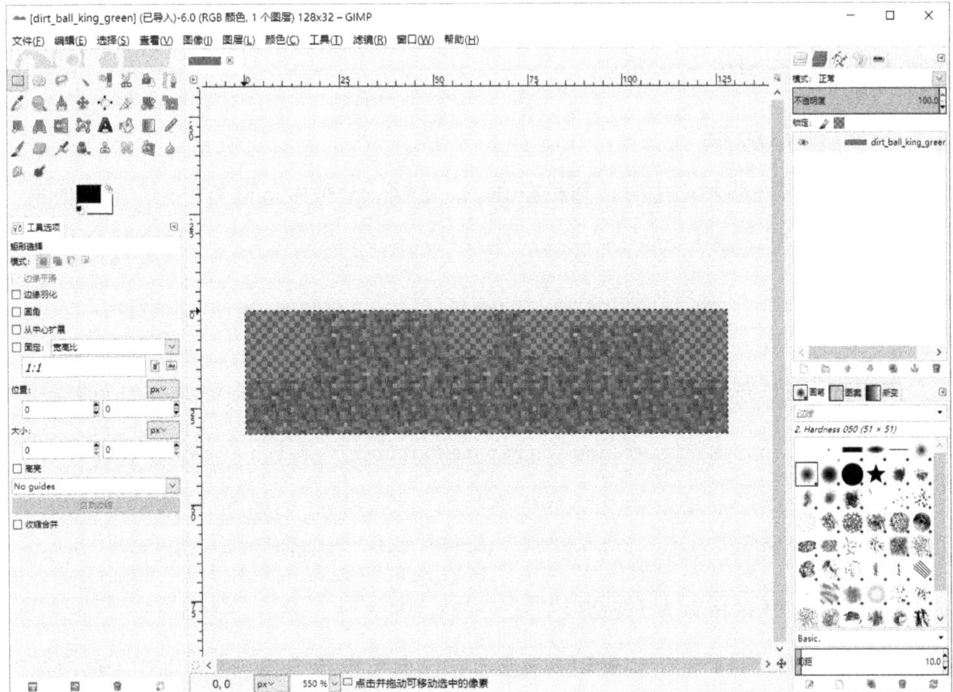

将两个材质分别存放在 assets/fmltutor/textures/items 目录下，并分别取名为 dirt_ball_king_blue.png 和 dirt_ball_king_green.png 待用。

现在需要一个数据来描述土球王是红色的、绿色的还是蓝色的。使用一个 byte 来标记：当值为 2 时土球王为蓝色，值为 1 时土球王为绿色，值为 0 和其他情况时土球王为最开始设计的红色。现在创建一个 DataParameter：

```
private static final DataParameter<Byte> COLOR =
        EntityDataManager.createKey(EntityDirtBallKing.class, DataSerializers.BYTE);
```

调用 EntityDataManger 的名为 createKey 的静态方法生成了一个 DataParameter，其中，第一个参数代表实体类型的 Class 实例，第二个参数代表它应被如何映射到一串可以在网络上传输的数据。DataSerializers 类有一系列不同的静态字段可以使用，分别代表不同的数据类型，这里选用了代表 byte 的参数。

DataParameter 是静态字段，因此需要在实体初始化的某个阶段注册 DataParameter，这通常可以通过覆盖 entityInit 方法来实现：

```
@Override
protected void entityInit()
{
    super.entityInit();
    this.getDataManager().register(COLOR, (byte) 0);
}
```

getDataManager 方法的返回值，正是 EntityDataManger 的实例，其 register 方法有两个参数，第一个参数是 DataParameter，第二个参数是 DataParameter 针对该实体的默认值。由于 Java 并不提供 byte 类型的字面量，因此我们使用的是 int 类型的字面量并强制转换到 byte 类型的字面量。

7.5.4 读写额外数据

作为示例，可以在生物出生时，随机在 0、1、2 这三个值中选取其中一个值。要再一次用到 onInitialSpawn 方法：

```
@Override
public IEntityLivingData onInitialSpawn(DifficultyInstance difficulty,
IEntityLivingData data)
{
    IAttributeInstance attribute = this.getEntityAttribute(SharedMonsterAttribut
es.MAX_HEALTH);
    attribute.applyModifier(new AttributeModifier("Health boost", this.rand.
nextInt(6), 0));

    this.getDataManager().set(COLOR, (byte) this.rand.nextInt(3));

    return super.onInitialSpawn(difficulty, data);
}
```

由于我们通过修改材质的方式展现不同数据，因此可以新添加一个辅助作为读取数据的方法，并写进 EntityDirtBallKing 类：

```
public byte getColor()
{
    return this.getDataManager().get(COLOR);
}
```

上面的代码都很简单，只用到了 EntityDataManger 类的 get 和 set 两个方法，这两个方法的含义都是显而易见的。

现在需要在渲染类中体现这一点。重写 RenderDirtBallKing 类：

```
package zzzz.fmltutor.client.renderer;

import net.minecraft.client.renderer.entity.RenderLiving;
import net.minecraft.client.renderer.entity.RenderManager;
import net.minecraft.entity.Entity;
import net.minecraft.util.ResourceLocation;
import zzzz.fmltutor.FMLTutor;
import zzzz.fmltutor.client.model.ModelDirtBallKing;
import zzzz.fmltutor.entity.EntityDirtBallKing;

public class RenderDirtBallKing extends RenderLiving
{
    private static final ResourceLocation ENTITY_DIRT_BALL_KING_TEXTURE = new
ResourceLocation(
            FMLTutor.MODID + ":textures/entity/" + EntityDirtBallKing.ID + "/" +
EntityDirtBallKing.ID + ".png");
    private static final ResourceLocation ENTITY_DIRT_BALL_KING_BLUE_TEXTURE =
new ResourceLocation(
            FMLTutor.MODID + ":textures/entity/" + EntityDirtBallKing.ID + "/" +
EntityDirtBallKing.ID + "_blue.png");
    private static final ResourceLocation ENTITY_DIRT_BALL_KING_GREEN_TEXTURE =
new ResourceLocation(
            FMLTutor.MODID + ":textures/entity/" + EntityDirtBallKing.ID + "/" +
EntityDirtBallKing.ID + "_green.png");

    public RenderDirtBallKing(RenderManager manager)
    {
        super(manager, new ModelDirtBallKing(), 0.8F);
    }

    @Override
    protected ResourceLocation getEntityTexture(Entity entity)
    {
        byte color = ((EntityDirtBallKing) entity).getColor();
        if (color == 2)
        {
            return ENTITY_DIRT_BALL_KING_GREEN_TEXTURE;
        }
        if (color == 1)
        {
            return ENTITY_DIRT_BALL_KING_BLUE_TEXTURE;
        }
        return ENTITY_DIRT_BALL_KING_TEXTURE;
    }
}
```

指定了三个静态字段，分别用于三种不同的材质，然后在 getEntityTexture 方法中，把 Entity 强制类型转换为 EntityDirtBallKing，并调用刚刚新添加的 getColor 方法，根据它的返回值决定到底应该采用哪种材质。

现在打开游戏，输入下面的指令来多生成几个实体，应该就能看到材质的变化了：

```
/summon fmltutor:dirt_ball_king
```

7.5.5 将额外数据写入存档

与属性不同，**Minecraft 默认不会将额外数据和存档交互**，因此开发者需要手动完成将数据写入存档，以及将数据从存档读入这两项操作。这两项操作又称为**序列化**（Serialization）和**反序列化**（Deserialization）。在 Minecraft 中几乎所有序列化和反序列化的目标都是 NBT 标签。对于实体，序列化和反序列化的操作是通过覆盖 readEntityFromNBT 和 writeEntityToNBT 方法来完成的。现在覆盖这两个方法：

```
@Override
public void writeEntityToNBT(NBTTagCompound compound)
{
    super.writeEntityToNBT(compound);
    compound.setByte("Color", this.getDataManager().get(COLOR));
}

@Override
public void readEntityFromNBT(NBTTagCompound compound)
{
    super.readEntityFromNBT(compound);
    this.getDataManager().set(COLOR, compound.getByte("Color"));
}
```

NBTTagCompound 类代表的是 NBT 复合标签，有若干方法用于读写其中某个 ID 对应的值，比如在上述代码中用到的 getByte 和 setByte。这两个方法的作用也很明显，writeEntityToNBT 方法在已有的 NBT 复合标签的基础上，缀加了一个 ID 为 Color 的标签，其对应值正是对应的额外数据值，而 readEntityFromNBT 方法所做的，是在读取已有标签的基础上的，额外读取 ID 为 Color 的标签的对应值，并写入额外数据中。

现在打开游戏，可以试试以下几个命令检查序列化和反序列化是否正常工作了：

```
/entitydata @e[type=fmltutor:dirt_ball_king] {Color: 0b}
/entitydata @e[type=fmltutor:dirt_ball_king] {Color: 1b}
/entitydata @e[type=fmltutor:dirt_ball_king] {Color: 2b}
```

所有和添加额外数据有关的工作到这里都已经全部完成了。

7.5.6 泛型类

重新审视一下 RenderDirtBallKing 的 getEntityTexture 方法的第一行：

```
byte color = ((EntityDirtBallKing) entity).getColor();
```

在这里把一个 Entity 类型的实例，强制转换成了 EntityDirtBallKing 类型的实例。之所以能够直接强制类型转换，而不用担心报错，是因为知道传入 getEntityTexture 方法的 entity，永远是 EntityDirtBallKing 类型的。

那为什么不直接把这一方法的参数声明成 EntityDirtBallKing 类型呢？来试试看：

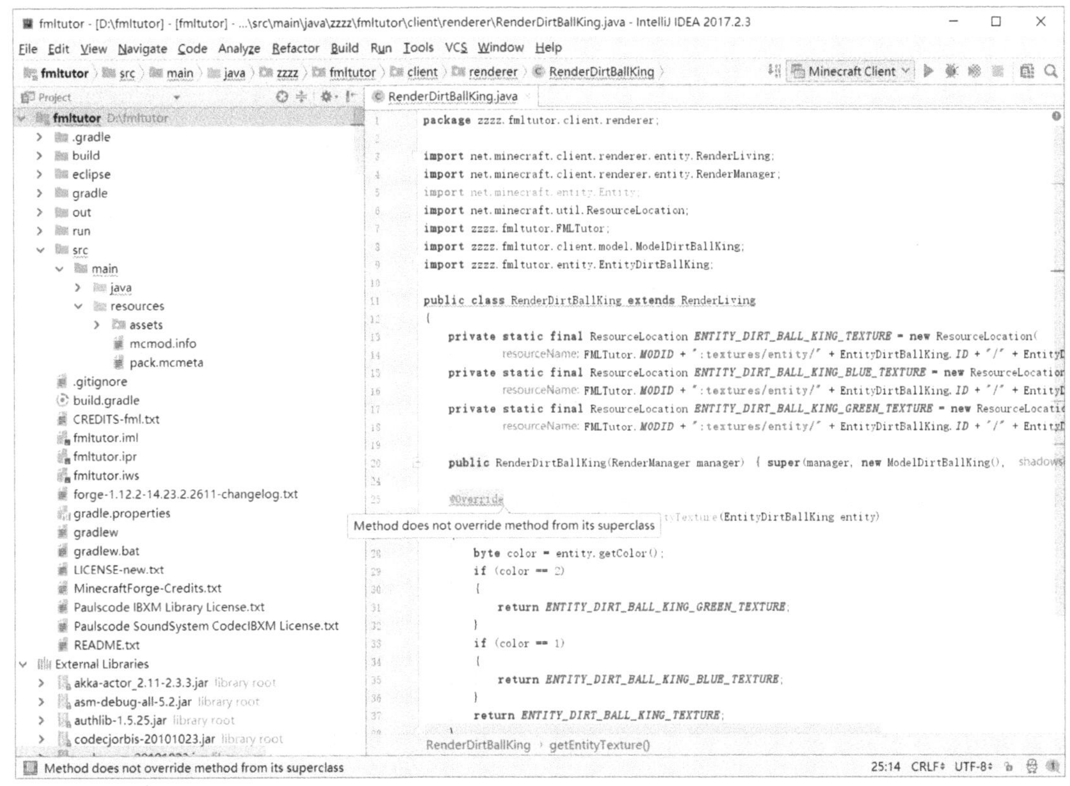

很快得到一个报错：根本没有覆盖父类的方法。这是为什么呢？因为如果要覆盖父类的方法，则必须保证**被覆盖的方法参数个数和每个参数的类型都是一致的**。父类用的不可能是 `EntityDirtBallKing` 类型，所以不能这么做。

有没有可能两者兼得呢？换言之，需要告诉父类：这里用到的是 `EntityDirtBallKing`，已经不是 `Entity` 了，希望能够覆盖的方法参数是 `EntityDirtBallKing`，再换一种说法，要使 `RenderLiving` 类对应的具体类型，随 `Entity` 类型的变化而变化。

这种使一个类的对应类型随着另一个类型本身的变化而变化的技术，在 Java 中称为**泛型类**（Generic Class）。泛型类的对应类型通过在后面添加一对尖括号的方式来表示，这里应该是 `RenderLiving<EntityDirtBallKing>`，尖括号内可以只声明一个类型，也可以声明多个类型，这些声明的集合被称为**泛型参数**（Generic Parameter）。

与泛型类类似，Java 中还可以声明**泛型接口**（Generic Interface）。**Java 目前无法安全声明泛型数组**。

既然泛型类和普通类有所不同，也可以看看泛型类是如何声明的：

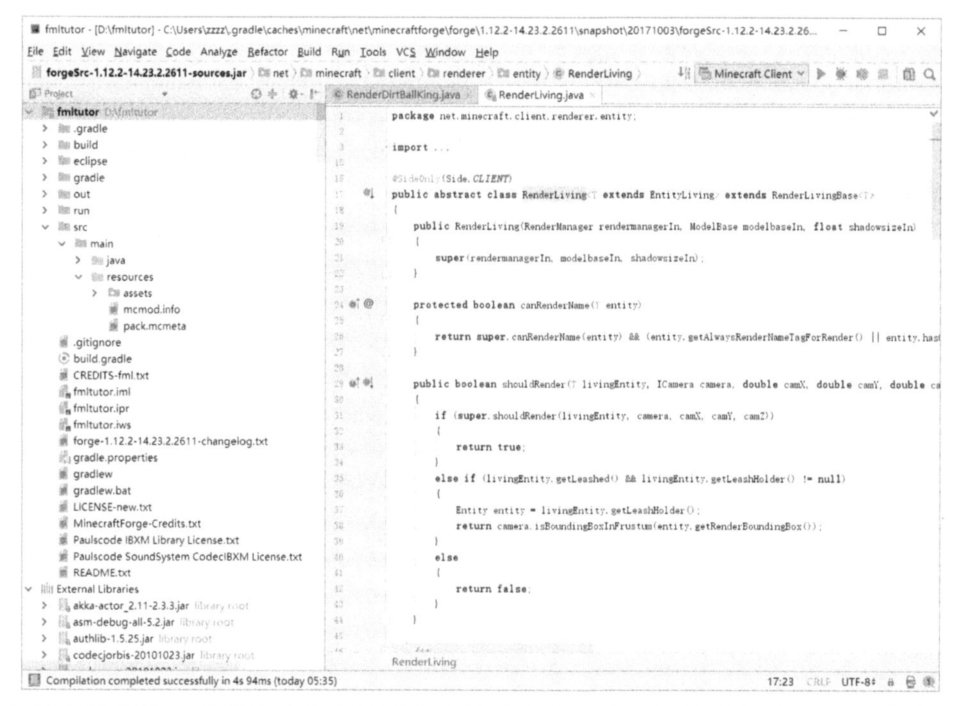

与普通类相比，泛型类的声明并无非常特殊之处，唯一的区别在于 class 的类名后，紧跟着的是泛型参数的声明。泛型参数按惯例会使用 T、S 这样的大写字母表示，后面的 extends 代表泛型参数必须是一个类型的子类型，如果没有 extends，则默认为 Object 的子类型，也就是所有的引用类型。

泛型类和普通类均可相互继承，上图中显示的，就是一个泛型类继承另一个泛型类的一种形式。RenderLivingBase 类同时还是 Render 类的子类，因此泛型类最后延伸到了 Render 类：

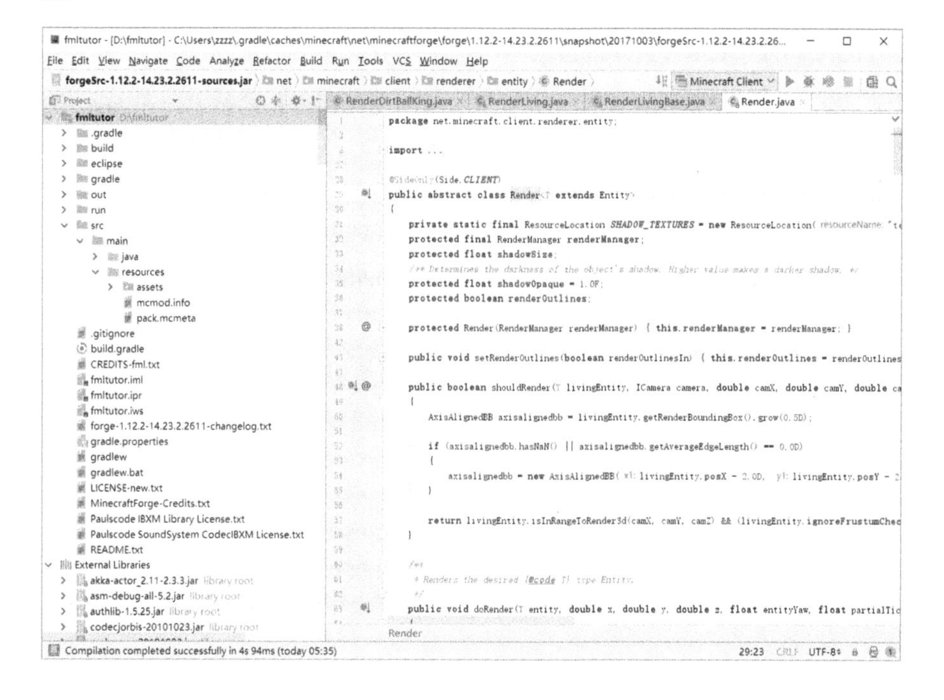

getEntityTexture 方法是实现的 Render 类的某个抽象方法，我们看一看这个方法的声明：

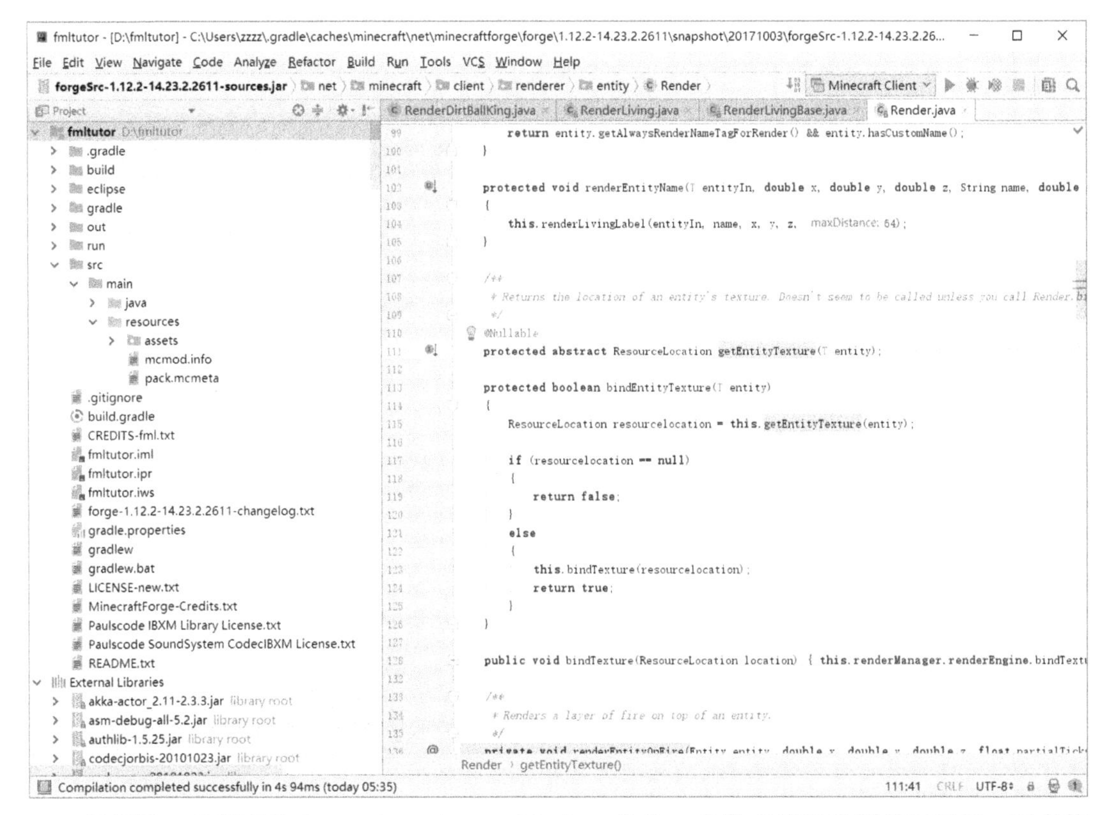

很明显，只需要传入 EntityDirtBallKing 作为 T 参数对应的类型就可以了。现在修改一下 RenderRenderDirtBallKing 类的声明：

```
public class RenderDirtBallKing extends RenderLiving<EntityDirtBallKing>
```

然后是 getEntityTexture 方法的声明：

```
@Override
protected ResourceLocation getEntityTexture(EntityDirtBallKing entity)
```

现在没有报错了，也不再需要强制类型转换了。现在把鼠标指针移动到强制类型转换处，可以发现 EntityDirtBallKing 变灰了，随之而来的还有一条警告：

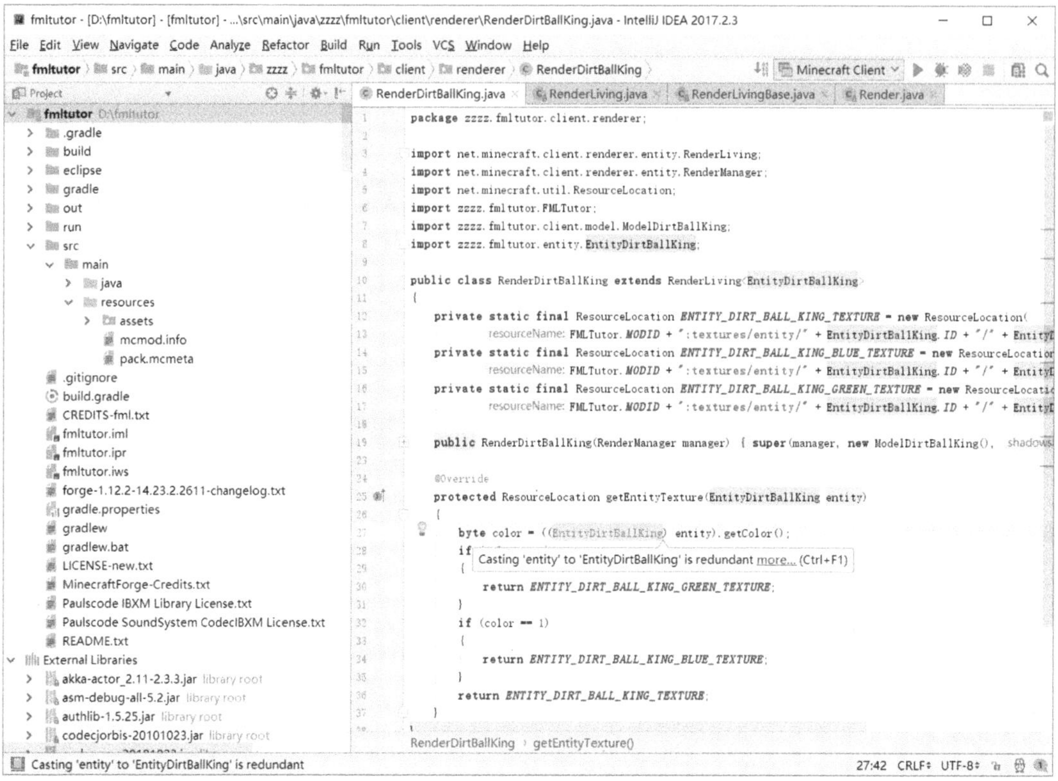

这时只要按 Alt+Enter 组合键，再按 Enter 键就可以把不必要的强制类型转换去掉了。

7.5.7　泛型方法

在泛型类之外，Java 还提供了**泛型方法**（Generic Method），用于在特定场合提供额外的类型信息。以 EntityDataManager 和 DataParameter 为例，会注意到 EntityDataManager 方法提供了 get、set 和 register 三个方法，每个方法都会传入一个 DataParameter。DataParameter 本身是一个泛型类，有一个类型参数代表额外数据的类型。如果不考虑泛型，那么会如何声明 get、set 和 register 这三个方法呢？

```
public Object get(DataParameter key)
public void set(DataParameter key, Object value)
public void register(DataParameter key, Object value)
```

由于根本不知道 value 可能是什么类型，它可能是任何类型，只不过会随着 DataParameter 的变化而变化，因此只能将它声明为 Object，然后使用强制类型转换等方式得到想要的值，代码可能是以下这种形式：

```
public byte getColor()
{
    return (byte) this.getDataManager().get(COLOR);
}
```

但实际上知道 value 是什么类型的，value 的类型理应和 DataParameter 的泛型参数相同。我们希望声明一个类型参数 T，它既要保证和 DataParameter 的泛型参数一致，又要保证和 value 的类型一致。换言之，希望把代码写成这种形式：

```
public <T> T get(DataParameter<T> key)
```

```java
public <T> void set(DataParameter<T> key, T value)
public <T> void register(DataParameter<T> key, T value)
```

这实际上就是泛型方法的声明形式了。泛型方法的泛型参数声明同样位于一对尖括号中间，同时位于访问修饰符和返回值类型的声明之间。

现在如果向 `get` 方法传入的参数是 `DataParameter<Byte>` 类型，就能够保证，方法的返回值是 `Byte` 类型，也能够得到一个 `byte`。因此，根本不需要任何强制类型转换。

7.5.8 装箱和拆箱

在这一节的内容中，使用了 `byte` 和 `Byte` 来代表字节类型：虽然它们看起来只有首字母大小写的差别，但本质上它们是截然不同的。其中，`byte` 是八种基本数据类型的一种，属于值类型，而 `Byte` 的全称是 `java.lang.Byte`，事实上是一个类，属于引用类型。实际应用上来说，除 `Byte` 的值可以是 `null` 外，这两个类型几乎没有任何不同。那么，为什么 Java 要为在功能上几乎一模一样的东西，建立两种类型呢？

`byte` 和 `Byte` 在底层执行时候有一些细微的差异，不过更具体的细节，超出了本书的范围。就 Java 本身而言，一个直接的原因是：**Java 不允许基本数据类型作为泛型参数**。因此，在涉及基本数据类型的时候，需要将其包装成一个类的实例对象，这种行为被称为**装箱**（Boxing），而反过来，从一个对象中取得对应基本数据类型的值的行为，被称为**拆箱**（Unboxing）。

装箱通过调用名为 `valueOf` 的静态方法来实现：

```java
public Byte box(byte b)
{
    return Byte.valueOf(b);
}
```

对拆箱来说，我们能够找到一个名为 `byteValue` 的方法。通过调用这个方法拆箱：

```java
public byte unbox(Byte b)
{
    return b.byteValue();
}
```

其他基本数据类型对应的类也是存在的，它们分别是：`Short`、`Integer`、`Long`、`Float`、`Double`、`Character` 和 `Boolean`。八个类均有名为 `valueOf` 的静态方法用于装箱，并有对应的方法用于拆箱，如 `shortValue`、`intValue`、`longValue`、`floatValue`、`doubleValue`、`charValue` 和 `booleanValue` 等。此外，Java 也提供了 `Void` 类和 `void` 记号对应，只有 `null` 可以标记为 `Void` 类型。因此，`getColor` 方法应该写成这种形式：

```java
public byte getColor()
{
    return this.getDataManager().get(COLOR).byteValue();
}
```

但是实际上没有写 `byteValue` 方法，这是为什么呢？从 Java 5 开始，Java 提供了**自动装箱拆箱**（Auto Boxing and Unboxing）的特性。该特性可以自动将八种基本数据类型转换成对应的类，或者反过来将特定的类转换成基本数据类型。换言之，以下代码都是合法的，不会报错：

```java
Byte b1 = (byte) 0;
byte b2 = b1;
Byte b3 = b2;
```

这三行代码和以下三行代码等价：

```
Byte b1 = Byte.valueOf((byte) 0);
byte b2 = b1.byteValue();
Byte b3 = Byte.valueOf(b2);
```

7.5.9 小结

如果读者一步一步地照做下来，那么现在读者的项目应该较上次多出了两个文件：

src/main/resources/assets/fmltutor/textures/entity/dirt_ball_king/dirt_ball_king_blue.png

src/main/resources/assets/fmltutor/textures/entity/dirt_ball_king/dirt_ball_king_green.png

同时以下文件发生了一定程度的修改：

src/main/java/zzzz/fmltutor/entity/EntityDirtBallKing.java

src/main/java/zzzz/fmltutor/client/renderer/RenderDirtBallKing.java

最后再简要总结一下这一部分：

- 覆盖了 applyEntityAttributes 并设置了生物属性的基础值。
- 通过添加 AttributeModifier 的方式使生物属性的值发生变化。
- 通过随机生成 UUID 添加出生后便不会发生变化的 AttributeModifier。
- 通过指定固定 UUID 添加动态变化的 AttributeModifier，并调用 setSaved 方法传入 false 保证其不会保存。
- 通过调用 EntityDataManager 的 createKey 方法新建了一个 DataParameter 以代表额外数据。
- 覆盖 entityInit 方法，调用 EntityDataManager 的 register 方法注册额外数据。
- 通过调用 EntityDataManager 的 get 和 set 两个方法读写额外数据。
- 覆盖了 readEntityFromNBT 和 writeEntityToNBT 两个方法以通过世界存档存取额外数据。
- 覆盖了 onInitialSpawn 方法以在生物出生的时候设置属性及额外数据，并使用 Random 类的实例提供一定随机性。

7.6 生物的世界生成

我们知道不管是动物还是怪物，都会在世界上大量生成，本节将着重介绍在世界上生成生物的方法。

7.6.1 使用刷怪蛋生成

使用刷怪蛋生成可能是生物生成中比较简单的一种了，因为 EntityEntryBuilder 类提供了名为 egg 的链式调用方法。我们在 EntityRegistryHandler 类中追加调用这个方法：

```
public static final EntityEntry DIRT_BALL_KING =
        EntityEntryBuilder.create().entity(EntityDirtBallKing.class)
                .id(EntityDirtBallKing.ID, 0).name(EntityDirtBallKing.NAME).
```

```
tracker(80, 3, true)
                .egg(0x998051, 0x402722).build();
```

egg方法的第一个参数代表刷怪蛋的主颜色，第二个参数代表刷怪蛋上斑点的颜色，读者可以根据自己的喜好自行调整颜色。

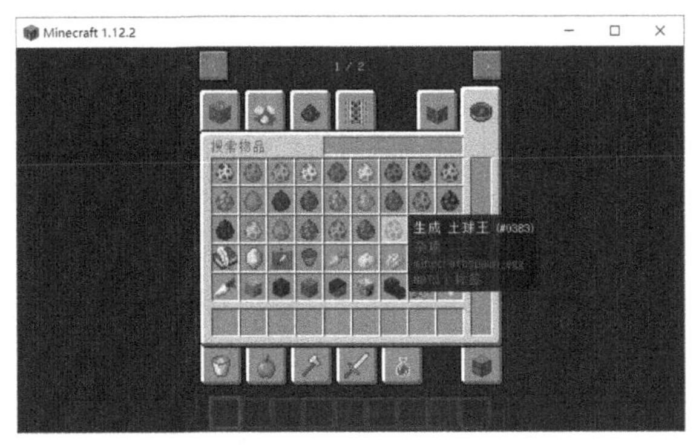

设置后打开游戏，就能立刻看到效果了。

7.6.2　在特定生物群系自然生成

首先指定一组生物群系，作为希望生物生成的生物群系。我们希望土球王在平原生成，因此锁定这四个生物群系：平原（Plains，minecraft:plains）、热带草原（Savanna，minecraft:savanna）、热带高原（Savanna Plateau，minecraft:savanna_rock）及向日葵平原（Sunflower Plains，minecraft:mutated_plains）。所有代表生物群系的对象都是net.minecraft.world.biome.Biome类的实例，对原版而言，都可以在net.minecraft.init.Biomes类中找到。

将一个包含这四个生物群系的数组以静态不可变字段的方式存储在EntityDirtBallKing中，以便后续代码调用：

```
public static final Biome[] BIOMES = new Biome[] {Biomes.PLAINS, Biomes.SAVANNA,
Biomes.SAVANNA_PLATEAU, Biomes.MUTATED_PLAINS};
```

EntityEntryBuilder 类提供了名为 spawn 的链式调用方法，用于指定生物会在哪几个生物群系中生成。调用这个方法：

```
public static final EntityEntry DIRT_BALL_KING =
        EntityEntryBuilder.create().entity(EntityDirtBallKing.class)
                .id(EntityDirtBallKing.ID, 0).name(EntityDirtBallKing.NAME).
tracker(80, 3, true)
                .egg(0x998051, 0x402722).spawn(EnumCreatureType.MONSTER, 5, 4,
4,EntityDirtBallKing.BIOMES).build();
```

- spawn 方法的第一个参数决定自然生成的类型，自然生成的类型是枚举类型，有 MONSTER（刷怪）、CREATURE（动物）、AMBIENT（飞行生物）和 WATER_CREATURE（水生动物）四个实例。
- spawn 方法的第二个参数决定自然生成的权重，这个值越大，优先生成该生物的机率就越高。
- spawn 方法的第三个参数和第四个参数决定一次性生成的最少和最多生物数量。
- spawn 方法的最后是一组变长参数，每个参数都应是 Biome 类的实例。不过，由于可以直接传递一个 Biome 数组过去，因此引用了刚定义的数组。

这里给出一个部分 Minecraft 原版生物的生成权重、一次性生成的最小数量和最大数量表，以帮助大家确定对应参数的数量级。注意部分生物只能在特定生物群系生成，比如蝙蝠等生物能够在森林等较常见的生物群系生成，而北极熊这样的生物则对生物群系的选择有特殊的要求：

生　物	蜘蛛	流浪者	尸壳	女巫	豹猫	鹦鹉	羊
生成权重	100	80	80	5	2	40	12
最小数量	4	4	4	1	1	1	4
最大数量	4	4	4	1	1	2	4
生　物	猪	鸡	哞菇	牛	北极熊	蝙蝠	鱿鱼
生成权重	10	10	8	8	1	10	10
最小数量	4	4	4	4	1	8	4
最大数量	4	4	8	4	2	8	4

7.6.3 编写代码自定义生成

很多时候原版提供的生物的世界生成并不能完全覆盖 Mod 开发者想要的情况，因此，需要自行监听事件，或者覆盖一些方法，并在其中使用代码生成实体。作为示例，添加一个闪电击打史莱姆（EntitySlime 类）时生成土球王的效果（该效果在默认超平坦世界测试十分合适）。

我们注意到需要修改的行为是史莱姆的行为，由于无法直接修改史莱姆的相关代码，因此需要寻找相应的事件，找到了 net.minecraftforge.event.entity.EntityStruckByLightningEvent 事件。打开 EventHandler 类，添加一个监听该事件的方法：

```
@SubscribeEvent
public static void onEntityStruckByLightning(EntityStruckByLightningEvent event)
```

```
    {
        Entity entity = event.getEntity();
        if (entity instanceof EntitySlime && !entity.world.isRemote && !entity.
isDead)
        {
            EntityDirtBallKing newEntity = new EntityDirtBallKing(entity.world);
            newEntity.setPosition(entity.posX, entity.posY, entity.posZ);

            DifficultyInstance difficulty = entity.world.getDifficultyForLocation(new
BlockPos(entity));
            newEntity.onInitialSpawn(difficulty, null);

            if (entity.hasCustomName())
            {
                newEntity.setAlwaysRenderNameTag(entity.getAlwaysRenderNameTag());
                newEntity.setCustomNameTag(entity.getCustomNameTag());
            }

            entity.world.spawnEntity(newEntity);
            entity.setDead();

            event.setCanceled(true);
        }
    }
```

我们逐段分析：

```
Entity entity = event.getEntity();
```

这行代码很简单，略过不提。

```
if (entity instanceof EntitySlime && !entity.world.isRemote && !entity.isDead)
```

这行代码检查了三件对象：

- 确定实体是史莱姆。
- 确定实体还是活着的。
- 确定实体所处的世界是服务端世界。**不要在逻辑服务端之外的地方生成实体。**

```
EntityDirtBallKing newEntity = new EntityDirtBallKing(entity.world);
```

生成了新的生物，也就是 EntityDirtBallKing 类的实例，并将其赋值到 newEntity 变量。

```
newEntity.setPosition(entity.posX, entity.posY, entity.posZ);
```

设置生物的位置。这里设置成和原生物的位置相同。

```
DifficultyInstance difficulty = entity.world.getDifficultyForLocation(new
BlockPos(entity));
```

获取原实体所在位置的游戏难度。这行代码属于样板代码，其在大部分情况下不会变化。

```
newEntity.onInitialSpawn(difficulty, null);
```

调用生物的 onInitialSpawn 方法，进行生物出生前的初始化工作，对于土球王而言，作用是随机指派的一个颜色。

```
if (entity.hasCustomName())
{
    newEntity.setAlwaysRenderNameTag(entity.getAlwaysRenderNameTag());
    newEntity.setCustomNameTag(entity.getCustomNameTag());
}
```

把与原生物名称相关的数据复制到新生物上（如果原生物不存在，则这段代码可删去）。这段代码同样属于样板代码。

```
entity.world.spawnEntity(newEntity);
```

调用 World 类的 spawnEntity 方法在世界上生成生物。

```
entity.setDead();
```

对本示例而言，原生物已经不需要继续在这个世界上了。

```
event.setCanceled(true);
```

因此原生物的后续逻辑也不需要继续执行了。我们调用事件的 setCanceled 方法把事件取消。

7.6.4　小结

如果读者一步一步地照做下来，那么现在的项目应该有几个文件发生了一定程度的修改：

src/main/java/zzzz/fmltutor/entity/EntityDirtBallKing.java

src/main/java/zzzz/fmltutor/entity/EntityRegistryHandler.java

src/main/java/zzzz/fmltutor/event/EventHandler.java

最后再简要总结一下这一部分：

- 调用了 EntityRegistryBuilder 类的 egg 方法设置了基于刷怪蛋的生物生成，并指定了刷怪蛋的颜色。
- 调用了 EntityRegistryBuilder 类的 spawn 方法设置了生物的自然生成，并指定了一次生成的权重、数量和生物群系。

在特定时机调用 World 类的 spawnEntity 方法手动生成了实体。具体有以下几步：

- 首先检查是否正处理服务端世界。
- 接着调用特定构造方法创造了一个实体对象。
- 然后调用实体类的相应方法设置了实体的位置。
- 根据生物位置获取 DifficultyInstance，从而调用 onInitialSpawn 方法初始化生物。
- 最后调用 World 类的 spawnEntity 方法，将实体生成在世界上。

7.7　生物的死亡掉落

无论什么游戏，游戏内生物的死亡掉落几乎都是游戏体验中很重要的一环。Minecraft 从 1.9 版本开始引入了**战利品表**（Loot Table）机制，使得玩家可以使用 JSON 这一方式定义包括但不限于生物的死亡掉落、自然生成容器的内容物及钓鱼时钓上来的物品等。通过本节的学习，读者将能够掌握使用战利品表自定义生物死亡掉落的基本方法。

7.7.1　定义战利品表

Minecraft 中所有的战利品表都以 JSON 的形式存储在 assets.minecraft.loot_tables 目录下。对 Mod 来说，对应的应该是 assets.fmltutor.loot_tables 目录。该目录下有多个子分支，对生物来说，相应的战利品表通常存储在 entities 子目录下。新建这样一个目录：

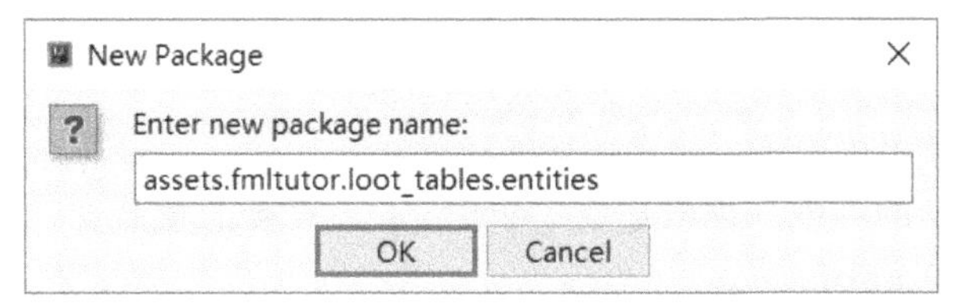

然后在其中新建一个名为 dirt_ball_king.json 的文件，把战利品表写进去：

```
{
  "pools": [
    {
      "name": "dirt_ball",
      "rolls": 1,
      "entries": [
        {
          "weight": 1,
          "type": "item",
          "name": "fmltutor:dirt_ball",
          "functions": [{ "function": "set_count", "count": { "min": 2, "max": 4
} }]
        }
      ]
    },
    {
      "name": "compressed_dirt",
      "rolls": 1,
      "conditions": [
        { "condition": "killed_by_player" },
        { "condition": "random_chance_with_looting", "looting_multiplier": 0.03,
"chance": 0.1 }
      ],
      "entries": [
        {
          "weight": 1,
          "type": "item",
          "name": "fmltutor:compressed_dirt"
        }
      ]
    }
  ]
}
```

解释战利品表。

- 首先是 pools，它的每个元素都代表一个随机池。游戏会在每次生成生物掉落物时，在每个随机池执行一次随机抽取。
  - name 代表随机池的名称。**原版 Minecraft 中并没有这一字段，但是对于 Mod 来说是必须的。**
  - rolls 代表随机抽取的次数，在大多数情况下是 1。
  - conditions 代表随机抽取的条件的集合，它的**每个元素代表的条件，随机抽取时必须满足。**
- 示例中 name 为 compressed_dirt 的随机池指定了两个 condition：第一个

condition 要求必须玩家击杀，第二个 condition 要求 0.1 的概率，每增加一级抢夺就增加 0.03 的概率。
  - entries 代表奖品的集合，奖品就是物品。
- weight 代表奖品的权重。权重越高越容易抽到。
- type 代表奖品的类型：可以是空（empty），直接的物品（item），或者另一个战利品表（loot_table）。
- name 代表奖品的名称，如果是物品，那就是物品的 registryName。
- functions 代表一系列功能的集合，用于向物品附加属性。
  - 示例中 name 为 dirt_ball 的随机池里的物品指定了一个 function：用于指定物品的数量，其最小值为 2，最大值为 4，也就是一次随机抽取得到 2 ～ 4 个物品。

这里只是对本节用到的战利品表进行了简单的解释，战利品表本身的内部机制可以通过阅读 Minecraft Wiki 得到更进一步了解。

与其他资源一样，战利品表也有对应的 ResourceLocation，它的资源域是 fmltutor，资源路径是 entities/dirt_ball_king。很快便会构造并用到这一 ResourceLocation。

7.7.2 绑定战利品表

首先需要声明战利品表。通过在 EntityDirtBallKing 类中添加一个静态字段的方式来声明：

```
private static final ResourceLocation LOOT_TABLE = LootTableList.register(
        new ResourceLocation(FMLTutor.MODID + ":entities/dirt_ball_king"));
```

构造了一个 ResourceLocation，并传进 LootTableList 类的 register 方法，返回一个相同的 ResourceLocation，完成了战利品表的声明和注册。**为注册战利品表，调用 LootTableList 类的 register 方法是必不可少的。**然后覆盖生物的 getLootTable 方法：

```
@Override
protected ResourceLocation getLootTable()
{
    return LOOT_TABLE;
}
```

现在打开游戏试试。

7.7.3 小结

如果读者一步一步地照做下来，那么现在读者的项目应该较上次多出了一个文件：

src/main/resources/assets/fmltutor/loot_tables/entities/dirt_ball_king.json

同时以下文件发生了一定程度的修改：

src/main/java/zzzz/fmltutor/entity/EntityDirtBallKing.java

最后再简要总结一下这一部分：

- 新建了 assets/modid/loot_tables/entities 目录，并在其下新建了一个 JSON 文件，将其称作 loot_table.json。
- 调用了 LootTableList 的 register 方法，并传进 modid:entities/loot_table.json 注册战利品表。
- 覆盖了生物的 getLootTable 方法，使其返回特定值，从而为生物指定了战利品表。

7.8 Minecraft 的 NBT 系统

在这一章，接触到了大量与 Minecraft 的 **NBT**（Named Binary Tag，二进制命名标签）系统有关的对象。NBT 是 Minecraft 中的一种独特的描述和存取数据的系统。Minecraft Wiki 中提供了详细的有关 NBT 的数据格式的介绍，在这里，本书将从代码的角度，具体阐述 Minecraft 的 NBT 系统的一些技术细节。本书已于本章使用与 NBT 系统相关的代码，并将在后续章节大量使用，因此这一部分的重要性不言而喻。

7.8.1 NBT 的相关代码结构

与 NBT 相关的几乎所有代码都位于名为 net.minecraft.nbt 的包下，其中所有用于表示 NBT 数据的类均为 net.minecraft.nbt.NBTBase 类的子类。在 Minecraft 的代码中，这些类型遵循以下的继承结构：

- net.minecraft.nbt.NBTTagEnd，代表 NBT 中复合标签的结束标记。
- net.minecraft.nbt.NBTTagLongArray，代表 NBT 中的 long 数组类型数据。
- net.minecraft.nbt.NBTTagIntArray，代表 NBT 中的 int 数组类型数据。
- net.minecraft.nbt.NBTTagCompound，代表 NBT 中的复合标签数据。
- net.minecraft.nbt.NBTTagList，代表 NBT 中的列表数据。
- net.minecraft.nbt.NBTTagString，代表 NBT 中的字符串数据。
- net.minecraft.nbt.NBTTagByteArray，代表 NBT 中的 byte 数组类型数据。
- net.minecraft.nbt.NBTPrimitive，代表所有表示数值的类的共同父类。

- net.minecraft.nbt.NBTTagDouble，代表 NBT 中的 double 类型数据。
- net.minecraft.nbt.NBTTagFloat，代表 NBT 中的 float 类型数据。
- net.minecraft.nbt.NBTTagLong，代表 NBT 中的 long 类型数据。
- net.minecraft.nbt.NBTTagInt，代表 NBT 中的 int 类型数据。
- net.minecraft.nbt.NBTTagShort，代表 NBT 中的 short 类型数据。
- net.minecraft.nbt.NBTTagByte，代表 NBT 中的 byte 类型数据。

net.minecraft.nbt 包下剩余的类大多数是 NBT 相关操作的辅助类，通常用于将 NBT 与其他类型的实例进行转化。

7.8.2 识别 NBT 类型

所有 NBT 类型的实例都可以使用 instanceof 运算符检查其类型，例如，

- nbt instanceof NBTTagByte：检查 nbt 是否是 byte 类型的数据。
- nbt instanceof NBTPrimitive：检查 nbt 是否是数值类型的数据。

除此之外，还可以使用 getId 方法的返回值来获取 NBT 类型对应的 id，进而检查类型。net.minecraftforge.common.util.Constants.NBT 类中定义了一些不同类型的 NBT 数据使用的 id，因此只需要用 == 等运算符对 id 进行比较即可，例如，

- nbt.getId() == NBT.TAG_BYTE：检查 nbt 是否是 byte 类型的数据。
- nbt.getId() == NBT.TAG_STRING：检查 nbt 是否是字符串类型的数据。

7.8.3 查找列表及复合标签的数据

NBTTagList 和 NBTTagCompound 均提供了相应方法用于获取列表或复合标签中的元素个数，其中前者提供了 tagCount 方法，后者提供了 getSize 方法。此外，NBTTagList 和 NBTTagCompound 均提供了名为 hasNoTags 方法，以检查是否为空列表或空复合标签。对列表来说，由于 Minecraft 规定列表类型的 NBT 数据中每一个元素的类型必须一致，因此 NBTTagList 还提供了 getTagType 方法以获取其中每一个元素的类型。

NBTTagList 提供了以下一系列的方法用于获取特定位置的数据，这些方法通常需要传入一个代表特定位置的 int。

- get 方法：返回 NBTBase 类型的数据，如果数据不存在则返回 NBTTagEnd。
- getIntAt 方法：如果该位置有一个 int 类型的数据则返回该数据，否则返回 0。
- getFloatAt 方法：如果该位置有一个 float 类型的数据则返回该数据，否则返回 0.0f。
- getDoubleAt 方法：如果该位置有一个 double 类型的数据则返回该数据，否则返回 0.0d。
- getStringTagAt 方法：如果该位置有一个字符串则返回该字符串，否则返回一个空字符串。
- getCompoundTagAt 方法：如果该位置有一个复合标签则返回该复合标签，否则返回一个空复合标签。
- getIntArrayAt 方法：如果该位置有一个 int 数组类型的数组则返回该数组类型的

数据，否则返回一个空数组。

NBTTagCompound 同样提供了一系列类似的方法，与 NBTTagList 传入 int 不同，NBTTagCompound 调用相应方法时需要至少传入一个 String。

- getTag 方法：返回 NBTBase 类型的数据，如果数据不存在则返回 NBTTagEnd。
- getTagId 方法：返回数据的 NBT 类型，如果数据不存在则返回 0，即 NBTTagEnd 的 NBT 类型。
- getByte 方法：如果该位置有一个数值类型的数据则返回该数据的对应 byte 值，否则返回 0b。
- getBoolean 方法：如果对应 getByte 方法的返回值为 0b 则返回 false，否则返回 true。
- getShort 方法：如果该位置有一个数值类型的数据则返回该数据对应的 short 值，否则返回 0s。
- getInteger 方法：如果该位置有一个数值类型的数据则返回该数据对应的 int 值，否则返回 0。
- getLong 方法：如果该位置有一个数值类型的数据则返回该数据对应的 long 值，否则返回 0L。
- getUniqueId 方法：获取分别添加 Most 和 Least 两个后缀后对应的 getLong 的返回值并拼合形成 UUID 返回。
- getFloat 方法：如果该位置有一个数值类型的数据则返回该数据对应的 float 值，否则返回 0.0f。
- getDouble 方法：如果该位置有一个数值类型的数据则返回该数据对应的 double 值，否则返回 0.0d。
- getByteArray 方法：如果该位置有一个 byte 数组类型的数据则返回该数组类型的数据，否则返回一个空数组。
- getString 方法：如果该位置有一个字符串则返回该字符串，否则返回一个空字符串。
- getTagList 方法：该方法需要额外传入一个 int 代表 NBT 类型，从而匹配是否有特定类型的列表，若有则返回，否则返回一个空列表。
- getCompoundTag 方法：如果该位置有一个复合标签则返回该复合标签，否则返回一个空复合标签。
- getIntArray 方法：如果该位置有一个 int 数组类型的数据则返回该数组类型的数据，否则返回一个空数组。

与 NBTTagList 不同的是，NBTTagCompound 还提供了以下若干以 has 开头的方法，用于检查特定的值是否存在或满足要求。

- hasKey 方法：检查特定位置是否有数据，如果额外传入了一个 int，则额外检查数据的 NBT 类型是否符合要求。
- hasUniqueId 方法：检查分别添加 Most 和 Least 两个后缀后对应的两个数据是否存在。

除列表和复合标签外，其他 NBT 类型均有相应的方法来获取得到的内部数据，但考虑到在通常情况下，数据都是位于列表或复合标签内部的，因此一般使用列表或复合标签的相应方法直接获取数据。

7.8.4 向列表及复合标签增删数据

NBTTagList 提供了以下方法来增删数据。

- appendTag 方法：用于向列表追加数据，并使列表的长度增加一个单位。
- removeTag 方法：用于删除特定位置的数据，后续数据顺延。
- set 方法：用于设置特定位置的 NBTBase 类型的数据。

NBTTagCompound 提供了以下方法来增删数据。

- merge 方法：用于将另一个复合标签的数据合并入当前的复合标签。
- removeTag 方法：用于在特定数据存在的时候删除对应的数据。
- setTag 方法：用于添加或设置特定的数据，需传入 NBTBase。
- setByte 方法：用于添加或设置特定的 byte 类型的数据。
- setBoolean 方法：用于在传入 false 时添加 0b，传入 true 时添加 1b。
- setShort 方法：用于添加或设置特定的 short 类型的数据。
- setInteger 方法：用于添加或设置特定的 int 类型的数据。
- setLong 方法：用于添加或设置特定的 long 类型的数据。
- setUniqueId 方法：用于分别向添加 Most 和 Least 两个后缀后的对应位置设置 UUID 的两个部分。
- setFloat 方法：用于添加或设置特定的 float 类型的数据。
- setDouble 方法：用于添加或设置特定的 double 类型的数据。
- setByteArray 方法：用于添加或设置特定的 byte 数组类型的数据。
- setString 方法：用于添加或设置特定的字符数据。
- setIntArray 方法：用于添加或设置特定的 int 数组类型的数据。

7.8.5 直接构造 NBT 数据

所有 NBT 的类型都提供了以下可以直接调用的构造方法。

- new NBTTagByte((byte) 1)：创建了一个值为 1 的 byte 类型数据，通常表示为 1b。
- new NBTTagShort((short) 1)：创建了一个值为 1 的 short 类型数据，通常表示为 1s。
- new NBTTagInt(4)：创建了一个值为 4 的 int 类型数据，通常表示为 4。
- new NBTTagLong(5L)：创建了一个值为 5 的 long 类型数据，通常表示为 5L。
- new NBTTagFloat(1.0F)：创建了一个值为 1.0 的 float 类型数据，通常表示为 1.0f。
- new NBTTagDouble(4.0)：创建了一个值为 4.0 的 double 类型数据，通常表示为 4.0d。
- new NBTTagByteArray(new byte[] {1, 9})：创建了一个存储有 1 和 9 两个值的 byte 数组类型数据，通常表示为 [B;1B,9B]。

- `new NBTTagString("fmltutor")`：创建了一个值为 `fmltutor` 的字符串数据，通常表示为 `"fmltutor"`。
- `new NBTTagList()`：创建了一个空的列表数据，通常表示为 `[]`。该类只存在一个参数列表为空的构造方法。
- `new NBTTagCompound()`：创建了一个空的复合标签数据，通常表示为 `{}`。该类只存在一个参数列表为空的构造方法。
- `new NBTTagIntArray(new int[] {8, 1, 0})`：创建了一个存储有 8、1 和 0 三个值的 `int` 数组类型数据，通常表示为 `[I;8,1,0]`。
- `new NBTTagLongArray(new long[] {1, 9})`：创建了一个存储有 1 和 9 两个值的 `long` 数组类型数据，通常表示为 `[L;1L,9L]`。

通常不直接构造 `NBTTagEnd` 类型的实例。作为示例，尝试构造一本消失诅咒附魔书：

```
{id:"minecraft:enchanted_book",Count:1b,tag:{StoredEnchantments:[{lvl:1s,id:
71s}]},Damage:0s}
```

这是一个复合标签，因此可以使用以下代码构造对应的 `NBTTagCompound` 的实例：

```java
public NBTTagCompound serializeNBT()
{
    // {lvl:1s,id:71s}
    NBTTagCompound tag1 = new NBTTagCompound();
    tag1.setShort("lvl", (short) 1);
    tag1.setShort("id", (short) 71);

    // [{lvl:1s,id:71s}]
    NBTTagList tag2 = new NBTTagList();
    tag2.appendTag(tag1);

    // {StoredEnchantments:[{lvl:1s,id:71s}]}
    NBTTagCompound tag3 = new NBTTagCompound();
    tag3.setTag("StoredEnchantments", tag2);

    // {id:"minecraft:enchanted_book",Count:1b,tag:{StoredEnchantments:[{lvl:1s,
id:71s}]},Damage:0s}
    NBTTagCompound nbt = new NBTTagCompound();
    nbt.setString("id", "minecraft:enchanted_book");
    nbt.setShort("Damage", (short) 0);
    nbt.setByte("Count", (byte) 1);
    nbt.setTag("tag", tag3);

    return nbt;
}
```

如果调用 `serializeNBT` 方法，就会得到一本消失诅咒附魔书对应的 NBT 数据。

7.8.6 NBT 数据和字符串的相互转换

众所周知，在 Minecraft 中，NBT 存在一种字符串表示形式，这种形式和 JSON 类似，但又和 JSON 有所不同，因此通常被称为 MojangSON。Minecraft Wiki 提供了对于 MojangSON 的简要介绍，同时，Minecraft 的相关代码也提供了相应的方式来完成 `NBTBase` 和 `String` 之间的转换。

一方面，将 NBTBase 转换到 String 十分简单，直接调用 toString 方法即可：

- new NBTTagByte((byte) 1).toString() 返回 "1b"。
- new NBTTagByteArray(new byte[] {1, 9}).toString() 返回 "[B;1B,9B]"。
- new NBTTagString("fmltutor").toString() 返回 "\"fmltutor\""，请注意引号的转义。
- new NBTTagCompound().toString() 返回 {}。

另一方面，Minecraft 在 net.minecraft.nbt.JsonToNBT 类下，提供了名为 getTagFromJson 的方法。getTagFromJson 方法将字符串转换为复合标签，也就是 NBTTagCompound。

7.9 本章小结

下面总结了这一章讲到的所有知识点，这些知识点涵盖了一个 Mod 开发者在打造一个生物时需要用到的对象。

Java 基础：

知道编写代码尤其是编写 Java 代码时常用的两种设计模式：享元模式和生成器模式。

知道 Java 中能够用于代表一个类型的 Class 类型，并能够使用一些常见的办法得到 Class 类型的实例。

知道单行 Lambda 表达式和方法引用，并知道如何将它们转换成等价的普通 Lambda 表达式的形式。

知道如何使用 Java 的 Math 类进行一些数学函数等较为复杂的数学运算。

知道 Java 中的泛型类、泛型接口及泛型方法，并知道如何使用这些类、接口及方法。

知道 Java 的泛型目前只支持引用类型，并知道如何使用装箱和拆箱的方式在基本数据类型和引用类型之间相互转换。

Minecraft Mod 开发：

知道代表生物的类之间的继承关系，并知道如何选用合适的类并继承从而实现合适的生物。

知道如何使用 EntityEntryBuilder 构造 EntityEntry 的实例并将其注册到游戏系统中。

知道如何使用 Java 代码设置生物模型的相对位置，并将它们绑定到贴图。

知道如何编写渲染类绑定模型，并将渲染类绑定到特定的生物类型。

知道如何控制生物模型的旋转方向，以及相应旋转幅度的大小。

知道如何根据已有代码实现生物的两种 AI，以及控制 AI 的开始与停止。

知道如何设置生物属性的基础值和附加值，以及生物额外数据的存取和同步。

知道如何设置生物的世界生成，包括自然生成和使用刷怪蛋生成。

知道如何使用战利品表指定生物的死亡掉落，并将其绑定在特定生物上。

知道 Minecraft 中 NBT 的相关代码结构，并知道如何编写代码对 NBT 进行增删改查。

第 8 章

技高一筹

8.1 新的投掷物

从本章开始，将着手为玩家打造一个技能。Minecraft 中技能的实现通常涉及若干相对较小同时又较为琐碎的游戏元素，实现起来也相对灵活，本章主要提及一些较为常用的游戏元素，包括但不限于以下游戏元素：

- 投掷物
- 附加属性
- 属性框渲染
- 提示文本

先从投掷物开始讲解。在这一部分的目标是把泥土球（即 `fmltutor:dirt_ball`）变成可投掷的物品，并在投掷后产生实体伤害。

8.1.1 投掷实体类

在前面章节提到过，投掷物本身也是实体的一种，它们的共同子类是 `EntityThrowable`，投掷物也会从继承这个类开始。在 `zzzz.fmltutor.entity` 包下新建一个名为 EntityDirtBall 的类：

```
package zzzz.fmltutor.entity;

import net.minecraft.entity.EntityLivingBase;
import net.minecraft.entity.projectile.EntityThrowable;
import net.minecraft.util.math.RayTraceResult;
import net.minecraft.world.World;
import zzzz.fmltutor.FMLTutor;

public class EntityDirtBall extends EntityThrowable
{
    public static final String ID = "dirt_ball";
    public static final String NAME = FMLTutor.MODID + ".DirtBall";

    public EntityDirtBall(World worldIn)
    {
        super(worldIn);
    }
```

```
    public EntityDirtBall(World worldIn, EntityLivingBase throwerIn)
    {
        super(worldIn, throwerIn);
    }

    @Override
    protected void onImpact(RayTraceResult result)
    {
            // TODO
    }
}
```

考虑到 EntityThrowable 类是抽象类，因此需要实现一个名为 onImpact 的抽象方法，并向这个方法填入具体的内容。

我们实现了两个构造方法，它们分别直接对应父类的构造方法。第一个构造方法只有一个 World 参数，由第 7 章可知，这是 Minecraft 要求的。第二个构造方法额外传入了一个 EntityLivingBase，稍后会用到这一构造方法。还添加了两个静态字段，以作注册之用。现在注册这一实体类：

```
package zzzz.fmltutor.entity;

import net.minecraft.entity.EnumCreatureType;
import net.minecraftforge.event.RegistryEvent;
import net.minecraftforge.fml.common.Mod.EventBusSubscriber;
import net.minecraftforge.fml.common.eventhandler.SubscribeEvent;
import net.minecraftforge.fml.common.registry.EntityEntry;
import net.minecraftforge.fml.common.registry.EntityEntryBuilder;
import net.minecraftforge.registries.IForgeRegistry;

@EventBusSubscriber
public class EntityRegistryHandler
{
    public static final EntityEntry DIRT_BALL_KING =
            EntityEntryBuilder.create().entity(EntityDirtBallKing.class)
                    .id(EntityDirtBallKing.ID, 0).name(EntityDirtBallKing.NAME).
tracker(80, 3, true)
                    .egg(0x998051, 0x402722).spawn(EnumCreatureType.MONSTER, 5, 4,
4, EntityDirtBallKing.BIOMES).build();
    public static final EntityEntry DIRT_BALL =
            EntityEntryBuilder.create().entity(EntityDirtBall.class)
                    .id(EntityDirtBall.ID, 1).name(EntityDirtBall.NAME).
tracker(64, 10, true).build();

    @SubscribeEvent
    public static void onRegistry(RegistryEvent.Register<EntityEntry> event)
    {
        IForgeRegistry<EntityEntry> registry = event.getRegistry();
        registry.register(DIRT_BALL_KING);
        registry.register(DIRT_BALL);
    }
}
```

构造的 EntityEntryBuilder 的 entity 方法、id 方法及 name 方法的使用方式和第 7 章的方式类似，此处不再赘述。tracker 方法传入的 64、10 及 true 属于注册投掷物实体的惯例，读者只需照搬下来即可。考虑到投掷物不是生物，因此我们也不需要调用 egg 方法及 spawn 方法指定刷怪蛋和自然生成。

由于指定了投掷物的 unlocalizedName 为 fmltutor.DirtBall，现在去语言文件里补充一下相对应的值：

```
# in en_us.lang
entity.fmltutor.DirtBall.name=Dirt Ball

# in zh_cn.lang
entity.fmltutor.DirtBall.name=泥土球
```

8.1.2 投掷实体渲染类

我们需要找到一个 Render 类的子类来实现渲染。幸运的是，Minecraft 提供了一个名为 RenderSnowball 的类用于将所有投掷物渲染成一个永远面向玩家的物品，甚至不需要靠继承，而是直接使用该类便可以完成渲染类的注册。

在 RenderRegistryHandler 的 register 方法新添加一行：

```
    RenderingRegistry.registerEntityRenderingHandler(EntityDirtBall.class, manager ->
    {
        RenderItem renderItem = Minecraft.getMinecraft().getRenderItem();
        return new RenderSnowball<EntityDirtBall>(manager, ItemRegistryHandler.DIRT_
BALL, renderItem);
    });
```

RenderSnowball 类接收一个泛型参数，这使得 RenderSnowball <EntityDirtBall> 变成了 Render<EntityDirtBall> 的子类型，从而作为 Lambda 表达式的返回值。RenderSnowball 类的构造方法共有三个参数，其中第一个参数直接传入 Lambda 表达式接受到的 RenderManager，第二个参数传入希望渲染的物品（这里传入了泥土球），而第三个参数固定传入 Minecraft.getMinecraft().getRenderItem() 表达式的值。RenderItem 是一个游戏中用于渲染物品的类，在后续章节中将会再次接触并用到这个类的实例。

8.1.3 投掷物品的相关行为

需要使泥土球在右击时生成一个投掷实体，并为其赋予一定的初速度。为此，需要在 ItemDirtBall 类覆盖 Item 的 onItemRightClick 方法。

```
    @Override
    public ActionResult<ItemStack> onItemRightClick(World worldIn, EntityPlayer
playerIn, EnumHand handIn)
    {
        ItemStack item = playerIn.getHeldItem(handIn);

        if (!playerIn.capabilities.isCreativeMode)
        {
            item.shrink(1);
        }

        if (!worldIn.isRemote)
        {
            EntityDirtBall entityDirtBall = new EntityDirtBall(worldIn, playerIn);
```

```
            float pitch = playerIn.rotationPitch, yaw = playerIn.rotationYaw;
            entityDirtBall.shoot(playerIn, pitch, yaw, 0.0F, 1.5F, 1.0F);
            worldIn.spawnEntity(entityDirtBall);
        }

        return ActionResult.newResult(EnumActionResult.SUCCESS, item);
    }
```

先调用 getHeldItem 方法来获取玩家手中的物品：

```
ItemStack item = playerIn.getHeldItem(handIn);
```

其中，handIn 对应的 EnumHand 类型是一个枚举类型，它只有两个实例，分别代表游戏的主手和副手。然后检查玩家是否属于创造模式，如不属于创造模式，则扣除一个物品：

```
if (!playerIn.capabilities.isCreativeMode)
{
    item.shrink(1);
}
```

playerIn.capabilities.isCreativeMode 表达式属于判断玩家是否属于创造模式的惯例写法。此外，ItemStack 分别提供了名为 grow 和 shrink 的两个方法用于增减其中的物品数量。接下来就要生成实体了，考虑到只应在逻辑服务端生成实体，因此首先判断该实体是否属于逻辑服务端：

```
if (!worldIn.isRemote)
```

构造了一个 EntityDirtBall 的实例：

```
EntityDirtBall entityDirtBall = new EntityDirtBall(worldIn, playerIn);
```

接下来的代码声明的两个变量分别对应玩家的 rotationPitch 和 rotationYaw 字段：

```
float pitch = playerIn.rotationPitch, yaw = playerIn.rotationYaw;
```

这两个变量分别代表玩家当前状态的 Pitch 和 Yaw。这两个值将作为投掷物投掷的参考方向。接下来的方法调用一共有六个参数：

```
entityDirtBall.shoot(playerIn, pitch, yaw, 0.0F, 1.5F, 1.0F);
```

这个方法的作用是将投掷物的位置、投掷方向和速率设置成合适的值。除去其作用不言而喻的前三个参数，剩余三个参数的作用如下：

- 第四个参数是将投掷物的 Pitch 增加一定程度的偏移，这通常用于投掷药水，其他情况直接设为零。
- 第五个参数是投掷物的初始速度，这里设为 1.5，和雪球的速度相同。
- 第六个参数是投掷物速度的不确定度，通常设为 1.0。

最后生成该实体：

```
worldIn.spawnEntity(entityDirtBall);
```

8.1.4 主手与副手

onItemRightClick 方法还剩下最后一行代码没有介绍：

```
return ActionResult.newResult(EnumActionResult.SUCCESS, item);
```

在 ActionResult 类下的名为 newResult 的静态方法构造了一个 ActionResult 的实例，并将其作为返回值返回。

这一方法的第二个参数将作为玩家手中的最终物品，而第一个参数是枚举类型，它有三个可能的值：

- EnumActionResult.SUCCESS 代表当前物品成功地执行了一个行为。
- EnumActionResult.PASS 代表当前物品没有执行任何行为。
- EnumActionResult.FAIL 代表行为最后执行失败了。

不同的情况将会带来不同的后续行为。一个常见的应用是主手与副手——物品的默认返回值是 EnumActionResult.PASS，对主手而言，所有返回值是 EnumActionResult.PASS 的情况都会使整个游戏系统去处理副手的相应行为，而所有返回值是 EnumActionResult.SUCCESS 的情况都将被视为成功执行，并忽略副手上的物品。

8.1.5 投掷实体的相关行为

现在可以实现 EntityDirtBall 的 onImpact 方法了：

```
@Override
protected void onImpact(RayTraceResult result)
{
    if (!this.world.isRemote)
    {
        if (result.entityHit != null)
        {
            float amount = 6.0F;
            DamageSource source = DamageSource.causeThrownDamage(this, this.
getThrower());
            if (result.entityHit instanceof EntityLivingBase)
            {
                EntityLivingBase target = ((EntityLivingBase) result.entityHit);
                if (target.isPotionActive(PotionRegistryHandler.POTION_DIRT_
PROTECTION))
                {
                    PotionEffect effect = target.getActivePotionEffect(PotionRegi
stryHandler.POTION_DIRT_PROTECTION);
                    amount = effect.getAmplifier() > 0 ? 0 : amount / 2;
                }
            }
            result.entityHit.attackEntityFrom(source, amount);
        }
        this.setDead();
    }
}
```

前面一行代码判断是否在服务端世界：

```
if (!this.world.isRemote)
```

然后检查 RayTraceResult 的 entityHit 字段，如果字段的值不为 null 则代表实体撞到了该字段对应的另一个实体上：

```
if (result.entityHit != null)
```

我们希望在通常情况下投掷物能够对被撞到的实体产生 6 点伤害：

```
float amount = 6.0F;
```

还需要定义伤害来源，游戏中的伤害来源是 DamageSource 类型的实例，它通常包含伤害类型、造成伤害的实体等信息。对投掷物来说，调用 DamageSource 的 causeThrownDamage 方法，并传入 getThrower 的返回值是惯用写法，读者也可以通过检查 DamageSource 的其他静态方法了解更多写法。我们构造这样一个实例：

```
DamageSource source = DamageSource.causeThrownDamage(this, this.getThrower());
```

作为额外的游戏行为，添加一段目标实体如果有泥土保护状态效果，则免疫部分或全部伤害的代码：

```
EntityLivingBase target = ((EntityLivingBase) result.entityHit);
if (target.isPotionActive(PotionRegistryHandler.POTION_DIRT_PROTECTION))
{
    PotionEffect effect = target.getActivePotionEffect(PotionRegistryHandler.
POTION_DIRT_PROTECTION);
    amount = effect.getAmplifier() > 0 ? 0 : amount / 2;
}
```

考虑到只有生物或者玩家才拥有状态效果，则在开始检查实体是否是 EntityLivingBase 类的实例：

```
if (result.entityHit instanceof EntityLivingBase)
```

然后调用 Entity 的 attackEntityFrom 方法造成伤害：

```
result.entityHit.attackEntityFrom(source, amount);
```

最后，无论是否撞到实体，都需要让这个投掷物在世界上消失，这个行为通过调用 setDead 方法来实现：

```
this.setDead();
```

我们注意到，即使伤害数值为零，也同样对被撞到的实体产生了攻击。考虑到攻击本身会带来一些副作用，如攻击中立生物可能会带来仇恨等，**请留意产生伤害数值为零的攻击和不产生攻击的差别**。

8.1.6 小结

如果读者一步一步地照做下来，那么现在的项目应该较上次多出了一个文件：

src/main/java/zzzz/fmltutor/entity/EntityDirtBall.java

同时以下文件发生了一定程度的修改：

src/main/resources/assets/fmltutor/lang/en_us.lang

src/main/resources/assets/fmltutor/lang/zh_cn.lang

src/main/java/zzzz/fmltutor/entity/EntityRegistryHandler.java

src/main/java/zzzz/fmltutor/item/ItemDirtBall.java

src/main/java/zzzz/fmltutor/client/renderer/RenderRegistryHandler.java

最后再简要总结一下这一部分：

- 继承 EntityThrowable 创造了属于自己的投掷物实体类，并对其加以注册。
- 使用 RenderSnowball 作为我们的投掷物实体渲染类，并对其实例加以注册。
- 覆盖了一个物品类的 onItemRightClick 方法，使玩家在右击时生成投掷物实体。
- 实现了 EntityThrowable 的 onImpact 方法，从而指定了投掷实体碰撞后的相应行为。

- 在投掷实体碰撞另一个实体后构造了一个 DamageSource，从而指定伤害来源，并将其应用到相应实体上。

8.2 新的附加属性

技能附加属性值，扩大了说，附加数据是 Minecraft 模组开发中非常常见的一项需求。这项需求遇到的困难主要来自于：无法直接修改 Minecraft 本体的源代码，需要在其中补充一些额外的数据。

Forge 考虑到了这一点，从 1.8 版本开始引入了一套能力（Capability）系统，并随着版本的演进日趋完善。不过，基于这套能力系统编写代码需要花费一定的气力。本部分将带领读者从能力系统开始，逐步从代码层面实现一套基于玩家的附加属性。

8.2.1 数据类

从这样一个设定开始：假设玩家拥有三种不同的来自泥土球的力量，分别为：

- 橘色之力，由伤害 COLOR 为 0 的橘色土球王生物获得，初始值为 0。
- 绿色之力，由伤害 COLOR 为 2 的绿色土球王生物获得，初始值为 0。
- 蓝色之力，由伤害 COLOR 为 1 的蓝色土球王生物获得，初始值为 0。

数据类需要做以下几个方面：

- 一个没有参数的构造方法，从而代表默认的实例。
- 分别代表三种力量的三个字段，以及对应的 Getter 和 Setter。
- 两个分别用于序列化到 NBT，以及从 NBT 反序列化得到数据的方法。

Forge 使用 net.minecraftforge.common.util.INBTSerializable 接口代表最后一项需求。数据类也会实现这一接口。

新建一个名为 zzzz.fmltutor.capability 的包，并向内添加一个名为 DirtBallPower.java 的文件：

```
package zzzz.fmltutor.capability;

import net.minecraft.nbt.NBTTagCompound;
import net.minecraftforge.common.util.INBTSerializable;

public class DirtBallPower implements INBTSerializable<NBTTagCompound>
{
    private float orangePower;
    private float greenPower;
    private float bluePower;

    public DirtBallPower()
    {
        this.orangePower = 0.0F;
        this.greenPower = 0.0F;
        this.bluePower = 0.0F;
    }
```

```
    public float getOrangePower()
    {
        return this.orangePower;
    }

    public void setOrangePower(float orangePower)
    {
        this.orangePower = orangePower;
    }

    public float getGreenPower()
    {
        return this.greenPower;
    }

    public void setGreenPower(float greenPower)
    {
        this.greenPower = greenPower;
    }

    public float getBluePower()
    {
        return this.bluePower;
    }

    public void setBluePower(float bluePower)
    {
        this.bluePower = bluePower;
    }

    @Override
    public NBTTagCompound serializeNBT()
    {
        NBTTagCompound nbt = new NBTTagCompound();

        nbt.setFloat("Orange", this.orangePower);
        nbt.setFloat("Green", this.greenPower);
        nbt.setFloat("Blue", this.bluePower);

        return nbt;
    }

    @Override
    public void deserializeNBT(NBTTagCompound nbt)
    {
        this.orangePower = nbt.getFloat("Orange");
        this.greenPower = nbt.getFloat("Green");
        this.bluePower = nbt.getFloat("Blue");
    }
}
```

此处单独讲一下 serializeNBT 和 deserializeNBT 这两个方法。这两个方法覆盖了 INBTSerializable 接口定义的抽象方法，用于将 DirtBallPower 的实例转换成 NBTTagCompound，也就是复合型 NBT 标签。后面章节将会大量用到这两个方法。

8.2.2　注册和获取 Capability

接下来需要调用 net.minecraftforge.common.capabilities.CapabilityManager 类的 register 方法，按照 Forge 本身的约定，需要在 FMLPreInitializationEvent 事件触发时调用这一方法。先在 zzzz.fmltutor.capability 包下创建一个名为 CapabilityRegistryHandler 的类，并向其中写入一个名为 register 的方法：

```
package zzzz.fmltutor.capability;

import net.minecraft.nbt.NBTBase;
import net.minecraft.nbt.NBTTagCompound;
import net.minecraft.util.EnumFacing;
import net.minecraftforge.common.capabilities.Capability;
import net.minecraftforge.common.capabilities.CapabilityManager;

public class CapabilityRegistryHandler
{
    public static void register()
    {
        CapabilityManager.INSTANCE.register(DirtBallPower.class, new Capability.
IStorage<DirtBallPower>()
        {
            @Override
            public NBTBase writeNBT(Capability<DirtBallPower> cap, DirtBallPower
instance, EnumFacing side)
            {
                return instance.serializeNBT();
            }

            @Override
            public void readNBT(Capability<DirtBallPower> cap, DirtBallPower
instance, EnumFacing side, NBTBase nbt)
            {
                if (nbt instanceof NBTTagCompound)
                {
                    instance.deserializeNBT((NBTTagCompound) nbt);
                }
            }
        }, DirtBallPower::new);
    }
}
```

register 方法一共需要三个参数：

- 第一个参数传入数据类对应的 Class，这里是 DirtBallPower.class。
- 第二个参数是 Capability.IStorage 接口的实例。基于 serializeNBT 和 deserializeNBT 两个方法，读者很快就能写出这一接口的实现。实际上这一接口本身就存在着大量的历史遗留问题，实现这一接口本身也是不得已而为之。
- 第三个参数是用于构造默认实例的对象，需要实现 java.util.concurrent.Callable 接口。我们很容易就能注意到这一接口属于函数式接口，因此这里直接使用 Lambda 表达式作为参数。

就获取 Capability 而言，Forge 提供了一种获取 Capability 的极为方便的方法。在 CapabilityRegistryHandler 添加一个名为 DIRT_BALL_POWER 的字段：

```
@CapabilityInject(DirtBallPower.class)
public static Capability<DirtBallPower> DIRT_BALL_POWER;
```

CapabilityInject 注解会使 Forge 在注册 Capability 时自动将其设置为 Capability<DirtBallPower> 的实例。

最后在 Mod 的主类调用 register 方法：

```
@EventHandler
public void preInit(FMLPreInitializationEvent event)
{
    logger = event.getModLog();
    CapabilityRegistryHandler.register();
}
```

8.2.3 向玩家添加 Capability

接下来就是要使游戏系统得知玩家拥有 Capability 了。按照 Forge 的约定，我们需要一个实现了 net.minecraftforge.common.capabilities.ICapabilitySerializable 的类。将其命名为 DirtBallPowerProvider：

```
package zzzz.fmltutor.capability;

import net.minecraft.nbt.NBTTagCompound;
import net.minecraft.util.EnumFacing;
import net.minecraftforge.common.capabilities.Capability;
import net.minecraftforge.common.capabilities.ICapabilitySerializable;

class DirtBallPowerProvider implements ICapabilitySerializable<NBTTagCompound>
{
    private final DirtBallPower instance;
    private final Capability<DirtBallPower> capability;

    public DirtBallPowerProvider()
    {
        this.instance = new DirtBallPower();
        this.capability = CapabilityRegistryHandler.DIRT_BALL_POWER;
    }

    @Override
    public boolean hasCapability(Capability<?> capability, EnumFacing facing)
    {
        return this.capability.equals(capability);
    }

    @Override
    public <T> T getCapability(Capability<T> capability, EnumFacing facing)
    {
        return this.capability.equals(capability) ? this.capability.cast(this.
instance) : null;
    }

    @Override
```

```
        public NBTTagCompound serializeNBT()
        {
            return this.instance.serializeNBT();
        }

        @Override
        public void deserializeNBT(NBTTagCompound nbt)
        {
            this.instance.deserializeNBT(nbt);
        }
    }
```

ICapabilitySerializable 接口除了继承自 INBTSerializable 接口，还声明了两个名为 hasCapability 和 getCapability 的抽象方法。

- hasCapability 方法用于检查特定的 Capability 是否存在，这里直接调用 equals 方法用于检查传入的 Capability 和我们期望的 Capability 是否相等。
- getCapability 方法返回特定的 Capability 对应的数据，其中调用 Capability 的 cast 方法是惯例写法，读者照做便是。

此外，这两个方法都提供一个 EnumFacing 作为参数，该参数只对于方块有效，实体不需要考虑。后续章节将会提到 Capability 在方块上的应用。

接下来，Forge 要求监听 AttachCapabilitiesEvent<Entity> 事件。添加一个事件监听器：

```
    @SubscribeEvent
    public static void onAttachCapabilities(AttachCapabilitiesEvent<Entity> event)
    {
        if (event.getObject() instanceof EntityPlayer)
        {
            DirtBallPowerProvider provider = new DirtBallPowerProvider();
            event.addCapability(new ResourceLocation(FMLTutor.MODID + ":dirt_ball_
power"), provider);
        }
    }
```

调用了 event 的 addCapability 方法，并在第二个参数传入 ICapabilitySerializable，从而向玩家添加了 Capability。注意方法的第一个参数，它决定着将玩家序列化为 NBT 时，Capability 在 NBT 中的对应位置，因此这一参数的值尽量不要和其他 Mod 重合。

对于一般的实体，添加 Capability 的代码到此就已经结束了，但对于玩家，还有额外的一点需要考虑——玩家可能会重生。换言之，玩家在死亡后，或者从末路之地回来的时候，游戏本体会将当前的玩家销毁，并生成一个新的代表玩家的实体。如果想要将 Capability 继承到新的玩家实体上，就需要监听 net.minecraftforge.event.entity.player.PlayerEvent.Clone 事件：

```
    @SubscribeEvent
    public static void onPlayerClone(PlayerEvent.Clone event)
    {
        DirtBallPower instance = event.getEntityPlayer().getCapability(CapabilityRegi
stryHandler.DIRT_BALL_POWER, null);
        DirtBallPower original = event.getOriginal().getCapability(CapabilityRegistry
Handler.DIRT_BALL_POWER, null);

        instance.setOrangePower(original.getOrangePower());
        instance.setGreenPower(original.getGreenPower());
        instance.setBluePower(original.getGreenPower());
    }
```

由于 Entity 类本身也实现了 ICapabilitySerializable 接口，因此可以通过 getCapability 方法获取到 Capability 对应的数据。然而对于实体，EnumFacing 参数并无用处，因此这里直接传入 null。

8.2.4 在游戏逻辑中使用 Capability

当然也可以在其他场合调用 getCapability 方法，比如玩家在加入服务器的时候提示玩家相应的数值：

```
    @SubscribeEvent
    public static void onPlayerJoin(EntityJoinWorldEvent event)
    {
        Entity entity = event.getEntity();
        if (!entity.world.isRemote && entity instanceof EntityPlayer)
        {
            String message = "Welcome to FMLTutor, " + entity.getName() + "! ";
            TextComponentString text = new TextComponentString(message);
            entity.sendMessage(text);

            DirtBallPower power = entity.getCapability(CapabilityRegistryHandler.
DIRT_BALL_POWER, null);
            float orange = power.getOrangePower(), green = power.getGreenPower(), blue =
power.getBluePower();

            String message2 = "Your power: " + orange + " (Orange), " + green + "
(Green), " + blue + " (Blue).";
            TextComponentString text2 = new TextComponentString(message2);
            entity.sendMessage(text2);
        }
    }
```

对 EventHandler 中的这一方法进行了扩充，并额外添加了 !entity.world.isRemote 以判定执行时是客户端还是服务端。

现在打开游戏，便能看到上面代码期望输出的内容了：

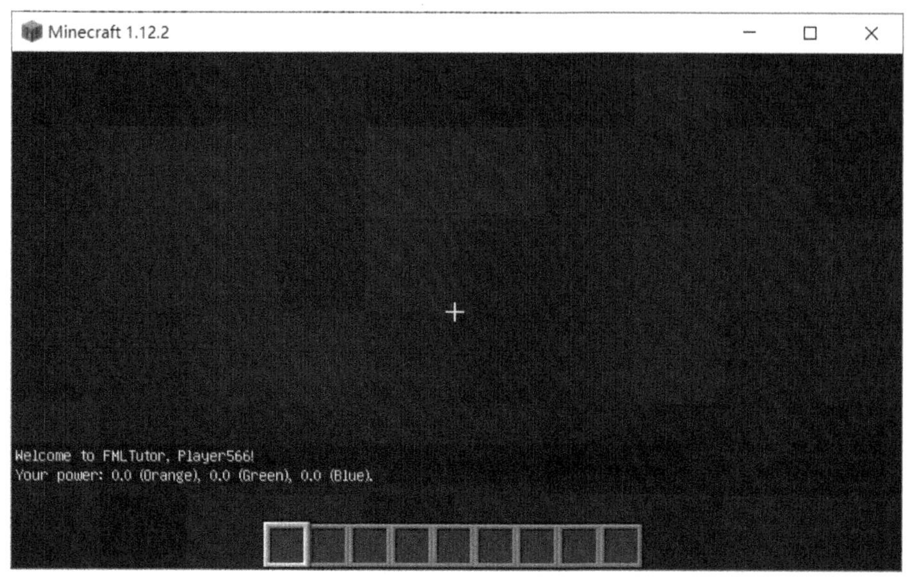

在 EventHandler 里添加一个事件监听器和一个辅助方法：

```
    private static TextComponentString addPower(EntityDirtBallKing entity,
DirtBallPower power, float amount)
    {
        byte color = entity.getColor();
        if (color == 2)
        {
            power.setGreenPower(power.getGreenPower() + amount);
            return new TextComponentString("Green power += " + amount);
        }
        if (color == 1)
        {
            power.setBluePower(power.getBluePower() + amount);
            return new TextComponentString("Blue power += " + amount);
        }
        power.setOrangePower(power.getOrangePower() + amount);
        return new TextComponentString("Orange power += " + amount);
    }

    @SubscribeEvent
    public static void onLivingDamage(LivingDamageEvent event)
    {
        EntityLivingBase entity = event.getEntityLiving();
        if (entity instanceof EntityDirtBallKing)
        {
            float amount = Math.min(entity.getHealth(), event.getAmount());
            Entity source = event.getSource().getTrueSource();
            if (source instanceof EntityPlayer)
            {
                DirtBallPower power = source.getCapability(CapabilityRegistryHandler.
DIRT_BALL_POWER, null);
                TextComponentString text = addPower((EntityDirtBallKing) entity,
```

```
power, amount);
                source.sendMessage(text);
            }
        }
    }
```

首先监听 LivingDamageEvent，获取受到伤害的生物：

```
EntityLivingBase entity = event.getEntityLiving();
```

如果受伤害的是土球王：

```
if (entity instanceof EntityDirtBallKing)
```

则在伤害值和实体血量中取一个最小值。注意这里 Math 类的使用：

```
float amount = Math.min(entity.getHealth(), event.getAmount());
```

还需要获取伤害的直接来源：

```
Entity source = event.getSource().getTrueSource();
```

如果受伤害的是玩家就为其 DirtBallPower 添加数值，然后获取 addPower 方法的返回值并输出：

```
    if (source instanceof EntityPlayer)
    {
        DirtBallPower power = source.getCapability(CapabilityRegistryHandler.DIRT_
BALL_POWER, null);
        TextComponentString text = addPower((EntityDirtBallKing) entity, power,
amount);
        source.sendMessage(text);
    }
```

addPower 方法的声明和实现在上面代码中已有出现。该方法的实现非常简单，此处不再赘述。

8.2.5 小结

如果读者一步一步地照做下来，那么现在的项目应该较上次多出了三个文件：

src/main/java/zzzz/fmltutor/capability/DirtBallPower.java

src/main/java/zzzz/fmltutor/capability/CapabilityRegistryHandler.java

src/main/java/zzzz/fmltutor/capability/DirtBallPowerProvider.java

同时以下两个文件发生了一定程度的修改：

src/main/java/zzzz/fmltutor/event/EventHandler.java

src/main/java/zzzz/fmltutor/FMLTutor.java

最后再简要总结一下这一部分：

- 定义了数据类，并使用 CapabilityManager 的 register 方法注册了 Capability。
- 通过 @CapabilityInject 注解获取了注册的 Capability，从而为添加附加属性打下基础。
- 通过监听 AttachCapabilitiesEvent，判断其是否是玩家的同时并向其添加了

ICapabilitySerializable。

- 通过监听 PlayerEvent.Clone 事件，从而保证玩家重生时的附加属性能够从旧玩家身上复制到新玩家身上。
- 通过调用 hasCapability 方法以检查某个实体对应的 Capability 是否存在。
- 通过调用 getCapability 方法，从而使用其返回值读写相应的数据。

8.3 属性框渲染

本部分需要实现的游戏逻辑有以下几个方面。

- 投掷泥土球时检查三种来自泥土球的力量：
  - 若均大于等于四，则各消耗四个点，并生成相应的投掷物。
  - 若小于四，则输出“点数不足无法投掷”的消息。
- 当手持泥土球时，在屏幕界面上绘制一个半透明的提示框，显示三种数值，并标明是否足够投掷一次泥土球：

当然如果主手未手持泥土球，则提示框不存在：

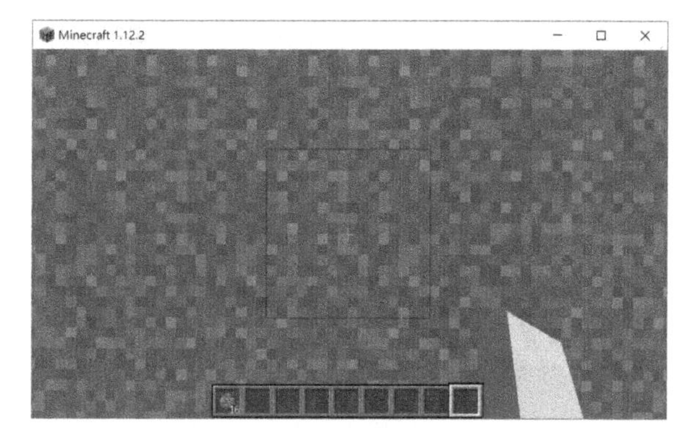

8.3.1 游戏逻辑

实际上游戏逻辑是很容易实现的，其不是本部分的重点内容。重新设计 ItemDirtBall 的 onItemRightClick 方法：

```
    @Override
    public ActionResult<ItemStack> onItemRightClick(World worldIn, EntityPlayer
playerIn, EnumHand handIn)
```

```
    {
        ItemStack item = playerIn.getHeldItem(handIn);

        if (!playerIn.capabilities.isCreativeMode)
        {
            item.shrink(1);
        }

        if (!worldIn.isRemote)
        {
            DirtBallPower power = playerIn.getCapability(CapabilityRegistryHandler.
DIRT_BALL_POWER, null);
            float orange = power.getOrangePower(), green = power.getGreenPower(), blue
= power.getBluePower();

            if (orange < 4 || green < 4 || blue < 4)
            {
                playerIn.sendMessage(new TextComponentString("You do not have enouth
power"));
                return ActionResult.newResult(EnumActionResult.PASS, item);
            }

            power.setOrangePower(orange - 4);
            power.setGreenPower(green - 4);
            power.setBluePower(blue - 4);

            EntityDirtBall entityDirtBall = new EntityDirtBall(worldIn, playerIn);
            float pitch = playerIn.rotationPitch, yaw = playerIn.rotationYaw;
            entityDirtBall.shoot(playerIn, pitch, yaw, 0.0F, 1.5F, 1.0F);
            worldIn.spawnEntity(entityDirtBall);
        }

        return ActionResult.newResult(EnumActionResult.SUCCESS, item);
    }
```

直接从 Capability 处取值，然后检查每个值的大小，并在满足条件时扣除该值。此处注意未满足条件的分支中 `EnumActionResult.PASS` 的使用方法：它代表什么都没做。

8.3.2 绘制属性框

Forge 提供了 `net.minecraftforge.client.event.RenderGameOverlayEvent` 事件。可以通过监听这个事件绘制属性条。考虑到事件只应在游戏客户端监听，因此新建一个名为 `zzzz.fmltutor.client.event` 的包，并创建一个名为 `ClientEventHandler` 的类，为其添加 `@SideOnly` 和 `@EventBusSubscriber` 注解，同时为事件监听器对应的方法添加注解：

```
package zzzz.fmltutor.client.event;

import net.minecraft.util.ResourceLocation;
import net.minecraftforge.client.event.RenderGameOverlayEvent;
import net.minecraftforge.fml.common.Mod.EventBusSubscriber;
import net.minecraftforge.fml.common.eventhandler.SubscribeEvent;
import net.minecraftforge.fml.relauncher.Side;
import net.minecraftforge.fml.relauncher.SideOnly;
```

```
import zzzz.fmltutor.FMLTutor;

@EventBusSubscriber

public class ClientEventHandler
{
    private static final ResourceLocation TEXTURE = new ResourceLocation(FMLTutor.
MODID + ":textures/gui/overlay.png");

    @SubscribeEvent
@SideOnly(Side.CLIENT)
    public static void onRenderGameOverlayPost(RenderGameOverlayEvent.Post event)
    {
        // TODO
    }
}
```

RenderGameOverlayEvent 会在游戏渲染 HUD 的不同元素时触发。该事件类分别有名为 Pre 和 Post 的子类，其中前者在相应元素渲染前触发，而后者在相应元素渲染后触发。此外，RenderGameOverlayEvent 还提供了 getType 方法以获取当前渲染的元素类型，其中 ALL 代表所有元素。

我们在实现具体方法前先声明一个静态字段，用于代表属性条对应的贴图位置。这个位置是可以由 Mod 开发者自行选定的，考虑到这个字段本身对应的是 fmltutor:textures/gui/overlay.png，因此在项目中实际对应 src/main/resources/assets/fmltutor/textures/gui/overlay.png。Minecraft 建议使用长宽各为 256 的图片，因此这张图除左上角的一小部分外，其他地方均为透明：

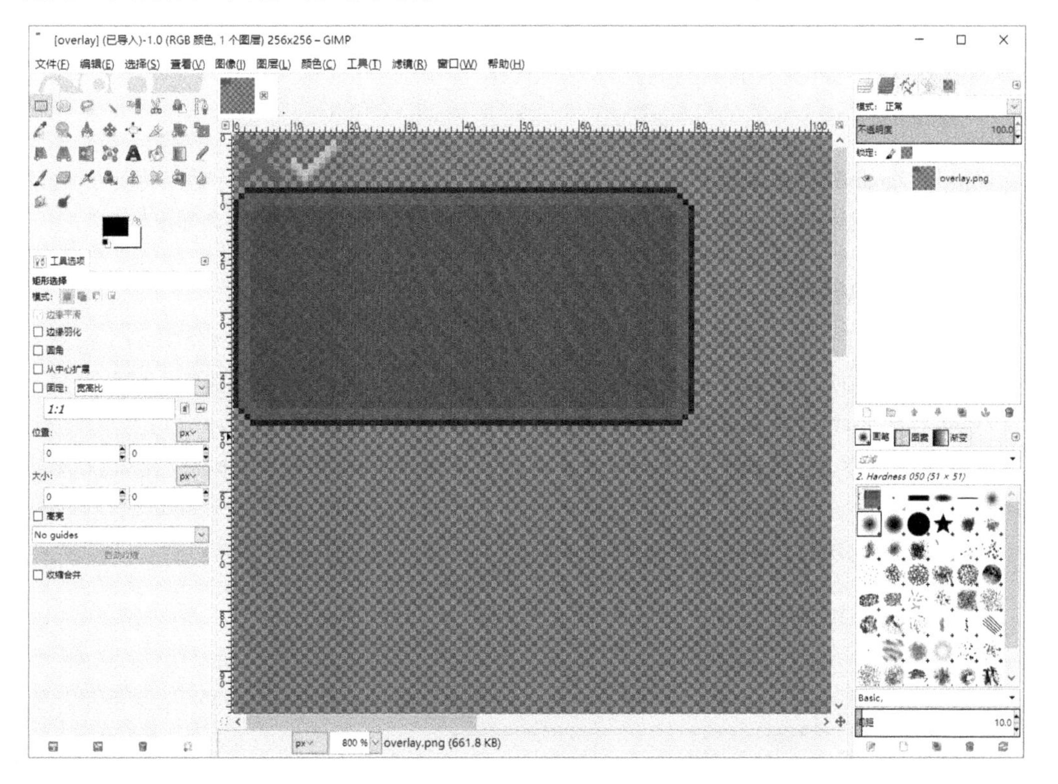

其中：

- (0, 0) 到 (9, 9) 的位置代表数值不足对应的提示标记，也就是一个红色的“×”。
- (9, 0) 到 (18, 9) 的位置代表数值足够对应的提示标记，也就是一个绿色的“√”。
- (0,9) 到 (80,49) 的位置代表长为 80、高为 40 的一个提示框背景，本身为半透明。

然后实现这一方法，代码如下：

```
@SubscribeEvent
public static void onRenderGameOverlayPost(RenderGameOverlayEvent.Post event)
{
    if (RenderGameOverlayEvent.ElementType.ALL.equals(event.getType()))
    {
        Minecraft mc = Minecraft.getMinecraft();
        Entity entity = mc.getRenderViewEntity();
        if (entity instanceof EntityPlayer)
        {
            ItemStack currentItem = ((EntityPlayer) entity).inventory.
getCurrentItem();
            if (ItemRegistryHandler.DIRT_BALL.equals(currentItem.getItem()))
            {
                DirtBallPower power = entity.getCapability(CapabilityRegistryHand
ler.DIRT_BALL_POWER, null);
                float orange = power.getOrangePower(), green = power.
getGreenPower(), blue = power.getBluePower();

                ScaledResolution resolution = event.getResolution();
                int width = resolution.getScaledWidth(), height = resolution.
getScaledHeight();

                GlStateManager.enableBlend();
                mc.getTextureManager().bindTexture(TEXTURE);

                mc.ingameGUI.drawTexturedModalRect(width / 2 - 175, height - 40, 0,
9, 80, 40);

                mc.ingameGUI.drawTexturedModalRect(width / 2 - 170, height - 35,
orange < 4 ? 0 : 9, 0, 9, 9);
                mc.ingameGUI.drawTexturedModalRect(width / 2 - 170, height - 24,
green < 4 ? 0 : 9, 0, 9, 9);
                mc.ingameGUI.drawTexturedModalRect(width / 2 - 170, height - 13,
blue < 4 ? 0 : 9, 0, 9, 9);

                mc.ingameGUI.drawString(mc.fontRenderer, "ORANGE " + orange,
width / 2 - 158, height - 35, 0xFFFFFF);
                mc.ingameGUI.drawString(mc.fontRenderer, "GREEN  " + green, width /
2 - 158, height - 24, 0xFFFFFF);
                mc.ingameGUI.drawString(mc.fontRenderer, "BLUE   " + blue, width /
2 - 158, height - 13, 0xFFFFFF);
            }
        }
    }
}
```

希望所有元素渲染在完成后再渲染属性条：

```
if (RenderGameOverlayEvent.ElementType.ALL.equals(event.getType()))
```

然后获得 Minecraft 客户端实例，并获取正在渲染的实体：

```
Minecraft mc = Minecraft.getMinecraft();
Entity entity = mc.getRenderViewEntity();
```

需要注意的是正在渲染的实体有可能不是玩家，因此还需要一层额外的判定：

```
if (entity instanceof EntityPlayer)
```

如果判定通过则通过 `getCurrentItem` 方法获取玩家客户端手持的物品：

```
ItemStack currentItem = ((EntityPlayer) entity).inventory.getCurrentItem();
```

通过调用 `getItem` 方法获取手上的物品类型。如果手上拿的是泥土球（`ItemRegistryHandler.DIRT_BALL`）：

```
if (ItemRegistryHandler.DIRT_BALL.equals(currentItem.getItem()))
```

则获取相对应 Capability 对应的数据值：

```
    DirtBallPower power = entity.getCapability(CapabilityRegistryHandler.DIRT_BALL_
POWER, null);
    float orange = power.getOrangePower(), green = power.getGreenPower(), blue =
power.getBluePower();
```

接下来便是渲染过程了。需要在渲染的时候知道游戏界面的长宽：

```
ScaledResolution resolution = event.getResolution();
int width = resolution.getScaledWidth(), height = resolution.getScaledHeight();
```

此处重点介绍一下 `ScaledResolution` 的出现背景。理论上，游戏界面的长宽就是游戏窗口的长宽。但是，Minecraft 允许玩家调整游戏内元素的缩放比，换言之，即使游戏窗口的长宽完全相同，考虑到元素尺寸可大可小，在渲染的时候也要根据这一比例变化。因此，Minecraft 在实际开发中抽象出了 `ScaledResolution` 的概念。`ScaledResolution` 的长宽相当于游戏窗口的长宽和游戏元素的缩放比的比值，而游戏本身在渲染前，也会将游戏窗口映射到其对应的长宽。

接下来一步非常重要，如果删去这一行代码，则最终的提示框将不会变成半透明的：

```
GlStateManager.enableBlend();
```

这一行代码将会被映射到 OpenGL 中的 `glEnable(GL_BLEND)` 调用，用于通知渲染引擎在渲染透明物体时开启混合（Blending）。感兴趣的读者可以查阅 OpenGL 的相关文档。

然后引用静态字段，使用贴图：

```
mc.getTextureManager().bindTexture(TEXTURE);
```

在合适的位置渲染指示框背景和三个提示标记。**要注意渲染的顺序，背景在先：**

```
    mc.ingameGUI.drawTexturedModalRect(width / 2 - 175, height - 40, 0, 9, 80, 40);

    mc.ingameGUI.drawTexturedModalRect(width / 2 - 170, height - 35, orange < 4 ? 0 :
9, 0, 9, 9);
    mc.ingameGUI.drawTexturedModalRect(width / 2 - 170, height - 24, green < 4 ? 0 : 9,
0, 9, 9);
    mc.ingameGUI.drawTexturedModalRect(width / 2 - 170, height - 13, blue < 4 ? 0 : 9,
0, 9, 9);
```

`drawTexturedModalRect` 方法在之前的章节有所提及，读者可以根据个人喜好调整其相对位置。

接下来渲染文字：

```
mc.ingameGUI.drawString(mc.fontRenderer, "ORANGE " + orange, width / 2 - 158,
```

```
height - 35, 0xFFFFFF);
    mc.ingameGUI.drawString(mc.fontRenderer, "GREEN   " + green, width / 2 - 158,
height - 24, 0xFFFFFF);
    mc.ingameGUI.drawString(mc.fontRenderer, "BLUE    " + blue, width / 2 - 158,
height - 13, 0xFFFFFF);
```

drawString 用于为 GUI 渲染文本，其五个参数是相对固定的：

- 第一个参数固定传入 FontRenderer。此处通过 Minecraft 类的 fontRenderer 字段获取。
- 第二个参数即为文本本身，传入一个字符串即可。文本支持颜色代码和格式代码。
- 第三个和第四个参数代表文字左上角相对于屏幕左上角的坐标，即 XY 值。
- 第五个参数代表文字的颜色，通常只会指定为白色（0xFFFFFF）。

以上就是整个渲染流程。打开游戏，手持泥土球便可以看到提示框了：

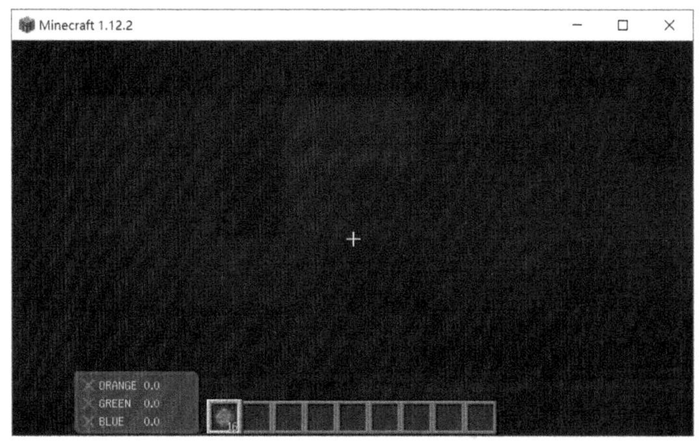

添加的提示框本身渲染并不存在问题，但其中的数据是存在问题的：这三个数据本不都为零，为什么渲染的时候全部显示为零呢？

8.3.3 基于发送数据包的手动数据同步

通过之前的章节我们知道，Minecraft 为实体提供了一种基于 EntityDataManager 的数据同步方案。这套方案会将实体数据在服务端和客户端之间自动同步，但存在以下几个问题：

- 一部分实体数据不应自动同步到客户端，比如其他玩家的背包数据。
- 如果不同的 Mod 为同一个实体添加数据，那么由于加载顺序等问题，客户端和服务端处理数据的方式可能不同步，从而导致崩溃。

如果设计的是实体，那么可以大量使用基于 EntityDataManager 的数据同步方案，但是在本章基于的 Capability 系统，涉及的是附着在玩家身上的数据，这套方案便行不通了。

在这里使用的是一套基于 CustomPayload 的 Plugin Channel 系统。这套系统在被原版采用的同时，也在整个 Minecraft 社区中被大量插件和 Mod 使用。一个 Plugin Channel 系统中的数据包包含以下两个部分：

- 一个代表 Channel 名称的字符串，**通常为全大写，建议不超过 16 个字符**。
- 一串代表 Channel 中相应数据的字节序列。

新建一个 zzzz.fmltutor.network 包，然后新建一个 NetworkRegistryHandler，

并在其中新建一个名为 Power 的嵌套类：

```
package zzzz.fmltutor.network;

import net.minecraftforge.fml.common.eventhandler.SubscribeEvent;
import net.minecraftforge.fml.common.network.FMLEventChannel;
import net.minecraftforge.fml.common.network.FMLNetworkEvent;
import net.minecraftforge.fml.common.network.NetworkRegistry;
import net.minecraftforge.fml.relauncher.Side;
import net.minecraftforge.fml.relauncher.SideOnly;

public class NetworkRegistryHandler
{
    public static void register()
    {
        Power.CHANNEL.register(Power.class);
    }

    public static class Power
    {
        private static final String NAME = "DIRTBALLPOWER";
        private static final FMLEventChannel CHANNEL = NetworkRegistry.INSTANCE.
newEventDrivenChannel(NAME);

        @SubscribeEvent
        @SideOnly(Side.CLIENT)
        public static void onClientCustomPacket(FMLNetworkEvent.
ClientCustomPacketEvent event)
        {
            // TODO
        }
    }
}
```

首先调用 net.minecraftforge.fml.common.network.NetworkRegistry 的 newEventDrivenChannel 方法注册了一个新的 Channel，该 Channel 对应的是 net.minecraftforge.fml.common.network.FMLEventChannel 类的实例。需要注意的是，代码是如何通过 NetworkRegistry 类中名为 INSTANCE 的静态字段获取 NetworkRegistry 的：

```
private static final String NAME = "DIRTBALLPOWER";
private static final FMLEventChannel CHANNEL = NetworkRegistry.INSTANCE.
newEventDrivenChannel(NAME);
```

还需要监听数据包送达的事件，因此声明了一个标记有 @SubscribeEvent 注解的方法。考虑到这一事件只应在客户端监听，还为相应方法添加了 @SideOnly 注解：

```
@SubscribeEvent
@SideOnly(Side.CLIENT)
public static void onClientCustomPacket(FMLNetworkEvent.ClientCustomPacketEvent
event)
{
    // TODO
}
```

考虑到每个 Channel 的监听器各不相同，因此不能直接向类中添加 @EventBus

Subscriber 注解注册监听器。Forge 为 FMLEventChannel 提供了名为 register 的方法，只需要传入监听器对应的 Class 实例即可：

```
public static void register()
{
    Power.CHANNEL.register(Power.class);
}
```

最后要在主类调用 register 方法。建议在触发 FMLPreInitializationEvent 的阶段调用：

```
@EventHandler
public void preInit(FMLPreInitializationEvent event)
{
    logger = event.getModLog();
    NetworkRegistryHandler.register();
    CapabilityRegistryHandler.register();
}
```

8.3.4　接收数据包

以下是监听器的实现：

```
@SubscribeEvent
@SideOnly(Side.CLIENT)
public static void onClientCustomPacket(FMLNetworkEvent.ClientCustomPacketEvent
event)
{
    ByteBuf buf = event.getPacket().payload();
    float blue = buf.readFloat(), green = buf.readFloat(), orange = buf.
readFloat();

    Minecraft mc = Minecraft.getMinecraft();
    mc.addScheduledTask(() ->
    {
        EntityPlayer player = mc.player;
        DirtBallPower power = player.getCapability(CapabilityRegistryHandler.
DIRT_BALL_POWER, null);

        power.setBluePower(blue);
        power.setGreenPower(green);
        power.setOrangePower(orange);
    });
}
```

io.netty.buffer.ByteBuf 是通过一个名为 Netty 的网络框架实现的，用于存储字节序列的类，其实现了若干以 read 和 write 开头的方法，用于按顺序向其中的字节序列存取数据。首先通过 event.getPacket().payload() 拿到这一实例，然后调用 readFloat 获取三个值：

```
ByteBuf buf = event.getPacket().payload();
float blue = buf.readFloat(), green = buf.readFloat(), orange = buf.readFloat();
```

获取 Minecraft 实例：

```
Minecraft mc = Minecraft.getMinecraft();
```

以及代表客户端的唯一 EntityPlayer 的 player 字段：

```
EntityPlayer player = mc.player;
```

并获取其 Capability：

```
DirtBallPower power = player.getCapability(CapabilityRegistryHandler.DIRT_BALL_
POWER, null);
```

再向其中写入数据：

```
power.setBluePower(blue);
power.setGreenPower(green);
power.setOrangePower(orange);
```

现在只剩下 addScheduledTask 方法的调用及某个意味不明的 Lambda 表达式没有提及，会在后面章节讲解它们存在的意义。

8.3.5 发送数据包

在 Power 类额外新建一个方法用于发送数据包：

```
public static void sendClientCustomPacket(EntityPlayer player)
{
    PacketBuffer buf = new PacketBuffer(Unpooled.buffer());
    DirtBallPower power = player.getCapability(CapabilityRegistryHandler.DIRT_
BALL_POWER, null);

    buf.writeFloat(power.getBluePower());
    buf.writeFloat(power.getGreenPower());
    buf.writeFloat(power.getOrangePower());

    CHANNEL.sendTo(new FMLProxyPacket(buf, NAME), (EntityPlayerMP) player);
}
```

首先生成 PacketBuffer。此写法是惯例写法，读者照做便是：

```
PacketBuffer buf = new PacketBuffer(Unpooled.buffer());
```

然后获取 Capability，准备写入数据：

```
DirtBallPower power = player.getCapability(CapabilityRegistryHandler.DIRT_BALL_
POWER, null);
```

开始写入三个浮点数：

```
buf.writeFloat(power.getBluePower());
buf.writeFloat(power.getGreenPower());
buf.writeFloat(power.getOrangePower());
```

然后构造 FMLProxyPacket 并发送：

```
CHANNEL.sendTo(new FMLProxyPacket(buf, NAME), (EntityPlayerMP) player);
```

需要注意的是，sentTo 方法的第二个参数要求 EntityPlayerMP，因此这里进行了一次强制类型转换。

梳理一下 EntityPlayer 的所有子类。

- net.minecraft.client.entity.AbstractClientPlayer：代表客户端的玩家，**只会在逻辑客户端出现。**
  - net.minecraft.client.entity.EntityPlayerSP：代表游玩客户端的玩家本身，实际上 Minecraft 的 player 字段便是这一类型。
  - net.minecraft.client.entity.EntityOtherPlayerMP：代表出现在客户端的其他玩家（常出现于多人游戏）。

- net.minecraft.entity.player.EntityPlayerMP：代表服务端的玩家，**只会在逻辑服务端出现。**
  - net.minecraftforge.common.util.FakePlayer：由 Forge 提供的虚拟玩家，本书不会提及。

因此，需要保证 sendClientCustomPacket 只在逻辑服务端执行，便可以对玩家类型进行强制类型转换。**注意逻辑服务端既可能在物理服务端出现，又可能在物理客户端出现，因此请不要为只在逻辑服务端执行的方法添加 @SideOnly 注解。**

8.3.6 手动同步数据

现在需要在服务端数据发生变化时调用 sendClientCustomPacket 方法。注意以下代码中所有 // *同步数据*注释附近的部分。首先需要在玩家对土球王造成伤害时调用 sendClientCustomPacket 方法：

```
@SubscribeEvent
public static void onLivingDamage(LivingDamageEvent event)
{
    EntityLivingBase entity = event.getEntityLiving();
    if (entity instanceof EntityDirtBallKing)
    {
        float amount = Math.min(entity.getHealth(), event.getAmount());
        Entity source = event.getSource().getTrueSource();
        if (source instanceof EntityPlayer)
        {
            DirtBallPower power = source.getCapability(CapabilityRegistryHandler.
DIRT_BALL_POWER, null);
            TextComponentString text = addPower((EntityDirtBallKing) entity,
power, amount);

            // 同步数据
            NetworkRegistryHandler.Power.sendClientCustomPacket((EntityPlayer)
source);

            source.sendMessage(text);
        }
    }
}
```

然后覆盖玩家投掷泥土球时会被调用，代码如下：

```
@Override
public ActionResult<ItemStack> onItemRightClick(World worldIn, EntityPlayer
playerIn, EnumHand handIn)
{
    ItemStack item = playerIn.getHeldItem(handIn);

    if (!playerIn.capabilities.isCreativeMode)
    {
        item.shrink(1);
    }

    if (!worldIn.isRemote)
    {
        DirtBallPower power = playerIn.getCapability(CapabilityRegistryHandler.
```

```
DIRT_BALL_POWER, null);
                float orange = power.getOrangePower(), green = power.getGreenPower(), blue =
power.getBluePower();

                if (orange < 4 || green < 4 || blue < 4)
                {
                    playerIn.sendMessage(new TextComponentString("You do not have enouth
power"));
                    return ActionResult.newResult(EnumActionResult.PASS, item);
                }

                power.setOrangePower(orange - 4);
                power.setGreenPower(green - 4);
                power.setBluePower(blue - 4);

                // 同步数据
                NetworkRegistryHandler.Power.sendClientCustomPacket(playerIn);

                EntityDirtBall entityDirtBall = new EntityDirtBall(worldIn, playerIn);
                float pitch = playerIn.rotationPitch, yaw = playerIn.rotationYaw;
                entityDirtBall.shoot(playerIn, pitch, yaw, 0.0F, 1.5F, 1.0F);
                worldIn.spawnEntity(entityDirtBall);
            }

            return ActionResult.newResult(EnumActionResult.SUCCESS, item);
        }
```

最后在玩家进入世界时同步数据：

```
    @SubscribeEvent
    public static void onPlayerJoin(EntityJoinWorldEvent event)
    {
        Entity entity = event.getEntity();
        if (!entity.world.isRemote && entity instanceof EntityPlayer)
        {
            String message = "Welcome to FMLTutor, " + entity.getName() + "! ";
            TextComponentString text = new TextComponentString(message);
            entity.sendMessage(text);

            // 同步数据
            NetworkRegistryHandler.Power.sendClientCustomPacket((EntityPlayer)
entity);
        }
    }
```

本章节所有与同步数据相关的代码，到这里就全部写完了。

8.3.7 将代码切换到游戏主循环执行

Minecraft 本质是一个单线程游戏，大量游戏逻辑都只在客户端或服务端的单个线程执行。**如果一段游戏逻辑相关的代码本应在游戏主循环运行，实际却在其他线程运行，那么将会导致意料之外的问题**。但幸运的是，Minecraft 提供了一个名为 addScheduledTask 的方法，调用时需要传入 java.lang.Runnable 作为参数，从而在游戏主循环调用 Runnable 的 run 方法。Runnable 是一个只声明了 run 方法的接口，因此属于函数式接口，可以直接使用 Lambda 表达式声明。

所有与网络数据包相关的事件都会在独立于游戏主循环之外的网络线程触发，因此才会在事件监听器中编写以下代码：

```
Minecraft mc = Minecraft.getMinecraft();
mc.addScheduledTask(() -> {...});
```

以下是完整的 NetworkRegistryHandler 类的代码：

```
package zzzz.fmltutor.network;

import io.netty.buffer.ByteBuf;
import io.netty.buffer.Unpooled;
import net.minecraft.client.Minecraft;
import net.minecraft.entity.player.EntityPlayer;
import net.minecraft.entity.player.EntityPlayerMP;
import net.minecraft.network.PacketBuffer;
import net.minecraftforge.fml.common.eventhandler.SubscribeEvent;
import net.minecraftforge.fml.common.network.FMLEventChannel;
import net.minecraftforge.fml.common.network.FMLNetworkEvent;
import net.minecraftforge.fml.common.network.NetworkRegistry;
import net.minecraftforge.fml.common.network.internal.FMLProxyPacket;
import net.minecraftforge.fml.relauncher.Side;
import net.minecraftforge.fml.relauncher.SideOnly;
import zzzz.fmltutor.capability.CapabilityRegistryHandler;
import zzzz.fmltutor.capability.DirtBallPower;

public class NetworkRegistryHandler
{
    public static void register()
    {
        Power.CHANNEL.register(Power.class);
    }

    public static class Power
    {
        private static final String NAME = "DIRTBALLPOWER";
        private static final FMLEventChannel CHANNEL = NetworkRegistry.INSTANCE.
newEventDrivenChannel(NAME);

        public static void sendClientCustomPacket(EntityPlayer player)
        {
            PacketBuffer buf = new PacketBuffer(Unpooled.buffer());
            DirtBallPower power = player.getCapability(CapabilityRegistryHandler.
DIRT_BALL_POWER, null);

            buf.writeFloat(power.getBluePower());
            buf.writeFloat(power.getGreenPower());
            buf.writeFloat(power.getOrangePower());

            CHANNEL.sendTo(new FMLProxyPacket(buf, NAME), (EntityPlayerMP)
player);
        }

        @SubscribeEvent
```

```
            @SideOnly(Side.CLIENT)
            public static void onClientCustomPacket(FMLNetworkEvent.
ClientCustomPacketEvent event)
            {
                ByteBuf buf = event.getPacket().payload();
                float blue = buf.readFloat(), green = buf.readFloat(), orange = buf.
readFloat();

                Minecraft mc = Minecraft.getMinecraft();
                mc.addScheduledTask(() ->
                {
                    EntityPlayer player = mc.player;
                    DirtBallPower power = player.getCapability(CapabilityRegistryHand
ler.DIRT_BALL_POWER, null);

                    power.setBluePower(blue);
                    power.setGreenPower(green);
                    power.setOrangePower(orange);
                });
            }
        }
    }
```

8.3.8 小结

如果读者一步一步地照做下来，那么现在的项目应该较上次多出了三个文件：

src/main/java/zzzz/fmltutor/client/event/ClientEventHandler.java

src/main/java/zzzz/fmltutor/network/NetworkRegistryHandler.java

src/main/resources/assets/fmltutor/textures/gui/overlay.png

同时以下三个文件发生了一定程度的修改：

src/main/java/zzzz/fmltutor/event/EventHandler.java

src/main/java/zzzz/fmltutor/item/ItemDirtBall.java

src/main/java/zzzz/fmltutor/FMLTutor.java

最后再简要总结一下这一部分：

- 在客户端监听了 RenderGameOverlayEvent，从而绘制属于自己的属性框界面。
- 使用 drawTexturedModalRect 方法渲染贴图，使用 drawString 方法渲染文字。
- 调用 NetworkRegistry 的 newEventDrivenChannel 方法创建了一个 Channel 用于发送数据包。
- 向 Channel 注册监听器以处理收到的数据包，并调用 sendTo 方法发送数据包。
- 调用 addScheduledTask 方法以确保代码在游戏主循环而非网络线程执行。

8.4 调整提示文本

本节将调整在之前章节中出现的提示文本。

8.4.1 国际化

先从玩家进入游戏的提示信息开始：

```
@SubscribeEvent
public static void onPlayerJoin(EntityJoinWorldEvent event)
{
    Entity entity = event.getEntity();
    if (!entity.world.isRemote && entity instanceof EntityPlayer)
    {
        entity.sendMessage(new TextComponentTranslation("message.fmltutor.
welcome", FMLTutor.NAME, entity.getName()));

        // 同步数据
        NetworkRegistryHandler.Power.sendClientCustomPacket((EntityPlayer)
entity);
    }
}
```

使用了一个新的类：net.minecraft.util.text.TextComponentTranslation。这个类的实例代表语言文件中的一个标识符，因此不同的语言文件，对应的文本各不相同。TextComponentTranslation 的构造方法声明了两个参数：

- 第一个参数对应的是文本对应的语言文件的标识符。
- 第二个参数是变长参数，对应的是在映射文本时将被替换成对应文本的对象。

与之对应的，需要在 en_us.lang 中加上以下代码：

```
message.fmltutor.welcome=Welcome to %s, %s!
```

上面代码中的 %s 被称为**格式说明符**（Format Specifier），在上面的示例中，第一个 %s 将被 FMLTutor.NAME 替换，而第二个 %s 将被 entity.getName() 替换。因此在解析到这一处时，输出的文本将被替换成诸如“Welcome to FMLTutor, Player997!”的形式。

Java 本身支持很多不同类型的格式说明符， Minecraft 的语言文件也能够正确识别部分格式说明符（但其具体实现可能与 Java 的内部实现略有差异），例如代表整数的 %d、代表浮点数的 %f 等。本书稍后还将使用到另一个名为 %.1f 的格式说明符，它代表一位小数格式的浮点数。

现在想要为 zh_cn.lang 这一语言文件添加一行代码，并希望能够输出“欢迎 Player997 来到 FMLTutor！”这一文本，那么，在代码传入的参数中，FMLTutor.NAME 位于 entity.getName() 前，但实际文本中的顺序恰好是颠倒的，这该如何处理呢？

8.4.2 Java 对格式说明符的处理

对于多个格式说明符，Java 允许通过向格式符中间插入 $ 和数字指定传入参数的相对位置，例如：

- "欢迎 %s 来到 %s！"将处理为"欢迎 FMLTutor 来到 Player997！"，为默认位置。
- "欢迎 %1$s 来到 %2$s！"将处理为"欢迎 FMLTutor 来到 Player997！"，和上面的相同。
- "欢迎 %2$s 来到 %1$s！"将处理为"欢迎 Player997 来到 FMLTutor！"，

两个参数的相对位置进行了对调。

据此，在 zh_cn.lang 中添加以下代码：

```
message.fmltutor.welcome=欢迎 %2$s 来到 %1$s！
```

把其他所有提示文本都换掉，以下是 en_us.lang 在本节添加的内容：

```
message.fmltutor.welcome=Welcome to %s, %s!
message.fmltutor.power.add.blue=Blue power += %.1f
message.fmltutor.power.add.green=Green power += %.1f
message.fmltutor.power.add.orange=Orange power += %.1f
message.fmltutor.power.insufficient=You do not have enouth power

tooltip.fmltutor.power.blue=BLUE   %.1f
tooltip.fmltutor.power.green=GREEN  %.1f
tooltip.fmltutor.power.orange=ORANGE %.1f
```

以下是 zh_cn.lang 在本节添加的内容：

```
message.fmltutor.welcome=欢迎 %2$s 来到 %1$s！
message.fmltutor.power.add.blue=蓝色之力 += %.1f
message.fmltutor.power.add.green=绿色之力 += %.1f
message.fmltutor.power.add.orange=橙色之力 += %.1f
message.fmltutor.power.insufficient=你拥有的力量还不够多

tooltip.fmltutor.power.blue=蓝色 %.1f
tooltip.fmltutor.power.green=绿色 %.1f
tooltip.fmltutor.power.orange=橙色 %.1f
```

8.4.3　在客户端解析国际化文本

首先重写 EventHandler 的 addPower 方法：

```
    private static TextComponentTranslation addPower(EntityDirtBallKing entity,
DirtBallPower power, float amount)
    {
        byte color = entity.getColor();
        if (color == 2)
        {
            power.setGreenPower(power.getGreenPower() + amount);
            return new TextComponentTranslation("message.fmltutor.power.add.green",
amount);
        }
        if (color == 1)
        {
            power.setBluePower(power.getBluePower() + amount);
            return new TextComponentTranslation("message.fmltutor.power.add.blue",
amount);
        }
        power.setOrangePower(power.getOrangePower() + amount);
        return new TextComponentTranslation("message.fmltutor.power.add.orange",
amount);
    }
```

然后重写 ItemDirtBall 类的一个分支：

```
if (orange < 4 || green < 4 || blue < 4)
{
    playerIn.sendMessage(new TextComponentTranslation("message.fmltutor.power.
```

```
insufficient"));
        return ActionResult.newResult(EnumActionResult.PASS, item);
    }
```

现在要处理 ClientEventHandler 的事件监听器，但 drawString 方法并不允许传入一个 TextComponentTranslation，那么需要怎么做呢？Minecraft 提供了 net.minecraft.client.resources.I18n 类，可以调用这个类的 format 方法，并使用由该方法返回的字符串，从而解决问题。需要注意的是**这个类只能在客户端调用**：

```
    mc.ingameGUI.drawString(mc.fontRenderer, I18n.format("tooltip.fmltutor.power.
orange", orange),
                                width / 2 - 158, height - 35, 0xFFFFFF);
    mc.ingameGUI.drawString(mc.fontRenderer, I18n.format("tooltip.fmltutor.power.
green", green),
                                width / 2 - 158, height - 24, 0xFFFFFF);
    mc.ingameGUI.drawString(mc.fontRenderer, I18n.format("tooltip.fmltutor.power.
blue", blue),
                                width / 2 - 158, height - 13, 0xFFFFFF);
```

8.4.4 样式代码

Minecraft Wiki 中对样式代码进行了详尽介绍，同时语言文件中的提示文本均允许添加样式代码。以下是本书添加样式代码后的语言文件：

```
# en_us.lang
message.fmltutor.welcome=§aWelcome to §r%s§a, §r%s§a!
message.fmltutor.power.add.blue=§bBlue power += §r%.1f
message.fmltutor.power.add.green=§aGreen power += §r%.1f
message.fmltutor.power.add.orange=§eOrange power += §r%.1f
message.fmltutor.power.insufficient=§cYou do not have enouth power

# en_us.lang
tooltip.fmltutor.power.blue=§bBLUE   §r%.1f
tooltip.fmltutor.power.green=§aGREEN  §r%.1f
tooltip.fmltutor.power.orange=§eORANGE §r%.1f

# zh_cn.lang
message.fmltutor.welcome=§a欢迎 §r%2$s§a 来到 §r%1$s§a！
message.fmltutor.power.add.blue=§b蓝色之力 += §r%.1f
message.fmltutor.power.add.green=§a绿色之力 += §r%.1f
message.fmltutor.power.add.orange=§e橙色之力 += §r%.1f
message.fmltutor.power.insufficient=§c你拥有的力量还不够多

# zh_cn.lang
tooltip.fmltutor.power.blue=§b蓝色 §r%.1f
tooltip.fmltutor.power.green=§a绿色 §r%.1f
tooltip.fmltutor.power.orange=§e橙色 §r%.1f
```

以下是游戏效果：

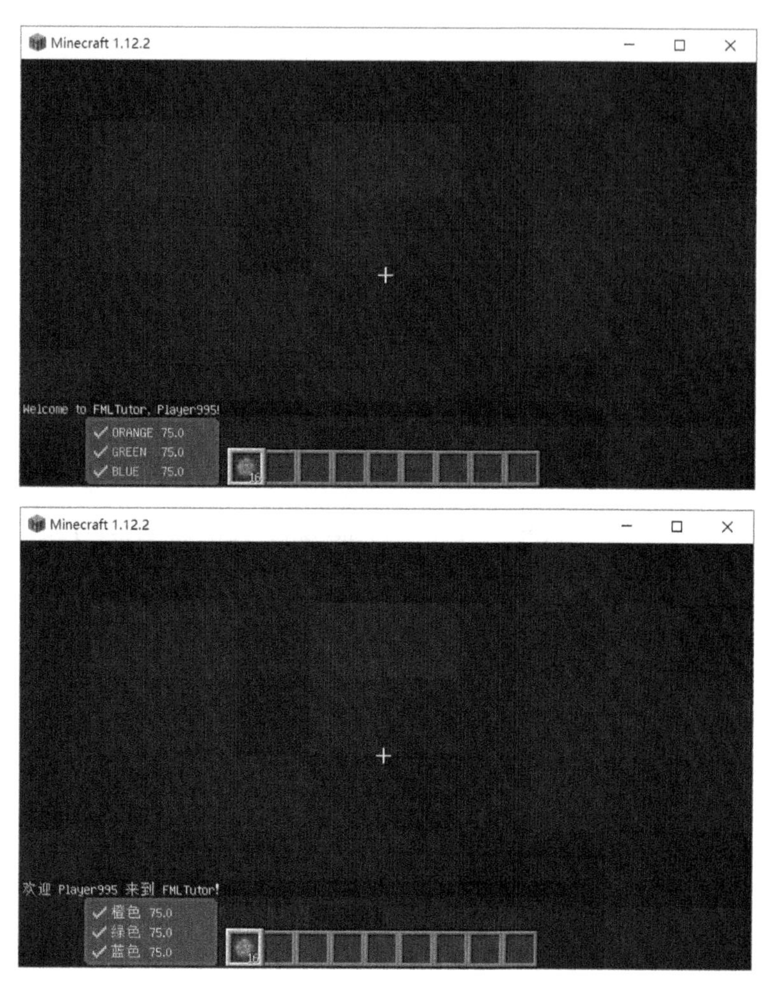

8.4.5 小结

如果读者一步一步地照做下来，那么现在的项目应该有几个文件发生了一定程度的修改：

src/main/java/zzzz/fmltutor/client/event/ClientEventHandler.java

src/main/java/zzzz/fmltutor/event/EventHandler.java

src/main/java/zzzz/fmltutor/item/ItemDirtBall.java

src/main/resources/assets/fmltutor/lang/en_us.lang

src/main/resources/assets/fmltutor/lang/zh_cn.lang

最后再简要总结一下这一部分：

- 使用 TextComponentTranslation 代表语言文件中的一个标识符，从而在解析时对应到相应语言的值。
- 使用 I18n 的 format 方法在客户端将标识符手动解析到文本字符串。
- 使用若干 § 开头的样式代码调整了文本的颜色等样式。

8.5 本章小结

本章讲到的所有知识点有些琐碎，但基本上是围绕着如何编写一个属性或技能展开的。以下是这一章的总结。

Java 基础：

知道什么是格式说明符，并知道 Java 是如何处理常见的格式说明符的。

Minecraft Mod 开发：

知道如何继承 `EntityThrowable` 创造并注册投掷物对应的实体类。

知道如何为投掷物指定渲染，并指定投掷物的投掷行为及碰撞行为。

知道 `DamageSource` 在游戏中的含义，并能够在和伤害有关的场合简单应用。

知道 `ActionResult` 在游戏中的含义，并能够在和主副手有关的场合简单应用。

知道如何读写 Capability，将 Capability 与 NBT 数据进行转换，并知道如何注册新的 Capability。

知道如何将 Capability 绑定到玩家身上，并知道如何将 Capability 数据从服务端同步到客户端。

知道如何通过监听 `RenderGameOverlayEvent` 以在游戏主界面执行渲染逻辑。

知道如何在 HUD 渲染资源文件中的贴图，并知道如何渲染文字。

知道如何将代码中使用的文本映射到语言文件中的标识符，从而实现国际化。

第 9 章

眼见为实

9.1 方块状态与朝向

从本章开始，读者将学习如何制作一个机器方块，同时为方块添加一个可以操作的 GUI。

在这一节，先从基础的方块本身开始学习。本节将制作一个带有多个方块状态的方块，从而控制方块的朝向。

9.1.1 方块状态属性与其对应值

方块状态是方块类型及其他用于描述方块的额外数据。除方块类型外，一个方块状态可以视为多个小写名称和每个名称所对应的值的集合。对于同种方块，名称本身是固定的，而每个名称对应的可能值也是相对固定的。因此，最终每个方块类型对应的方块状态数，将为每个名称对应的值的可能数量的乘积。

以下是原版游戏中可能出现的方块状态。

- 一块上下方向生长的丛林木：`minecraft:log[axis=y,variant=jungle]`
- 一块面向北方的潜影盒：`minecraft:shulker_box[facing=north]`
- 一块地狱砖：`minecraft:nether_brick[normal]`

Minecraft 约定如下。

- 方块状态如果没有任何额外数据，则相应地记作 `normal`。
- 方块状态的额外数据以 `name=value` 的方式记录。
- 多个名称对应的额外数据使用“`,`”分隔。

方块朝向不同的方向也将对应不同的方块状态，通常使用 `facing` 指代额外数据中相应的名称。

方块状态在游戏代码中使用 `net.minecraft.block.state.IBlockState` 接口指代，而 `net.minecraft.block.properties.IProperty` 接口将被用于指代额外数据中的名称。`IProperty` 是泛型接口，其泛型参数指代的是其对应值的类型。

创建一个 `BlockDirtCompressor` 类：

```
package zzzz.fmltutor.block;

import net.minecraft.block.Block;
import net.minecraft.block.material.Material;
```

```
import net.minecraft.block.properties.IProperty;
import net.minecraft.block.properties.PropertyDirection;
import net.minecraft.block.state.BlockStateContainer;
import net.minecraft.util.EnumFacing;
import zzzz.fmltutor.FMLTutor;
import zzzz.fmltutor.creativetab.TabFMLTutor;

public class BlockDirtCompressor extends Block
{
    private static final IProperty<EnumFacing> FACING = PropertyDirection.
create("facing", EnumFacing.Plane.HORIZONTAL);

    public BlockDirtCompressor()
    {
        super(Material.ROCK);
        this.setUnlocalizedName(FMLTutor.MODID + ".dirtCompressor");
        this.setCreativeTab(TabFMLTutor.TAB_FMLTUTOR);
        this.setRegistryName("dirt_compressor");
        this.setHarvestLevel("pickaxe", 1);
        this.setHardness(3.5F);
        this.setDefaultState(this.blockState.getBaseState().withProperty(FACING,
EnumFacing.NORTH));
    }

    @Override
    protected BlockStateContainer createBlockState()
    {
        return new BlockStateContainer(this, FACING);
    }
}
```

与普通的方块类相比，这一节的类中添加了以下三个元素。

- 添加了 FACING 字段，并指定了作为额外数据的属性名称（facing）。
- 覆盖了 createBlockState 方法，并将需要用到的属性名称作为参数传入。
- 在构造方法中调用了 setDefaultState 方法，用于设置默认的方块状态对应到 facing 的具体值。

IProperty 本身只是一个接口，除直接实现这个接口外，IProperty 还有一些子类可以用于构造相应的实例。

- net.minecraft.block.properties.PropertyEnum：用于枚举值的属性。
- net.minecraft.block.properties.PropertyBool：用于布尔类型的值的属性。
- net.minecraft.block.properties.PropertyInteger：用于一定范围内的整数值属性。
- net.minecraft.block.properties.PropertyDirection：用于代表方向（即 EnumFacing）的值的属性。

上述四个类都有相对应的静态方法，用于构造相对应的实例。本书只涉及 PropertyDirection，以下是几种常见的构造方式。

- PropertyDirection.create("facing")：构造对应六个方向的值的属性。

- PropertyDirection.create("facing", EnumFacing.Plane.HORIZONTAL)：构造对应四个水平方向的值的属性。
- PropertyDirection.create("facing", EnumFacing.Plane.VERTICAL)：构造对应两个与水平方向垂直的方向的值的属性。

由于本章只涉及水平方向的方块，因此使用了第二种方式。

9.1.2 方块状态和元数据的对应

Minecraft 使用一个整数存储一个方块类型对应的所有方块状态。事实上，游戏内很多游戏元素都是和某个整数一一对应的，我们称相对应的整数为**元数据**（Metadata）。能够在世界上存储元数据最多的方块只有 16 个。为了完成方块状态和元数据一一对应，还需要在 Block 类覆盖两个方法：

```
@Override
public int getMetaFromState(IBlockState state)
{
    return state.getValue(FACING).getHorizontalIndex();
}

@Override
public IBlockState getStateFromMeta(int meta)
{
    return this.getDefaultState().withProperty(FACING, EnumFacing.
getHorizontal(meta));
}
```

EnumFacing 的 getHorizontalIndex 及 getHorizontal 方法可用于将整数和 EnumFacing 转换。

现在注册方块与对应的物品。以下是 BlockRegistryHandler 新添加的代码：

```
public static final BlockDirtCompressor BLOCK_DIRT_COMPRESSOR = new
BlockDirtCompressor();
// 该语句位于 onRegistry 方法
registry.register(BLOCK_DIRT_COMPRESSOR);
```

以下是 ItemRegistryHandler 新添加的代码：

```
public static final ItemBlock ITEM_DIRT_COMPRESSOR = withRegistryName(new
ItemBlock(BlockRegistryHandler.BLOCK_DIRT_COMPRESSOR));
// 该语句位于 onRegistry 方法
registry.register(ITEM_DIRT_COMPRESSOR);
// 该语句位于 onModelRegistry 方法
registerModel(ITEM_DIRT_COMPRESSOR);
```

以下是新添加的语言文件内容：

```
# in en_us.lang
tile.fmltutor.dirtCompressor.name=Dirt Compressor

# in zh_cn.lang
tile.fmltutor.dirtCompressor.name=泥土压缩机
```

以下是这一方块对应物品的合成表，本书将其保存到一个名为 dirt_compressor.json 的文件中：

```
{
```

```
  "type": "crafting_shaped",
  "pattern": [
    "X#X",
    "X%X",
    "X@X"
  ],
  "key": {
    "#": {
      "item": "minecraft:piston"
    },
    "%": {
      "item": "minecraft:glass_pane"
    },
    "@": {
      "item": "fmltutor:compressed_dirt"
    },
    "X": {
      "item": "minecraft:cobblestone"
    }
  },
  "result": {
    "item": "fmltutor:dirt_compressor"
  }
}
```

9.1.3 玩家放置方块的行为

玩家在放置方块的时候，方块的正面永远朝向玩家，这通常通过覆盖 getStateForPlacement 方法实现：

```
@Override
public IBlockState getStateForPlacement(World world,
                                        BlockPos pos, EnumFacing facing,
                                        float hitX, float hitY, float hitZ,
                                        int meta, EntityLivingBase placer,
                                        EnumHand hand)
{
    return this.getDefaultState()
            .withProperty(FACING, placer.getHorizontalFacing().getOpposite());
}
```

placer.getHorizontalFacing() 和 facing 都属于 EnumFacing 类的实例，实现时注意两者的差别：

- placer.getHorizontalFacing() 代表放置方块时玩家的朝向，原版方块中，熔炉和活塞等使用这一朝向。
- facing 代表玩家放置方块时放置位置所对应的面的朝向，原版方块中，原木和活板门等使用这一朝向。

9.1.4 指定多方块状态的材质文件

在之前章节添加过一个描述方块的文件：

```
{
  "forge_marker": 1,
  "defaults": {
```

```
        "model": "minecraft:cube_all",
        "textures": { "all": "fmltutor:blocks/compressed_dirt" }
      },
      "variants": {
        "normal": [{}],
        "inventory": [{ "transform": "forge:default-block" }]
      }
    }
```

先从 defaults 开始：

model 下 minecraft:cube_all 代表的是六个面均相同的方块，这里由于方块有了朝向，所以不能再用 minecraft:cube_all 了。

在本节将指定 minecraft:orientable 作为 model 下对应的值。

textures 下只指定了一处材质，而有朝向的方块其材质有多处。

将指定 top（对应顶部和底部）、side（对应侧面）和 front（对应正面）三处材质。

然后是 variants：

normal 对应的不存在额外数据的方块状态。

将处理 facing=north、facing=east、facing=south 和 facing=west 四种情况。

本书将直接套用熔炉的材质作为 top 和 side，其 front 采用本书自行绘制的材质：

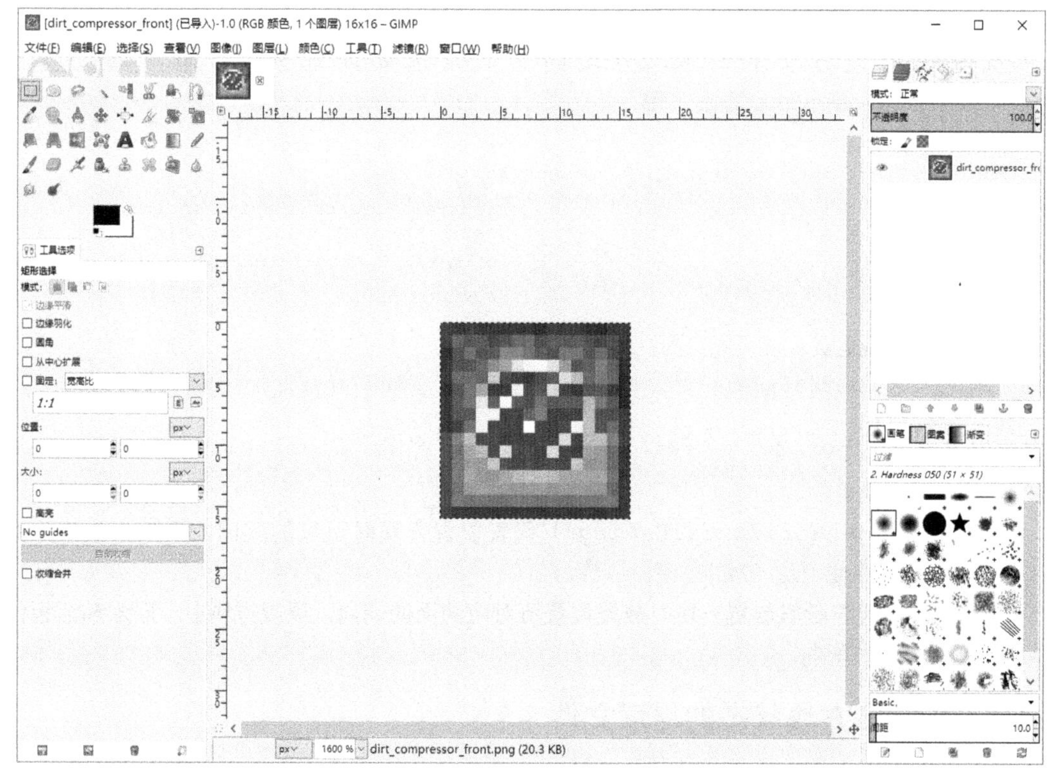

将其放入 src/main/resource 目录下的 assets/fmltutor/textures/blocks/dirt_compressor_front.png 处。

现在可以引用这三张材质了，修改后的文件如下（注意 top 和 side 引用原版材质的方式）：

```
{
  "forge_marker": 1,
  "defaults": {
    "model": "minecraft:orientable",
    "textures": {
      "top": "minecraft:blocks/furnace_top",
      "side": "minecraft:blocks/furnace_side",
      "front": "fmltutor:blocks/dirt_compressor_front"
    }
  },
  "variants": {
    "facing=west": [{ "y": 270 }],
    "facing=south": [{ "y": 180 }],
    "facing=east": [{ "y": 90 }],
    "facing=north": [{}],
    "inventory": [{ "transform": "forge:default-block" }]
  }
}
```

注意上述代码中 "y": 270，"y": 180，"y": 90 三个部分，这三个部分分别代表它们相应原模型的旋转角度。上面的 JSON 的实际使用其实是没有问题的，但是 facing= 这个前缀重复了四次。

9.1.5　方块状态在材质文件的归并

Forge 规定，以下两种描述方式等价：

```
{
  "facing=west": [{ "y": 270 }],
  "facing=south": [{ "y": 180 }],
  "facing=east": [{ "y": 90 }],
  "facing=north": [{}]
}
{
  "facing": {
    "west": { "y": 270 },
    "south": { "y": 180 },
    "east": { "y": 90 },
    "north": {}
  }
}
```

因此描述文件可以转写为：

```
{
  "forge_marker": 1,
  "defaults": {
    "model": "minecraft:orientable",
    "textures": {
      "top": "minecraft:blocks/furnace_top",
      "side": "minecraft:blocks/furnace_side",
      "front": "fmltutor:blocks/dirt_compressor_front"
    }
```

```
    },
    "variants": {
      "facing": {
        "west": { "y": 270 },
        "south": { "y": 180 },
        "east": { "y": 90 },
        "north": {}
      },
      "inventory": [{ "transform": "forge:default-block" }]
    }
}
```

现在把这个文件放入 src/main/resource 目录下的 assets/fmltutor/blockstates/dirt_compressor.json 位置就可以了。

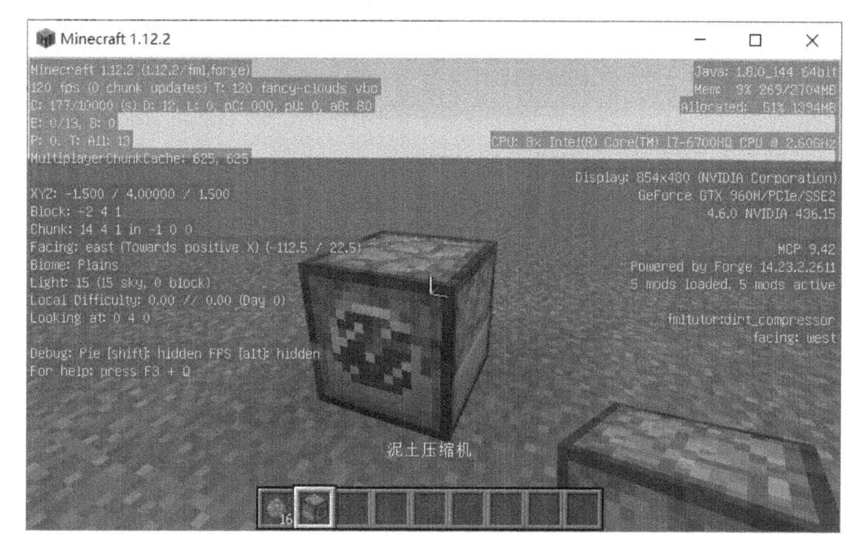

可以在打开F3后出现的调试框的右侧看到方块状态（fmltutor:dirt_compressor[facing=west]）。

9.1.6 处理结构方块

结构方块的配置文件会指定方块的朝向，因此还需要覆盖 withRotation 和 withMirror 两个方法，从而保证和结构方块兼容：

```java
@Override
public IBlockState withRotation(IBlockState state, Rotation rotation)
{
    return state.withProperty(FACING, rotation.rotate(state.getValue(FACING)));
}

@Override
public IBlockState withMirror(IBlockState state, Mirror mirror)
{
    return state.withProperty(FACING, mirror.mirror(state.getValue(FACING)));
}
```

调用了 Rotation 的 rotate 方法及 Mirror 的 mirror 方法。这两个方法的实现属惯例写法，读者照做便是。

9.1.7 小结

如果读者一步一步地照做下来，那么现在的项目应该较上次多出了四个文件：

src/main/resources/assets/fmltutor/recipes/dirt_compressor.json

src/main/java/zzzz/fmltutor/block/BlockDirtCompressor.java

src/main/resources/assets/fmltutor/blockstates/compressed_dirt.json

src/main/resources/assets/fmltutor/textures/blocks/dirt_compressor_front.png

同时以下文件发生了一定程度的修改：

src/main/resources/assets/fmltutor/lang/en_us.lang

src/main/resources/assets/fmltutor/lang/zh_cn.lang

src/main/java/zzzz/fmltutor/item/ItemRegistryHandler.java

src/main/java/zzzz/fmltutor/block/BlockRegistryHandler.java

最后再简要总结一下这一部分：

- 构造了 IProperty 的实例，以代表方块状态的附加属性名。
- 覆盖了 createBlockState 方法，以指定该方法拥有该附加属性。
- 在方块的构造方法中调用 setDefaultState 方法指定特定属性名的默认值。
- 覆盖了 getStateForPlacement 方法，从而保证玩家在放置方块时的朝向是正确的。
- 在 blockstates 目录下描述材质的文件内，通过 variants 完成了不同方块状态的定义。
- 使用 "y": 270，"y": 180，"y": 90 等形式使方块的模型发生旋转，从而保证方块的朝向。
- 覆盖了 withRotation 和 withMirror 两个方法，从而保证方块能够被结构方块正确处理。

9.2 为方块绘制 GUI

在 Minecraft 中，GUI 在客户端和服务端有不同的处理逻辑。

- 在服务端，相关逻辑主要由 net.minecraft.inventory.Container 负责处理。
- 在客户端，相关逻辑主要由 net.minecraft.client.gui.inventory.GuiContainer 负责处理。
  - GuiContainer 内部也会包含 Container 的实例，换言之，客户端会复用服务端的部分游戏逻辑。

本节的主要内容集中在绘制 GUI，因此也将围绕继承并实现 GuiContainer 和 Container 展开。

9.2.1　实现 IGuiHandler 并注册

Forge 规定所有自定义的 GUI 都应由 net.minecraftforge.fml.common.network.IGuiHandler 接口负责管理。在 zzzz.fmltutor.network 包下实现这一接口：

```
package zzzz.fmltutor.network;

import net.minecraft.entity.player.EntityPlayer;
import net.minecraft.world.World;
import net.minecraftforge.fml.common.network.IGuiHandler;
import zzzz.fmltutor.client.network.GuiDirtCompressor;

public class FMLTutorGuiHandler implements IGuiHandler
{
    public static final int DIRT_COMPRESSOR = 1;

    @Override
    public Object getServerGuiElement(int id, EntityPlayer player, World world,
int x, int y, int z)
    {
        if (id == DIRT_COMPRESSOR)
        {
            return new ContainerDirtCompressor(player, world, x, y, z);
        }
        return null;
    }

    @Override
    public Object getClientGuiElement(int id, EntityPlayer player, World world,
int x, int y, int z)
    {
        if (id == DIRT_COMPRESSOR)
        {
            return new GuiDirtCompressor(player, world, x, y, z);
        }
        return null;
    }
}
```

getServerGuiElement 方法负责返回处理服务端行为的 Container，而 getClientGuiElement 方法负责返回处理客户端行为的 GuiContainer。这两个方法的方法参数完全一致：

- id 代表同一个 Mod 的 GUI 的内部编号，本书只涉及一个 GUI，因此把编号取为 1。
- player 代表打开 GUI 的玩家，是 EntityPlayer 的实例。
- world 代表 GUI 所处位置对应的世界。
- x，y，z 代表 GUI 所处位置。

声明一个名为 DIRT_COMPRESSOR 的静态字段代表实现的 GUI 的内部编号，后面打开 GUI 时会用到这个编号。

在之前创建过的 NetworkRegistryHandler 类中编写代码注册这一 IGuiHandler。调用 NetworkRegistry 的 registerGuiHandler 方法完成注册过程：

```
public static void register()
```

```
    {
        Power.CHANNEL.register(Power.class);
        NetworkRegistry.INSTANCE.registerGuiHandler(FMLTutor.MODID, new
FMLTutorGuiHandler());
    }
```

然后在 `zzzz.fmltutor.network` 包下创建 `ContainerDirtCompressor` 类继承 `Container`，并在 `zzzz.fmltutor.client.network` 包下创建 `GuiDirtCompressor` 类继承 `GuiContainer`，从而实现上述代码中引用到的两个类。

9.2.2 实现 Container

在本节中，`Container` 的实现非常简单，只需要实现 `canInteractWith` 方法就可以了。

```
package zzzz.fmltutor.network;

import net.minecraft.entity.player.EntityPlayer;
import net.minecraft.inventory.Container;
import net.minecraft.util.math.BlockPos;
import net.minecraft.world.World;

public class ContainerDirtCompressor extends Container
{
    private final World world;
    private final BlockPos pos;

    public ContainerDirtCompressor(EntityPlayer player, World world, int x, int y,
int z)
    {
        this.world = world;
        this.pos = new BlockPos(x, y, z);
    }

    @Override
    public boolean canInteractWith(EntityPlayer playerIn)
    {
        return playerIn.world.equals(this.world) && playerIn.getDistanceSq(this.
pos) <= 64.0;
    }
}
```

`canInteractWith` 方法返回该玩家是否能够使用该 GUI，在上述代码中，该方法检查两个方面：

- 通过 `equals` 方法检查玩家和 GUI 所处位置对应的是同一个世界。
- 通过 `getDistanceSq` 方法检查玩家和 GUI 所处位置的距离的平方不超过 64（即距离不超过 8）。

在 9.2.3 节将为 GUI 加上物品槽，`Container` 的实现将会变得复杂。

9.2.3 实现 GuiContainer

客户端的 `GuiContainer` 需要考虑与渲染相关的问题，因此本节会变得复杂一些：

```
package zzzz.fmltutor.client.network;
```

```
import net.minecraft.client.gui.inventory.GuiContainer;
import net.minecraft.client.renderer.GlStateManager;
import net.minecraft.client.resources.I18n;
import net.minecraft.entity.player.EntityPlayer;
import net.minecraft.util.ResourceLocation;
import net.minecraft.world.World;
import net.minecraftforge.fml.relauncher.Side;
import net.minecraftforge.fml.relauncher.SideOnly;
import zzzz.fmltutor.FMLTutor;
import zzzz.fmltutor.network.ContainerDirtCompressor;

@SideOnly(Side.CLIENT)
public class GuiDirtCompressor extends GuiContainer
{
    private static final ResourceLocation TEXTURE =
            new ResourceLocation(FMLTutor.MODID + ":textures/gui/container/dirt_
compressor.png");

    public GuiDirtCompressor(EntityPlayer player, World world, int x, int y, int z)
    {
        super(new ContainerDirtCompressor(player, world, x, y, z));
        this.xSize = 176;
        this.ySize = 176;
    }

    @Override
    public void drawScreen(int mouseX, int mouseY, float partialTicks)
    {
        super.drawDefaultBackground();
        super.drawScreen(mouseX, mouseY, partialTicks);
        super.renderHoveredToolTip(mouseX, mouseY);
    }

    @Override
    protected void drawGuiContainerBackgroundLayer(float partialTicks, int mouseX,
int mouseY)
    {
        int left = (this.width - this.xSize) / 2;
        int top = (this.height - this.ySize) / 2;
        GlStateManager.color(1.0F, 1.0F, 1.0F, 1.0F);
        this.mc.getTextureManager().bindTexture(TEXTURE);
        this.drawTexturedModalRect(left, top, 0, 0, this.xSize, this.ySize);
    }

    @Override
    protected void drawGuiContainerForegroundLayer(int mouseX, int mouseY)
    {
        String text = I18n.format("tile.fmltutor.dirtCompressor.name");
        this.drawCenteredString(this.fontRenderer, text, this.xSize / 2, 6,
0x00404040);
    }
}
```

先从构造方法开始：

- GuiContainer的构造方法需要一个Container作为参数，因此传入实现的

ContainerDirtCompressor 的实例。

- GuiContainer 的 xSize 和 ySize 两个字段存储的是 GUI 的长和宽，默认为 176 像素和 166 像素，这里以实际绘制的 GUI 界面大小为准。

考虑到把 xSize 和 ySize 均设为 176 像素，因此在这里绘制一个长宽均为 176 像素的 GUI 界面（注意贴图本身仍应是 256 像素 ×256 像素的）：

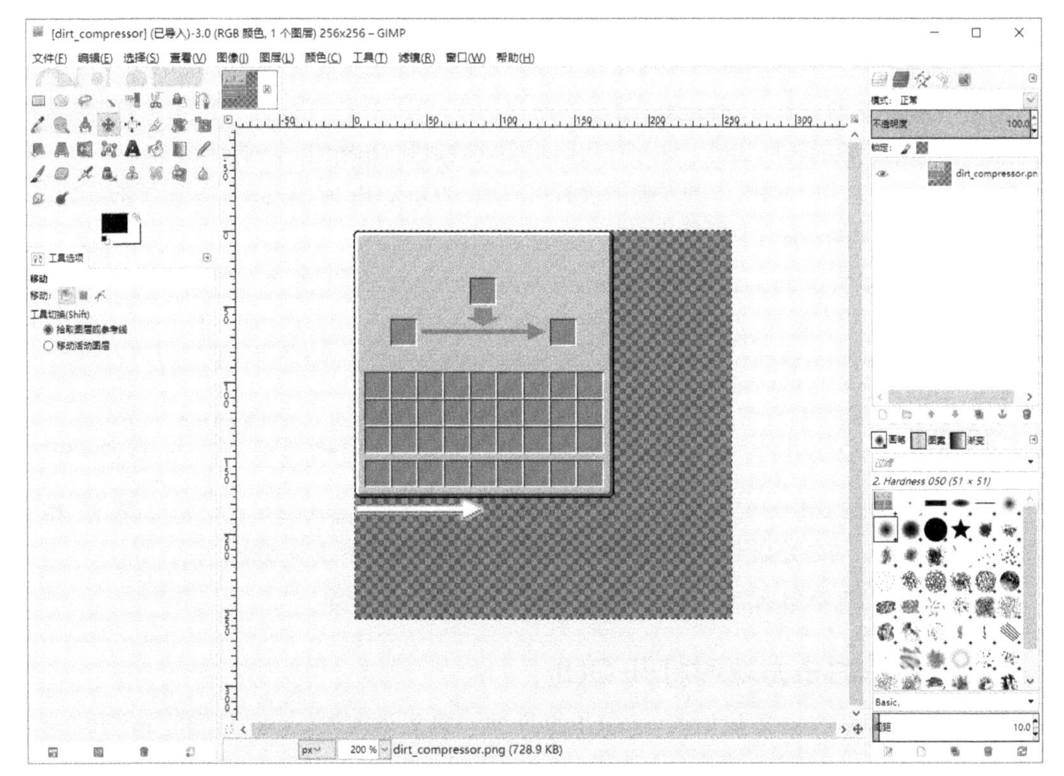

将 GUI 界面保存到 assets/fmltutor/textures/gui/container 目录下，并取名为 dirt_compressor.png。

现在声明一个 TEXTURE 静态字段，从而引用这一材质以供后续代码使用：

```
    private static final ResourceLocation TEXTURE =
            new ResourceLocation(FMLTutor.MODID + ":textures/gui/container/dirt_
compressor.png");
```

然后思考覆盖 drawScreen 方法。该方法的实现属于惯例，所有同类 GUI 均使用这一实现，读者照做便是：

```
    @Override
    public void drawScreen(int mouseX, int mouseY, float partialTicks)
    {
        super.drawDefaultBackground();
        super.drawScreen(mouseX, mouseY, partialTicks);
        super.renderHoveredToolTip(mouseX, mouseY);
    }
```

接下来需要覆盖 drawGuiContainerBackgroundLayer 方法。将在屏幕中心绘制一张长宽均为 176 像素的贴图：

```
@Override
protected void drawGuiContainerBackgroundLayer(float partialTicks, int mouseX, int
mouseY)
{
    int left = (this.width - this.xSize) / 2;
    int top = (this.height - this.ySize) / 2;
    GlStateManager.color(1.0F, 1.0F, 1.0F, 1.0F);
    this.mc.getTextureManager().bindTexture(TEXTURE);
    this.drawTexturedModalRect(left, top, 0, 0, this.xSize, this.ySize);
}
```

上述代码中的 `GlStateManager.color(1.0F, 1.0F, 1.0F, 1.0F)` 是 Minecraft 用于重置其画笔颜色的辅助代码。这一行代码将会被映射到 OpenGL 中的 `glColor4f(1.0F, 1.0F, 1.0F, 1.0F)` 调用，感兴趣的读者可以查阅 OpenGL 的相关文档。剩下的部分在之前章节已有类似代码，本章不再赘述。

最后需要覆盖的是 `drawGuiContainerForegroundLayer` 方法。该方法用于渲染文字：

```
@Override
protected void drawGuiContainerForegroundLayer(int mouseX, int mouseY)
{
    String text = I18n.format("tile.fmltutor.dirtCompressor.name");
    this.drawCenteredString(this.fontRenderer, text, this.xSize / 2, 6, 0x00404040);
}
```

之前用过 `drawString` 方法，这里使用的 `drawCenteredString` 方法相较 `drawString` 的不同之处在于前者会自动将文字居中，除此之外没有差别。

以上便是本节需要用到的 `GuiDirtCompressor` 的全部实现。

9.2.4 在玩家右击方块时打开 GUI

为达成在玩家右击方块时打开 GUI 的目的，需要覆盖 `BlockDirtCompressor` 的 `onBlockActivated` 方法：

```
@Override
public boolean onBlockActivated(World worldIn, BlockPos pos,
                                IBlockState state, EntityPlayer playerIn,
                                EnumHand hand, EnumFacing facing,
                                float hitX, float hitY, float hitZ)
{
    if (!worldIn.isRemote)
    {
        int x = pos.getX(), y = pos.getY(), z = pos.getZ();
        playerIn.openGui(FMLTutor.MODID,
                FMLTutorGuiHandler.DIRT_COMPRESSOR, worldIn, x, y, z);
    }
    return true;
}
```

Forge 规定，所有 Mod 新添加的 GUI 界面都通过调用玩家的 `openGui` 方法打开。考虑到如果在服务端打开 GUI，则 Forge 会自动通知客户端打开相同的 GUI，因此**为防止 GUI 被打开两次，只应在服务端打开 GUI**。以下是最终渲染完成的 GUI：

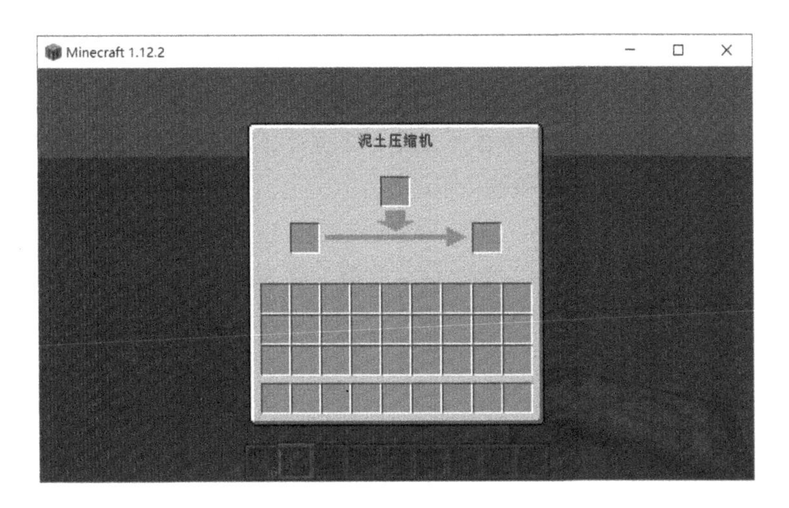

9.2.5　小结

如果读者一步一步地照做下来，那么现在的项目应该较上次多出了三个文件：

src/main/java/zzzz/fmltutor/network/FMLTutorGuiHandler.java

src/main/java/zzzz/fmltutor/network/ContainerDirtCompressor.java

src/main/java/zzzz/fmltutor/client/network/GuiDirtCompressor.java

同时以下文件发生了一定程度的修改：

src/main/java/zzzz/fmltutor/block/BlockDirtCompressor.java

src/main/java/zzzz/fmltutor/network/NetworkRegistryHandler.java

最后再简要总结一下这一部分：

- 实现了 IGuiHandler，并通过 NetworkRegistry 将其注册。
- 通过 IGuiHandler 指定了特定整数对应的 GuiContainer 和 Container。
- 为 Container 实现了 canInteractWith 方法。
- 为 GuiContainer 实现了 drawScreen 方法、drawGuiContainerBackgroundLayer 方法和 drawGuiContainerForegroundLayer 方法。
- 通过覆盖方块的 onBlockActivated 方法，调用 openGui 使玩家在右击方块时打开 GUI。

9.3　为 GUI 添加物品槽

本节将带领读者为 GUI 添加物品槽。物品槽主要有两个来源：

- 来自方块本身。
- 来自玩家背包。

为了使方块能够储存物品，我们需要实现**方块实体**（Tile Entity），因此本节将从方块实体和 Container 两个方面来实现相应的机制。

9.3.1 实现并注册方块实体

在前面章节提到过，一种方块只能拥有不超过十六种方块状态。因此，对于箱子等需要存储物品的方块，Minecraft 提供了一种名为方块实体的机制。虽然方块实体与其相应的方块息息相关，但在游戏逻辑上它们是相对独立的。

所有方块的实体都是 net.minecraft.tileentity.TileEntity 类的实例，而每一种方块实体对应的是不同的 TileEntity 类型。首先创建一个名为 zzzz.fmltutor.tileentity 的包，然后在其中添加 TileEntityDirtCompressor.java，继承并实现这个类：

```
package zzzz.fmltutor.tileentity;

import net.minecraft.tileentity.TileEntity;
import zzzz.fmltutor.FMLTutor;

public class TileEntityDirtCompressor extends TileEntity
{
    public static final String ID = FMLTutor.MODID + ":dirt_compressor";
}
```

先指定 fmltutor:dirt_compressor 作为 ID，将其存储到静态字段中，然后在 BlockRegistryHandler 中的相应监听器引用这一字段，考虑到不同的方块实体类型对应 TileEntity 的不同子类，因此需要在注册时传入 TileEntity 对应的 Class：

```
@SubscribeEvent
public static void onRegistry(Register<Block> event)
{
    IForgeRegistry<Block> registry = event.getRegistry();
    registry.register(BLOCK_COMPRESSED_DIRT);
    registry.register(BLOCK_DIRT_COMPRESSOR);
    TileEntity.register(TileEntityDirtCompressor.ID, TileEntityDirtCompressor.
class);
}
```

现在需要使方块和方块实体绑定。首先要使 BlockDirtCompressor 继承 BlockContainer 而非直接继承 Block：

```
public class BlockDirtCompressor extends BlockContainer
```

如果修改了 extends 后的类名，则会注意到存在一个报错。这是因为 BlockContainer 有一个名为 createNewTileEntity 的抽象方法等待实现。实现这样一个方法，从而使方块与方块实体产生联系：

```
@Override
public TileEntity createNewTileEntity(World worldIn, int meta)
{
    return new TileEntityDirtCompressor();
}
```

BlockContainer 覆盖了 getRenderType 方法，这会导致方块不会被渲染。因此需要重新覆盖这一方法：

```
@Override
public EnumBlockRenderType getRenderType(IBlockState state)
{
```

```
        return EnumBlockRenderType.MODEL;
    }
```

这些基本上是实现每个方块实体都需要做的内容。

9.3.2　为方块实体添加物品槽

如何告知游戏系统方块实体存在物品槽呢？这要从游戏系统如何抽象物品槽开始讲起。Minecraft 通过 `net.minecraft.inventory.IInventory` 接口抽象物品槽，但这个接口的实现太过冗杂，因此 Forge 从 1.8.9 开始，引入了一套基于 `net.minecraftforge.items.IItemHandler` 的机制，并提供了名为 `net.minecraftforge.items.ItemStackHandler` 的默认实现。在方块实体中添加三个字段，引入这样的实现：

```
private final ItemStackHandler up = new ItemStackHandler(1)
{
    @Override
    protected void onContentsChanged(int slot)
    {
        TileEntityDirtCompressor.this.markDirty();
    }
};
private final ItemStackHandler side = new ItemStackHandler(1)
{
    @Override
    protected void onContentsChanged(int slot)
    {
        TileEntityDirtCompressor.this.markDirty();
    }
};
private final ItemStackHandler down = new ItemStackHandler(1)
{
    @Override
    protected void onContentsChanged(int slot)
    {
        TileEntityDirtCompressor.this.markDirty();
    }
};
```

`ItemStackHandler` 的构造方法只有一个参数，用于代表其中的物品槽数量。方块实体内部只需要三个物品槽，因此声明三个分别只有一个物品槽的 `ItemStackHandler` 即可。此外，`ItemStackHandler` 声明了 `onContentsChanged` 方法，该方法将会在其中的物品发生变化时调用。上述代码中三个字段都使用匿名内部类的方式覆盖并重写了这一方法，其中调用了 `TileEntityDirtCompressor` 的 `markDirty` 方法，这样做的意义是什么呢？

`TileEntity` 的 `markDirty` 方法用于通知游戏该方块实体出现了变化的数据，因此游戏存档时会考虑到这一方块实体。换言之，**未调用过 `markDirty` 方法的方块实体，保存游戏存档时将会被跳过，因此一定要在方块实体的内部数据出现变动时调用 `markDirty` 方法**。

现在需要实现的代码集中在将上述代码中三个字段的内部数据序列化到 NBT（对应 `writeToNBT` 方法），以及从 NBT 反序列化出来（对应 `readFromNBT` 方法）的相应方法。幸运的是，`ItemStackHandler` 实现了 `INBTSerializable` 接口，因此直接在实现时调用相应方法即可：

```
    @Override
    public void readFromNBT(NBTTagCompound compound)
    {
        this.down.deserializeNBT(compound.getCompoundTag("Down"));
        this.side.deserializeNBT(compound.getCompoundTag("Side"));
        this.up.deserializeNBT(compound.getCompoundTag("Up"));
        super.readFromNBT(compound);
    }

    @Override
    public NBTTagCompound writeToNBT(NBTTagCompound compound)
    {
        compound.setTag("Down", this.down.serializeNBT());
        compound.setTag("Side", this.side.serializeNBT());
        compound.setTag("Up", this.up.serializeNBT());
        return super.writeToNBT(compound);
    }
```

Forge 实现并注册了基于 `IItemHandler` 的 Capability，可以通过 `CapabilityItemHandler` 的 `ITEM_HANDLER_CAPABILITY` 字段获取到 `IItemHandler` 接口的实例。考虑到需要将 `IItemHandler` 暴露在外，因此需要实现 `hasCapability` 和 `getCapability` 两个方法：

```
    @Override
    public boolean hasCapability(Capability<?> capability, @Nullable EnumFacing
facing)
    {
        Capability<IItemHandler> itemHandlerCapability = CapabilityItemHandler.ITEM_
HANDLER_CAPABILITY;
        return itemHandlerCapability.equals(capability) || super.
hasCapability(capability, facing);
    }

    @Override
    public <T> T getCapability(Capability<T> capability, @Nullable EnumFacing facing)
    {
        Capability<IItemHandler> itemHandlerCapability = CapabilityItemHandler.ITEM_
HANDLER_CAPABILITY;
        if (itemHandlerCapability.equals(capability))
        {
            if (EnumFacing.UP.equals(facing))
            {
                return itemHandlerCapability.cast(this.up);
            }
            if (EnumFacing.DOWN.equals(facing))
            {
                return itemHandlerCapability.cast(this.down);
            }
            return itemHandlerCapability.cast(this.side);
        }
        return super.getCapability(capability, facing);
    }
```

为保证不同方向对应不同的物品槽，请读者注意 `EnumFacing` 在上述代码中的使用。

现在方块其实已经可以和一些用于传输物品的工具进行交互了。读者可以在方块的六个侧面放上漏斗，以观察物品的变化。最后需要为 `BlockDirtCompressor` 实现 `breakBlock`

方法，以保证方块被破坏时掉落其中的物品：

```
    @Override
    public void breakBlock(World worldIn, BlockPos pos, IBlockState state)
    {
        TileEntity tileEntity = worldIn.getTileEntity(pos);
        Capability<IItemHandler> itemHandlerCapability = CapabilityItemHandler.ITEM_
HANDLER_CAPABILITY;

        IItemHandler up = tileEntity.getCapability(itemHandlerCapability, EnumFacing.
UP);
        IItemHandler down = tileEntity.getCapability(itemHandlerCapability,
EnumFacing.DOWN);
        IItemHandler side = tileEntity.getCapability(itemHandlerCapability,
EnumFacing.NORTH);

        Block.spawnAsEntity(worldIn, pos, up.getStackInSlot(0));
        Block.spawnAsEntity(worldIn, pos, down.getStackInSlot(0));
        Block.spawnAsEntity(worldIn, pos, side.getStackInSlot(0));

        super.breakBlock(worldIn, pos, state);
    }
```

Block 提供了 spawnAsEntity 方法用于模拟物品从方块中掉出的行为。

9.3.3 向 Container 添加物品槽

调用 Container 的 addSlotToContainer 方法添加物品槽。物品槽对应的是 Slot 类的实例，而 Forge 提供了 SlotItemHandler 类用于代表 IItemHandler 的物品槽。无论是 Slot 类本身，还是 SlotItemHandler 类，其第一个参数都是持有物品槽的对象本身，第二个参数是物品槽的序号，第三个参数和第四个参数代表该物品槽相对 GUI 左上角的位置。

```
    private final World world;
    private final BlockPos pos;

    private final IItemHandler up;
    private final IItemHandler side;
    private final IItemHandler down;

    public ContainerDirtCompressor(EntityPlayer player, World world, int x, int y,
int z)
    {
        this.world = world;
        this.pos = new BlockPos(x, y, z);

        TileEntity tileEntity = world.getTileEntity(this.pos);
        Capability<IItemHandler> itemHandlerCapability = CapabilityItemHandler.ITEM_
HANDLER_CAPABILITY;

        this.up = tileEntity.getCapability(itemHandlerCapability, EnumFacing.UP);
        this.down = tileEntity.getCapability(itemHandlerCapability, EnumFacing.DOWN);
        this.side = tileEntity.getCapability(itemHandlerCapability, EnumFacing.
NORTH);

        InventoryPlayer inventoryPlayer = player.inventory;
```

```
        this.addSlotToContainer(new SlotItemHandler(this.up, 0, 80, 32));
        this.addSlotToContainer(new SlotItemHandler(this.down, 0, 134, 59));
        this.addSlotToContainer(new SlotItemHandler(this.side, 0, 26, 59));

        this.addSlotToContainer(new Slot(inventoryPlayer, 0, 8, 152));
        this.addSlotToContainer(new Slot(inventoryPlayer, 1, 26, 152));
        this.addSlotToContainer(new Slot(inventoryPlayer, 2, 44, 152));
        ...
}
```

还需要添加玩家背包对应的物品槽。考虑到需要添加 36 个玩家背包的物品槽，写 36 行代码是不是太多了呢？

9.3.4　遍历数组

在 Java 中，以下两段代码是等价的：

```
int[] range = new int[] {0, 1, 2, 3, 4, 5, 6, 7, 8};

for (int i : range)
{
    this.addSlotToContainer(new Slot(inventoryPlayer, i, i * 18 + 8, 152));
}


this.addSlotToContainer(new Slot(inventoryPlayer, 0, 0 * 18 + 8, 152));
this.addSlotToContainer(new Slot(inventoryPlayer, 1, 1 * 18 + 8, 152));
this.addSlotToContainer(new Slot(inventoryPlayer, 2, 2 * 18 + 8, 152));
this.addSlotToContainer(new Slot(inventoryPlayer, 3, 3 * 18 + 8, 152));
this.addSlotToContainer(new Slot(inventoryPlayer, 4, 4 * 18 + 8, 152));
this.addSlotToContainer(new Slot(inventoryPlayer, 5, 5 * 18 + 8, 152));
this.addSlotToContainer(new Slot(inventoryPlayer, 6, 6 * 18 + 8, 152));
this.addSlotToContainer(new Slot(inventoryPlayer, 7, 7 * 18 + 8, 152));
this.addSlotToContainer(new Slot(inventoryPlayer, 8, 8 * 18 + 8, 152));
```

以 `for` 开头的语句被称为**for-each 循环语句**（For-each Loop Statement）。该语句的格式如下：

```
for (type element : elements)
{
    statement1
    statement2
    statement3, etc.
}
```

对数组来说，该语句将会依次取出其中所有元素，并声明相应的变量以供在大括号内使用。

有了 for-each 循环语句，我们能够用很少的代码为玩家添加 36 个物品槽：

```
InventoryPlayer inventoryPlayer = player.inventory;

int[] range = new int[] {0, 1, 2, 3, 4, 5, 6, 7, 8};

for (int i : range)
{
    this.addSlotToContainer(new Slot(inventoryPlayer, i, 8 + 18 * i, 152));
    this.addSlotToContainer(new Slot(inventoryPlayer, i + 9, 8 + 18 * i, 94));
    this.addSlotToContainer(new Slot(inventoryPlayer, i + 18, 8 + 18 * i, 112));
    this.addSlotToContainer(new Slot(inventoryPlayer, i + 27, 8 + 18 * i, 130));
}
```

使用 for-each 循环语句能够大大减少代码量，同时在部分场合也是必要的。

最后还需要实现 transferStackInSlot 方法。该方法通常用于按下 Shift 键后分配物品的行为。该方法的具体实现已经超出了本书的范围，但为了避免游戏崩溃，还需要一个返回 ItemStack.EMPTY 的默认实现。感兴趣的读者可以参考原版的其他 Container，从而更好地实现这一方法。

```
@Override
public ItemStack transferStackInSlot(EntityPlayer playerIn, int index)
{
    return ItemStack.EMPTY;
}
```

9.3.5 小结

如果读者一步一步地照做下来，那么现在读者的项目应该较上次多出了一个文件：

src/main/java/zzzz/fmltutor/tileentity/TileEntityDirtCompressor.java

同时以下文件发生了一定程度的修改：

src/main/java/zzzz/fmltutor/block/BlockDirtCompressor.java

src/main/java/zzzz/fmltutor/block/BlockRegistryHandler.java

src/main/java/zzzz/fmltutor/network/ContainerDirtCompressor.java

最后再简要总结一下这一部分：

- 继承并实现了 TileEntity，然后注册 TileEntity 对应的 Class。
- 使用 IItemHandler 代表物品槽，并使用 ItemStackHandler 作为物品槽的实现。
- 为 TileEntity 实现了 hasCapability 和 getCapability 两个方法，从而声明其拥有物品槽。
- 为 TileEntity 实现了 readFromNBT 和 writeToNBT 两个方法，从而保证了物品槽可以通过 NBT 进行读写。
- 使方块继承 BlockContainer，实现了其中的 createNewTileEntity 方法，并将其与 TileEntity 绑定。
- 覆盖了方块的 breakBlock 和 getRenderType 方法，从而保证其拥有正确的掉落和渲染行为。
- 通过调用 Container 的 addSlotToContainer 方法，并传入 Slot 指定了其相应的物品槽。

9.4 游戏逻辑与进度条

在本节将开始实现泥土压缩机的具体逻辑。从侧边物品槽取一个泥土(minecraft:dirt)作为输入，在机器运转过程中不断从上边物品槽取出泥土球（fmltutor:dirt_ball）加入，并在加入 12 个泥土球后形成一块压缩泥土（fmltutor:compressed_dirt），将其放置在下边物品槽。

将整个过程分为 240 个 tick（也就是约 12 秒），每 20 个 tick 加入一个泥土球，并在第

240tick 时把泥土变成压缩泥土。为了在 GUI 中直观展现这一变化，在材质的相应位置绘制了一个进度条：

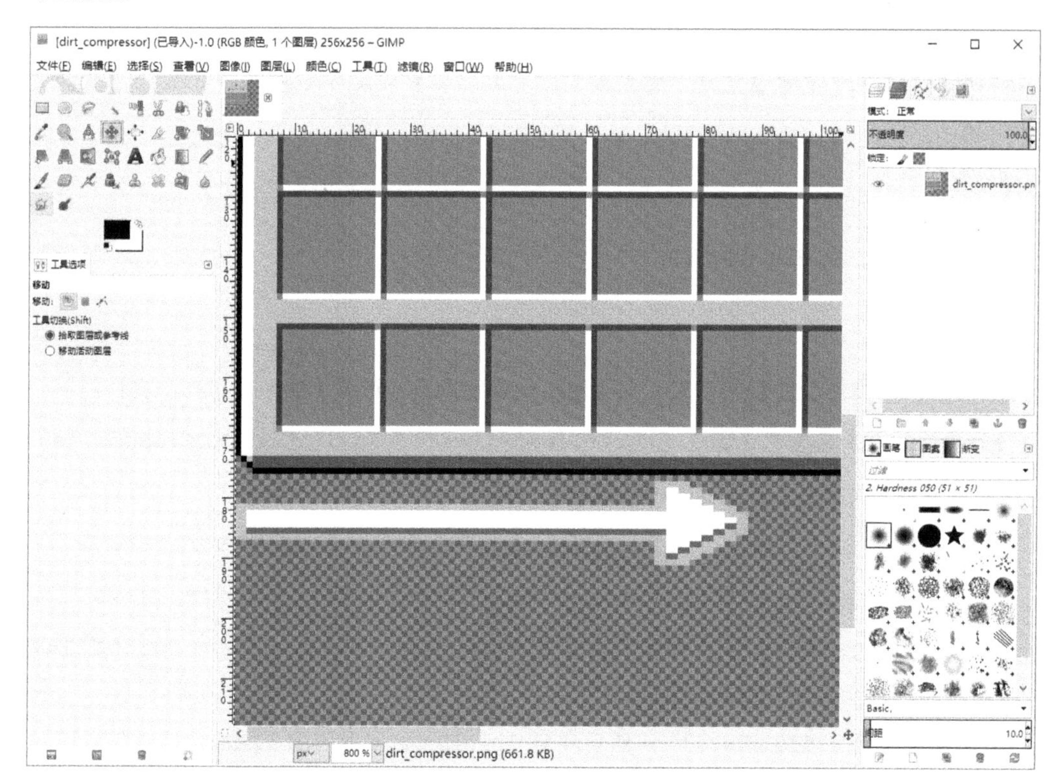

9.4.1 为方块实体实现游戏逻辑

Minecraft 将方块每 tick 的行为抽象成了基于 `net.minecraft.util.ITickable` 的实现，只需要使 `TileEntity` 实现这一接口，游戏就会每 tick 调用一次该接口的 `update` 方法。现在使 `TileEntity` 实现这一接口：

```
public class TileEntityDirtCompressor extends TileEntity implements ITickable
```

然后新添加一个字段，并为其添加一个 Getter：

```
private int compressorProgress = 0;

public int getCompressorProgress()
{
    return this.compressorProgress;
}
```

确保读写 NBT 时存取这一字段：

```
@Override
public void readFromNBT(NBTTagCompound compound)
{
    this.compressorProgress = compound.getInteger("Progress");
    this.down.deserializeNBT(compound.getCompoundTag("Down"));
    this.side.deserializeNBT(compound.getCompoundTag("Side"));
    this.up.deserializeNBT(compound.getCompoundTag("Up"));
    super.readFromNBT(compound);
}
```

```
@Override
public NBTTagCompound writeToNBT(NBTTagCompound compound)
{
    compound.setInteger("Progress", this.compressorProgress);
    compound.setTag("Down", this.down.serializeNBT());
    compound.setTag("Side", this.side.serializeNBT());
    compound.setTag("Up", this.up.serializeNBT());
    return super.writeToNBT(compound);
}
```

然后实现 update 方法：

```
@Override
public void update()
{
    Item dirt = Item.getItemFromBlock(Blocks.DIRT);
    boolean canExtractInput = dirt.equals(this.side.extractItem(0, 1, true).getItem());
    if (canExtractInput)
    {
        if (this.compressorProgress % 20 == 0)
        {
            Item dirtBall = ItemRegistryHandler.DIRT_BALL;
            boolean canExtractDirtBall = dirtBall.equals(this.up.extractItem(0, 1,
true).getItem());
            if (canExtractDirtBall)
            {
                this.up.extractItem(0, 1, false);
                this.compressorProgress += 1;
            }
        }
        else
        {
            this.compressorProgress += 1;
            if (this.compressorProgress >= 240)
            {
                ItemStack compressedDirt = new ItemStack(ItemRegistryHandler.
ITEM_COMPRESSED_DIRT);
                boolean canInsertCompressedDirt = this.down.insertItem(0,
compressedDirt, true).isEmpty();
                if (canInsertCompressedDirt)
                {
                    this.down.insertItem(0, compressedDirt, false);
                    this.side.extractItem(0, 1, false);
                    this.compressorProgress = 0;
                }
                else
                {
                    this.compressorProgress -= 1;
                }
            }
            else
            {
                this.markDirty();
            }
        }
    }
```

```
        else if (this.compressorProgress > 0)
        {
            this.compressorProgress = 0;
            this.markDirty();
        }
    }
```

上述代码中 `this.compressorProgress % 20 == 0` 用于检查进度条的值是否为 20 的倍数。此外，请读者注意代码中 `extractItem` 和 `insertItem` 的使用方法，以及 `markDirty` 方法调用出现的时机。

9.4.2 实现进度条

Minecraft 每 tick 都会调用一次 `Container` 的 `detectAndSendChanges` 方法，可以利用该方法从服务端向客户端发送进度条数据。

首先为 `ContainerDirtCompressor` 添加一个字段和相应的 Getter：

```
private int compressorProgress = 0;

public int getCompressorProgress()
{
    return this.compressorProgress;
}
```

然后覆盖 `detectAndSendChanges` 方法：

```
@Override
public void detectAndSendChanges()
{
    super.detectAndSendChanges();
    TileEntity tileEntity = this.world.getTileEntity(this.pos);
    if (tileEntity instanceof TileEntityDirtCompressor)
    {
        int compressorProgress = ((TileEntityDirtCompressor) tileEntity).
getCompressorProgress();
        if (compressorProgress != this.compressorProgress)
        {
            this.compressorProgress = compressorProgress;
            for (IContainerListener listener : this.listeners)
            {
                listener.sendWindowProperty(this, 0, compressorProgress);
            }
        }
    }
}
```

每 tick 都会把当前 tick 的数据和上一 tick 的数据相比较，只有不相同时才会发送数据。我们对 `this.listeners` 使用了 for-each 循环语句的语法，从而保证了其中的每个元素都会被调用 `sendWindowProperty` 方法。读者可能注意到了 `listeners` 字段并不是数组类型，实际上 for-each 循环语句也可以作用在数组类型之外的类型，不过更深层次的内容已经超出了本书的范围，本书就不再展开了。

`sendWindowProperty` 方法有以下三个参数：

- 第一个参数是 `Container` 本身。

- 第二个参数是传递的进度条数据的序号。
- 第三个参数是传递的进度条数据的值，需要传入一个 int 类型的整数。

还需要覆盖 updateProgressBar 方法以在客户端收取数据。注意这个方法需要加上 @SideOnly 注解：

```
@Override
@SideOnly(Side.CLIENT)
public void updateProgressBar(int id, int data)
{
    if (id == 0)
    {
        this.compressorProgress = data;
    }
}
```

然后在 GUI 中将该进度条绘制出来。以下是修改过的 drawGuiContainerBackgroundLayer 方法：

```
@Override
protected void drawGuiContainerBackgroundLayer(float partialTicks, int mouseX, int
mouseY)
{
    int left = (this.width - this.xSize) / 2;
    int top = (this.height - this.ySize) / 2;
    GlStateManager.color(1.0F, 1.0F, 1.0F, 1.0F);
    this.mc.getTextureManager().bindTexture(TEXTURE);
    this.drawTexturedModalRect(left, top, 0, 0, this.xSize, this.ySize);
    int barHeight = 16;
    int barWidth = 2 + Math.round(((ContainerDirtCompressor) this.
inventorySlots).getCompressorProgress() * 0.35F);
    this.drawTexturedModalRect(left + 44, top + 59, 0, 176, barWidth, barHeight);
}
```

Math 类提供的名为 round 的静态方法是用于将浮点数四舍五入的。由之前绘制的材质图可知，进度条的长为 84 格，同时之前有 2 格的填充。读者很容易便可验证对 barWidth 的计算结果是正确的。

打开游戏，放入特定的物品就能看到进度条了：

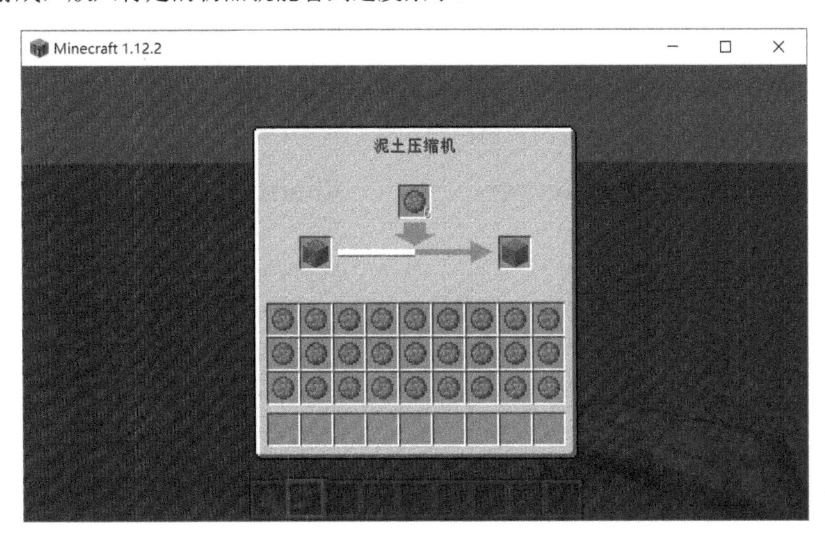

9.4.3 小结

如果读者一步一步地照做下来，那么现在的项目应该有以下文件发生了一定程度的修改：

src/main/java/zzzz/fmltutor/tileentity/TileEntityDirtCompressor.java

src/main/java/zzzz/fmltutor/client/network/GuiDirtCompressor.java

src/main/java/zzzz/fmltutor/network/ContainerDirtCompressor.java

最后再简要总结一下这一部分：

- 使 TileEntity 实现 ITickable，从而使游戏每个 tick 都会调用实现的 update 方法。
- 覆盖 Container 的 detectAndSendChanges 方法向客户端发送 TileEntity 的进度条数据。
- 覆盖 Container 的 updateProgressBar 方法在客户端接收进度条数据。
- 在 GuiContainer 引用 Container 的数据绘制进度条。

9.5 本章小结

本章主要集中在制造一个机器，并为该机器实现了 GUI。下面梳理一下所有实现细节。

首先，GUI 的最上层就是位于客户端的显示层，它绘制 GUI 界面，接收鼠标键盘输入，同时对这些输入做出一些简单处理。现在知道 Minecraft 提供了 GuiContainer，这些内容都是在 GuiContainer 完成的。

然后，是用于具体处理逻辑和数据同步的控制层，这一层向 GuiContainer 提供绘制的部分可变数据，接收部分 GuiContainer 传递过来的操作并同步至服务端，并尽量保证服务端的数据和客户端的数据一致。Minecraft 在客户端和服务端均提供了 Container 来解决这些问题。

最后，用于存储数据也就是物品信息的数据层，每一个物品槽都对应 Minecraft 的一个 Slot 类的实例。对 IItemHandler 来说，Slot 类的子类 SlotItemHandler 将用于这一场合。

如果用一张图表示大致结构，则大概是如下这种形式的：

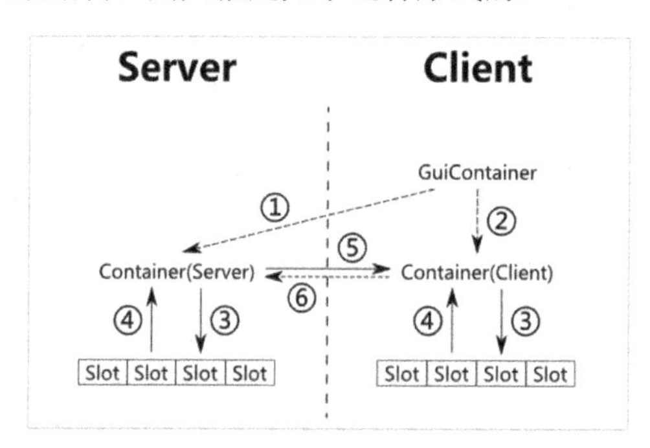

上图中每个箭头代表一种数据传输，虚线的箭头用于传输控制，如单击鼠标等，实线的箭

头用于传输数据，如槽内物品等。

箭头① 传输的是来自客户端的 GUI 事件，比如玩家单击按钮等，这些事件需要立刻处理，所以被直接发送至服务端。

箭头② 传输的是一些需要经过客户端处理的 GUI 事件，比如玩家拖拽物品槽中的物品等，这些事件需交由 `Container` 进行处理才会发送至服务端。

箭头③ 传输的是特定物品槽的变动，比如当玩家单击物品槽时，计算物品槽会减少多少物品，并把这一变化传输至物品槽。

箭头④ 传输的是 `Container` 和其他物品槽的变动，当相应的事件（比如物品被取走）触发时，数据就会传输至 `Container` 端以进行相应的操作。

箭头⑤ 传输的是服务端物品的变化和进度条的变化，这些变化将由服务端手动或自动同步至服务端。

箭头⑥ 传输的是玩家对物品槽的操作，客户端会将其自动同步至服务端。

Java 基础：

知道什么是 for-each 循环语句，并知道如何对数组使用 for-each 循环语句，从而对其每个元素执行重复操作。

Minecraft Mod 开发：

知道如何为方块指定不同的方块状态，并知道如何将方块状态和 meta 对应。

知道如何将方块状态和描述材质的 JSON 文件相对应，并知道如何在相应的文件描述带有方向的方块模型。

知道如何修改自定义方块的放置、方块的破坏及对方块右击时的行为。

知道如何声明并注册方块实体，并知道如何为方块声明一个方块实体。

知道如何让方块实体每个 tick 执行一次特定的代码，从而执行游戏逻辑。

知道如何管理和注册 GUI 界面，并知道 `Container` 和 `GuiContainer` 的作用。

知道如何为方块实体声明物品槽，并为不同方向声明不同的物品槽。

知道如何向 GUI 的特定位置添加来自方块实体和来自玩家背包的物品槽。

知道如何在客户端渲染 GUI 背景、文字和进度条。

知道如何从服务端向客户端同步进度条数值。

第 10 章

展望未来

10.1 成为一名合格的 Mod 开发者

在本书的结尾，仍然要强调本书不是一本 Java 教程，本书只讲解书中需要用到的 Java 知识，而这些知识对一名合格的 Mod 开发者来说是远远不足的。对还不熟悉 Java 的开发者来说，在阅读完本书后，还需要掌握的 Java 知识点有以下内容。

循环：掌握 Java 中的 `for` 循环和 `while` 循环等循环语句，并掌握 `break` 和 `continue` 等控制语句。

`switch` 语句：掌握 Java 中的 `switch` 语句，从而减少条件分支数量。

异常处理：掌握 Java 中编译期报错和运行时报错的区别，并知道如何抛出异常和捕获异常。

注解：掌握 Java 的常用注解，并在合适的场合使用这些注解。

`Number` 及其子类：掌握 Java 中 `Number` 及其子类的相关方法，这些方法通常用于整数和浮点数的相关操作。

`String` 类和 `StringBuilder` 类：掌握 Java 中 `String` 类和 `StringBuilder` 类的相应方法，从而了解如何操作和构造字符串。

数学 API：掌握 Java 中的数学 API，从而进行一定程度的复杂函数计算。

泛型通配符和泛型擦除：掌握 Java 中泛型通配符的使用方法，以及 Java 中的泛型擦除现象。

集合类：掌握 Java 中常见的集合类及接口，包括但不限于 `Iterable`、`Collection`、`List`、`Set`、`Map` 等。

输入和输出：掌握 Java 中的文件 API 和数据流 API，包括旧的 `java.io` 和新的 `java.nio` 等 API。

正则表达式：掌握 Java 中的正则表达式和相应 `Pattern` 和 `Matcher` 等类的用法。

聚合操作：掌握 Java 中的 Stream API，从而掌握如何对集合进行诸如 Map 和 Reduce 等聚合操作。

如果想要更进一步成为一个合格的 Mod 开发者，则还需要掌握的知识包括但不限于以下内容。

设计模式：掌握编写代码时所用到的常用设计模式，及其在 Java 中的应用。

并发操作：掌握 Java 中的多线程和并发操作相关的 API，并知道在编写 Mod 相关代码时如何规避常见的错误。

反射 API：掌握 Java 中的反射 API，从而在编写 Mod 相关代码时能够获取并处理常规方式获取不到的数据。

常用第三方库：掌握 Guava 和 Apache Commons 等常用第三方库，从而在编写代码时复用相关代码，减轻编写代码的负担。

LWJGL 和 OpenGL 相关：掌握 OpenGL 及相关 API，以及如何利用 LWJGL 的相关方法和字段进行 OpenGL 的相关操作。

JVM 中立字节码：掌握 Java 代码在编译后的内部表示，从而利用中立字节码进行一些更深层次的 Mod 行为。

当然，有些 Java 的相关知识点，如日期和时间的相关 API，以及和 Awt、Swing 等相关的 API 等，在 Mod 开发中几乎不会用到。读者在学习 Java 的相关知识时可以暂缓学习这些知识点。

10.2 探寻内部机制——Forge 是如何运作的

在 Minecraft Mod 开发的蛮荒时代，制作一个 Mod 最简单的办法是什么？当然是直接修改源代码了。Minecraft 虽然是闭源软件，而且目前也没有提供基于 Java 代码的 API，但是由于其属于基于 Java 编写的软件，因此基于 Minecraft 本身的**反编译**（Decompilation）工作并不十分困难，同时也是开发 Mod 需要做的第一件事。

如果直接反编译 Minecraft 本身，则会注意得到的所有名称，包括但不限于类名、方法名和字段名等，全部都经过**混淆**（Obfuscation）了。当然，Minecraft 本身作为商业软件，实施这种行为也情有可原。在这种情况下，Mod 的社区发展到现在形成了空前的繁荣，一个名为 **MCP**（Mod Coder Pack）的工具功不可没。

10.2.1 Mod Coder Pack

阅读混淆过的源代码很困难，因此我们迫切需要一个对名称实施**重映射**（Remapping）的工具。Mod Coder Pack（注意不是 Minecraft Coder Pack）便是一个主要负责解决与之相关的问题的项目。我们可以意识到，MCP 这一项目的核心，是一套将混淆过的名称映射到可读性较强的名称的**映射表**（Mapping Table）。由于 MCP 和 Minecraft 官方团队（即 Mojang）的关系，这套映射表的使用和分发是受到严格限制的。MCP 允许的一个常见的用途，便是被开发者用于制作 Mod 的，但是，**在已发布的 Mod 中包含 MCP 提供的映射表是严格禁止的**。此外，MCP 本身也授权了一些开源项目使用其映射表，其中便包含 Forge。

随着时代的发展，是否有可能出现使用和分发更加开放的映射表，甚至 Minecraft 官方团队开放的内部映射表，都是尚未可知的。

10.2.2 Forge

之前提到早期的 Minecraft Mod 开发者，都是通过直接修改 Minecraft 本身的相关代码制作 Mod 的。这种方式很难使两个 Mod 相互兼容。为了提高 Mod 之间的兼容性，Mod 开发者在长时间的开发中逐渐形成了一种共识：开发一个独立的 Mod 框架修改 Minecraft 本身，并让第三方开发的 Mod 依赖这一框架进行开发。

ModLoader 最初主导了 Mod 框架这一地位。后来，Forge 开发团队开发的框架，在兼容 ModLoader（即 FML）的基础上，逐渐取代了 ModLoader。时至今日，几乎所有 Mod 都是基于 Forge 开发的。

之前提到开发一个 Mod 需要反编译、重映射等种种复杂的步骤。事实上还会遇到一个额外的问题：Minecraft 游戏本身经过混淆的名称，以及 MCP 提供的可读性较好的名称，都是会频繁变动的。因此，在技术上需要一个稳定的名称来解决这一问题。这一名称被称为 Searge Name，简称 SRG Name。Searge 这一名称源于 MCP 的领导人 Michael Stoyke 的网络 ID，他于 2014 年加入 Mojang，成为 Minecraft 官方开发团队成员。

10.2.3 SRG Name

SRG Name 是技术上的名称，通常缺乏可读性。有时也能在开发 Mod 时看到和 SRG Name 一样的名称，因为 MCP 无法为此提供可读性较好的名称。

SRG Name 分为以下 3 类。

- 类名：为可读性较好的名称，与 MCP 名称相同。
- 方法名：为诸如 `func_xxxxxx_x` 的名称，中间的部分为数字编号。
- 字段名：为诸如 `field_xxxxxx_x` 的名称，中间的部分为数字编号。

变量名和方法参数名等不需要保证技术上的稳定性，因此不存在对应的 SRG Name，不过 MCP 也提供了相应的名称。

此外，通常将 Minecraft 游戏本身中混淆过的名称称为 Notch Name，并将 MCP 提供的可读性较好的名称称为 MCP Name。在不会引起混淆的情况下，这三类名称通常也可简称为 Notch、SRG 和 MCP。Notch Name 和 MCP Name 都是会频繁变动的。

在基于 Forge 的服务端和客户端中，SRG Name 通常用于运行时，因此有时也被称为运行时名称。读者在基于 Forge 的游戏客户端游玩，或搭建基于 Forge 的游戏服务端时如何遇到了报错，应该能够很容易地在报错中找到 SRG Name。

需要注意的是，如果在开发环境中启动 Minecraft，那么 Forge 将使用 MCP Name 而非 SRG Name。在部分场合，Mod 开发者尤其需要注意这两种情况的差异。

10.2.4 重映射过程

重映射过程通常包括以下几个步骤。

- 在开发 Mod 时，通常会将 Minecraft 本身提供的 Notch Name 重映射到 MCP Name，这通常被称为**反混淆**（Deobfuscation）过程。
- 在构建 Mod 时，通常会将 MCP Name 重映射到技术上稳定的 SRG Name，这通常被称为**重混淆**（Reobfuscation）过程。

- 在基于 Forge 的服务端或客户端启动时，Forge 会将 Notch Name 动态映射到 SRG Name，以便与 Mod 保持一致。

反混淆和重混淆的过程都是在开发和构建 Mod 的机器上使用 Forge 提供的工具自动完成的。这一工具的名称为 ForgeGradle。

10.2.5　Gradle 和 ForgeGradle

Gradle 是一个在开发基于 Java 的项目时经常使用的自动化构建工具，而 ForgeGradle 是基于 Gradle 的插件。Gradle 使用 `build.gradle` 文件声明自动化构建的方式，而在 `build.gradle` 中，这一行声明了一个项目使用 ForgeGradle：

```
apply plugin: 'net.minecraftforge.gradle.forge'
```

ForgeGradle 会读取 `build.gradle` 中一段以 `minecraft` 开头的配置（以下是删去了注释的部分）：

```
minecraft {
    version = "1.12.2-14.23.2.2611"
    runDir = "run"
    mappings = "snapshot_20171003"
}
```

- `version` 代表 Minecraft 本身的版本和 Forge 的版本。
- `runDir` 代表开发环境中启动 Minecraft 时选择的游戏目录。
- `mappings` 代表 MCP 提供的映射表的版本号。映射表每天都会更新，最后八位数字代表的是更新的日期。

Gradle 使用不同的**任务**（Task）代表不同的自动化流程。有一些任务在本书之前的章节中已有所提及。

- `setupDecompWorkspace`：配置开发环境（其中便会包括反编译和反混淆）。
- `runClient`：启动基于 Forge 的游戏客户端。
- `runServer`：启动基于 Forge 的游戏服务端。
- `build`：构建 Mod（其中便会包括重混淆）。
- `clean`：清理构建 Mod 时新增的文件。

Gradle 既可由读者亲自安装，又可由基于 Gradle 的项目引导安装。项目引导安装的方式基于一个名为 Gradle Wrapper 的工具，项目根目录下的 `gradlew` 和 `gradlew.bat` 两个文件便是这一工具的执行入口。

10.2.6　Coremod 和 Access Transformer：Forge 的妥协

Forge 虽然不推荐直接修改 Minecraft 本身代码的行为，但是也为这一行为提供了相关的解决方案。这一机制被 Forge 称为 Coremod。本书不会提供 Coremod 的任何讲解。一方面，编写 Coremod 需要对 Java 及其背后的 JVM 进行深入了解，这已经超出了本书的范围，另一方面，这是 Forge 官方开发团队不推荐甚至反感的行为。

但是由 Forge 主导的机制是不会过度引起 Forge 官方开发团队反感的，Access Transformer 便是这样一个机制。Access Transformer 可以将一些字段和方法的访问修饰符调整为 `public`，

并可去除其上面的 `final` 修饰符。很多 Mod 都使用了 Access Transformer，因此感兴趣的读者可以参阅一些常见的开源 Mod 来了解这一机制。

10.2.7　Forge 如何修改 Minecraft 代码

在开发阶段，Forge 开发团队会直接修改反编译后的 Minecraft 的代码，并以文本 Patch 的方式公开其修改的部分。在生成 Forge 安装包时，Forge 会将这些 Patch 重新应用回反编译后的代码然后编译，并针对编译结果产生二进制 Patch，从而打包进入安装包。

在游戏启动时，Forge 会动态载入这些二进制 Patch，并应用于内存中的 Minecraft 游戏代码。要实现这一机制基于一个名为 LaunchWrapper 的工具。LaunchWrapper 本身源于 Mojang 的一个名为 LegacyLauncher 的项目，用于在新版本启动器中启动旧版本游戏，现在也正被 Forge 等第三方社区项目大量使用。

LegacyLauncher 本身是公开源代码的，Forge 开发团队也向 LegacyLauncher 贡献过代码。

10.3　相关资源

Minecraft 本体相关资源： Minecraft Wiki 是一份 Minecraft 游戏机制的百科全书，读者不仅可以通过 Wiki 本身补足对于 Minecraft 本体欠缺的知识，还可以基于 Wiki 的相关介绍激发创作灵感。Mojang 官方创立的 Minecraft 官方博文录也可以获知 Minecraft 相关新闻资讯。

MCP 及 Forge 相关资源： MCP 官方网站提供了 MCP 本身的大部分资料和相关下载，包括但不限于映射表的相关查询和下载渠道等。Forge/FML 本体及 ForgeGradle 的相关源代码全部位于 Forge 官方团队的 GitHub 上，感兴趣的读者可以使用相关工具来了解详情，并跟踪 Forge 官方团队的相关进度。除此之外，Forge 还提供了一个官方文档，其内部包含了 Forge 对于一些独特的游戏机制的解释。这份文档除官方英文版本外，国内社区还自发组织翻译了非官方的简体中文版本，感兴趣的读者也可以一探究竟。

常见的开源 Mod 相关资源： 读者可以去 CurseForge 跟踪一些常见的 Mod。目前，大多数知名度较高的 Mod 都提供了基于 Minecraft 1.12.2 和 Forge 的版本，并且其中大部分也是开源的。通过参照这些开源 Mod 的源代码，读者也可以了解到很多与 Mod 开发相关的知识。

本书相关资源： 与大部分的开源项目一样，本书涉及的源代码也全部托管在 GitHub 上。读者可以使用 Git 等适用于 GitHub 的代码管理工具自行下载得到。

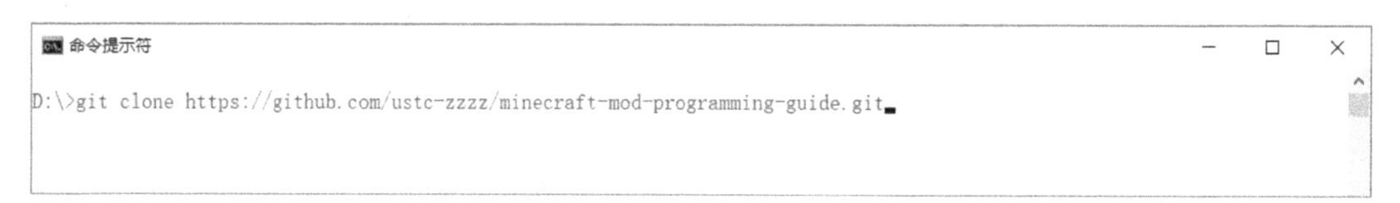

后记

能够和出版社合作出版这本书，对于刚刚踏入 Minecraft 社区的作者是始料未及的。

2017 年秋天，作为 Minecraft 中文论坛的版主，作者一如既往地打开论坛网站处理版务，这时一条新私信吸引了作者的注意。来者是电子工业出版社的编辑，他在私信中表达了把作者在论坛上编写的《Minecraft 1.8.9 FML Mod 开发教程》整理出版的想法。考虑到这本书本身的教育意义，以及出版为社区带来的影响，作者和出版社编辑一拍即合，开启了这本书创作的序幕。

在初撰稿之际，本书的定位存在着一定程度的摇摆。本书最初的定位和《Minecraft 1.8.9 FML Mod 开发教程》完全相同，也就是帮助熟悉 Java 的开发者，对于 FML/Forge Mod 的开发流程产生一定程度的认知，从而降低在成为 Mod 开发者的路上遇到弯路的可能性。不过，出版社希望这本书能够起到带领青少年入门编程的作用，同时也有数据表明，青少年的确是 Minecraft 这款游戏玩家的主力军。很多青少年虽然对 Minecraft 这款游戏本身十分熟悉，但是其中从未接触过编程的不在少数，更不要说能有多少人对 Java 熟悉的了。因此，本书最后决定在“熟练编程的程序员”和“初入编程的青少年”之间，寻找一个平衡点，作为本书的定位。

本书立足的游戏版本是 1.12.2，但是从开始创作至今，整个 Minecraft 社区发生了天翻地覆的变化。游戏的最新版本从 1.12.2 变成了 1.14.4，而 Mod 社区，一些崭新的 Mod 框架异军突起，Mojang 也推动了一些有利于 Mod 社区发展的行为。作者在此希望读者谨记“变者恒通”的道理，游戏版本虽变，但内部的一些设计理念往往不会有变化，掌握主干，理清枝叶，才能在不断更新换代的 Minecraft 社区中立于不败之地。

本书涉及的概念和细节很多，虽然作者尽力排查，但书中难免存在不足之处。如读者发现了本书的错漏，还望及时联系作者。

土球球

鸣谢

感谢瑞典的 Mojang AB 公司，带来了这款在游戏性和可定制性方面都有如此广袤空间的沙盒游戏。

感谢 MCP 的所有维护者，以及 MinecraftForge 开发团队，带来了一套如此灵活的 Mod 框架和相应工具。

感谢以下 Minecraft 社区同僚在本书创作时所提出的意见和建议：

- 3TUSK（GitHub ID：3TUSK）
- CI010（GitHub ID：CI010）
- Twiliness（GitHub ID：DarkHighness）
- 流年（GitHub ID：ExtraMeteorP）
- EpixZhang（GitHub ID：exzhawk）
- HeartyYF（GitHub ID：HeartyYF）
- Indexyz（GitHub ID：Indexyz）
- 海螺（GitHub ID：IzzelAliz）
- KevinWalker（GitHub ID：KevinWalker233）
- 梨木利亚（GitHub ID：limuness）
- 耗子（GitHub ID：Mouse0w0）
- Mrkwtkr（GitHub ID：Mrkwtkr）
- Prunoideae（GitHub ID：Prunoideae）
- Seraph_JACK（GitHub ID：SeraphJACK）
- 酒石酸菌（GitHub ID：TartaricAcid）
- 星燚（GitHub ID：TimmyOVO）
- TROU（GitHub ID：TROU2004）
- 某昨（GitHub ID：Yesterday17）
- DIM（GitHub ID：zsn741656478）

感谢电子工业出版社所有参与本书审稿校对等相关工作的专业人士，尤其是出版社的孔祥飞编辑，在本书的整个出版流程中给予作者的帮助。

感谢 Minecraft 中文论坛管理组、百度 Minecraft 吧管理组、MC 模组中文百科站管理组在本书前期预热等推广宣传工作上给予作者的协助。

感谢众多热爱 Minecraft 的中国科学技术大学校友，和北京大学信息科学技术学院物理电子学研究所的各位同窗师生，在作者创作本书时给予的鼓励和支持。

在本书的创作过程中，Minecraft 社区的一些热心网友给予了作者一定程度的经济上的支持，在此一并表示感谢：

- Hypercube
- 缇亚祢（爱发电 ID：tiararinne）
- Leqing
- 梅泫
- Jacky_Jnirvana
- 负一的平方根
- 威挨劈（爱发电 ID：vip_brooklyn11）
- 白天
- Asougi85
- 艾斯比肥猫
- 酒石酸菌（爱发电 ID：baka943）
- 洛明
- mr 普拉斯（爱发电 ID：mrplus）
- TROU
- zomb_676（爱发电 ID：zomb_676）
- DAYGood_Time
- CatSeed
- 海螺（爱发电 ID：izzel）
- RiverElder
- Ibsen_Chen
- Si_hen（爱发电 ID：sihen）
- TONY_All
- 爱发电用户 _wJ4j
- 囧 YJH
- 怼旮眼、妏秃
- 瓜皮道长
- lq2007
- meglinge
- HeartyYF（爱发电 ID：Hearty）
- WA 自动机
- 狗鱼
- 大学声优的石砖（爱发电 ID：alive）
- 夜灵猫
- 1024
- 爱发电用户 _6ghe
- Epilepsy_ 杨巅峰
- 梦彗業（爱发电 ID：Mhy278）
- antipart
- LocusAzzurro（爱发电 ID：locusazzurro）
- 贺兰星辰（爱发电 ID：shaokeyibb）
- Yaossg（爱发电 ID：Yaossg）
- 爱发电用户 _VTcN
- Hell
- 纪华裕（爱发电 ID：jihuayu）
- CallMeMushroom
- 兄弟情永战不止
- kblack
- 豆豆
- SumSteve
- ProperSAMA（爱发电 ID：propersama）
- Benson（爱发电 ID：benson）
- 朝菌子 SoliFungi
- kpink
- huanghongxun（HMCL 作者）
- 一叶舟
- 麦芽糖
- DIM（爱发电 ID：zsn741656478）
- AiNe 文 七
- SPGoding（爱发电 ID：SPGoding）
- panda_2134
- Cannon_fotter
- Indexyz（爱发电 ID：Indexyz）
- Sea:Form
- 柑橘味团子
- ranwen
- jiongjionger（爱发电 ID：jiongjionger）
- 禄存天玑
- OriBeta
- EpixZhang
- Blealtan
- 冻土
- 悬空草方块
- Pentyum
- 秋刀猹
- SamBillon
- Ericherls（爱发电 ID：Ericherls）
- Twiliness
- 夜渊
- Wzhrdx
- 慕凯
- Tovi
- X 书逸

- Ender_duck
- haha66666
- 笑傲医生
- 天堂不去（爱发电 ID：ttbqsora）
- Molean
- youyihj（爱发电 ID：youyihj）
- Wei_Lian_ZXS
- LanYUKI
- Flashtt（爱发电 ID：itproject）
- 漠看无言
- KSGFK（爱发电 ID：breakdawn）
- ᯤ莱瓦汀
- 粘兽（爱发电 ID：Nianshow）
- Cmmmmmm
- Why
- 猜猜谁是谁（爱发电 ID：silver_moon）
- 塔壳
- 方法放寒假（爱发电 ID：method）
- Mokou#F00
- 析沫
- Mr.Seven590
- 叁仟月
- 鹿子子子子子
- 秋檐上
- Jerez
- Emptyset
- Origind Players
- SM_Chicov
- Lasm_Gratel
- 空梦（爱发电 ID：emptydreams）
- Aurum_jin
- 没糖的葫芦（爱发电 ID：meitangdehulu）
- 780712
- TheRealKamisama
- ko_tori_minami
- hentai_jushi
- Gerongfenh
- 乾山瑶（爱发电 ID：qsy731）
- Minedx
- 岛川信
- 古明地小石头_
- white_thorn
- 无用
- 苍九鲟
- YQ
- bakaSuc
- _Angle
- switefaster（爱发电 ID：switefaster）
- 夜茶不爱喝茶
- 墨尘 Enron
- Jres
- Swing_URM（爱发电 ID：swingurm）
- Wuzrr
- 不觉
- 颢雀
- SUNmode_0586
- 冰封残烛
- GODINK
- Remering
- Hueihuea（爱发电 ID：mchhui）
- Wlaeg（爱发电 ID：Wlaeg）
- Less
- timmovo
- 晴殇
- ETW_Zero
- 001100（爱发电 ID：001100）
- 划破天际
- different06
- lose
- ff98sha（爱发电 ID：ff98sha）
- 炜尔
- 冰枫凌
- chenming
- langyo（爱发电 ID：langyo）
- 乙二胺四乙酸
- 洛骁（爱发电 ID：roitoleonine）
- guanghuig
- Ash

反侵权盗版声明

举报电话：（010）88254396；（010）88258888

传　　真：（010）88254397

E-mail：dbqq@phei.com.cn

通信地址：北京市万寿路 173 信箱

电子工业出版社总编办公室

邮　　编：100036